21世纪高等学校计算机规划教材

# 大学计算机基础实训

潘卫华 张丽静 王 红 秦金磊 等编著

人 民 邮 电 出 版 社
北 京

图书在版编目（CIP）数据

大学计算机基础实训 / 潘卫华等编著. -- 北京 :
人民邮电出版社, 2015.9(2019.7重印)
21世纪高等学校计算机规划教材
ISBN 978-7-115-40460-2

Ⅰ. ①大… Ⅱ. ①潘… Ⅲ. ①电子计算机－高等学校
－教材 Ⅳ. ①TP3

中国版本图书馆CIP数据核字(2015)第219950号

## 内 容 提 要

本书为“大学计算机基础”课程的实训教材，是针对普通高等院校电子信息类专业而编写的。全书共6章，主要内容包括 Windows 7 操作系统、Internet 网络应用、文字处理软件、电子表格处理软件、MatLab 数学软件、程序设计基础。本书侧重计算机应用能力训练，以实例引导大学生学习多种计算机应用软件，培养大学生的计算机基本素质。本书各章均安排了与章节内容密切相关的习题和实验供读者练习。

本书既可作为高等院校、高校成人教育电子信息类专业的教材，也可作为读者自学计算机技术的参考用书。

◆ 编　　著　潘卫华　张丽静　王　红　秦金磊　等
责任编辑　许金霞
责任印制　杨林杰

◆ 人民邮电出版社出版发行　　北京市丰台区成寿寺路 11 号
邮编　100164　　电子邮件　315@ptpress.com.cn
网址　http://www.ptpress.com.cn
固安县铭成印刷有限公司印刷

◆ 开本：787×1092　1/16
印张：14.75　　　　2015 年 9 月第 1 版
字数：388 千字　　　　2019 年 7 月河北第 4 次印刷

定价：35.00 元

读者服务热线：(010)81055256　印装质量热线：(010)81055316
反盗版热线：(010)81055315
广告经营许可证：京东工商广登字 20170147 号

# 前 言

随着计算机技术的飞速发展，计算机的应用更加普及和深入，信息化社会对人才培养提出了更高的标准和要求，作为高等院校非计算机专业学生的公共基础课——“大学计算机基础”也需要跟上时代的发展，满足社会对人才培养的需要。因此，如何依托现代教育思想、现代教育技术，针对非零起点而水平又参差不齐的授课对象开展计算机基础教育，培养出21世纪社会需要的人才，是摆在我们面前的重大课题。为此，我们在教学改革与实践的基础上组织编写了本门课程的主教材《大学计算机基础》和配套的实践教材《大学计算机基础实训》。

大学计算机基础课程是各专业大学生必修的计算机基础课，其目的是培养学生树立计算机应用意识，使学生了解计算机基础知识和工作原理，掌握在信息社会里更好地工作、学习和生活所必须具备的计算机基本知识与基本操作技能。

本书面向应用实践，引导大学生树立利用计算机解决问题的思想，培养其计算机应用综合素质，为进一步学习计算机应用技术和理论知识打下良好基础。

本书分为6章，主要内容包括：Windows 7操作系统、Internet网络应用、文字处理软件、电子表格处理软件、MatLab数学软件、程序设计基础及各章习题、实验。教材第1章由王红、潘卫华编写；第4章由余晓晔、潘卫华编写；第2章、第3章由潘卫华编写；第5章由秦金磊编写；第6章由张丽静编写；全书由潘卫华副教授、张丽静教授任主编、韩璞教授任主审。本书的编写也得到了教研室其他老师的支持，在此一并表示感谢。

由于作者的知识和写作水平有限，书中难免有不妥之处，恳请读者批评指导。

编 者

2015年7月

# 目 录


第1章 Windows 7操作系统 ……… 1

1.1 计算机操作系统概述 ……… 1
1.2 Windows 7 概述 ……… 2
1.2.1 安装 Windows 7 ……… 2
1.2.2 启动 Windows 7 ……… 3
1.3 Windows 7 的文件管理 ……… 4
1.3.1 文件和文件夹 ……… 4
1.3.2 文件管理 ……… 8
1.3.3 文件管理操作 ……… 10
1.4 Windows 7 应用程序管理 ……… 13
1.4.1 应用程序安装与运行 ……… 13
1.4.2 设置默认程序 ……… 14
1.4.3 强制结束应用程序 ……… 16
1.4.4 管理已安装的应用程序 ……… 16
1.4.5 用剪贴板在应用程序间交换数据 ……… 17
1.5 Windows 7 系统设置 ……… 17
1.5.1 网络设置 ……… 17
1.5.2 用户设置 ……… 19
习题 ……… 20
上机实验 ……… 21
实验一 Windows 7 的基本操作 ……… 21
实验二 编辑文件 ……… 21
实验三 文件管理（一） ……… 21
实验四 文件管理（二） ……… 22
实验五 程序管理 ……… 22
实验六 磁盘管理 ……… 22
实验七 系统设置 ……… 22

第2章 Internet网络应用 ……… 23

2.1 互联网信息浏览 ……… 23
2.1.1 万维网联盟 ……… 23
2.1.2 超文本 ……… 24
2.1.3 浏览器 ……… 24
2.2 IE 的使用 ……… 26
2.2.1 IE 的启动 ……… 26
2.2.2 IE 浏览器窗口 ……… 27
2.2.3 IE 浏览 Internet ……… 28
2.2.4 IE 浏览器设置 ……… 30
2.2.5 在 IE 中使用源 ……… 32
2.3 信息搜索 ……… 33
2.3.1 搜索引擎的分类 ……… 33
2.3.2 使用搜索引擎查询信息 ……… 33
2.4 电子邮件 ……… 35
2.4.1 电子邮件地址 ……… 36
2.4.2 Web 方式邮件服务 ……… 36
2.4.3 使用 Outlook 收发电子邮件 ……… 38
2.4.4 Foxmail 简介 ……… 41
习题 ……… 41
上机实验 ……… 42
实验一 IE 浏览器的使用 ……… 42
实验二 搜索引擎的使用 ……… 42
实验三 电子邮箱的使用 ……… 42

第3章 文字处理软件 ……… 43

3.1 中文 Word 2010 概述 ……… 43
3.1.1 中文 Word 2010 的工作界面 ……… 43
3.1.2 中文 Word 2010 的主要功能 ……… 44
3.2 文档制作的基本过程 ……… 45
3.2.1 取纸 ……… 45
3.2.2 录入文档内容 ……… 46
3.2.3 修改文档中的错误 ……… 47
3.2.4 修饰和美化文档 ……… 50
3.2.5 保存文档 ……… 50
3.2.6 打印文档 ……… 51
3.3 编辑文档 ……… 52
3.3.1 Word 文档的录入 ……… 52
3.3.2 定位、查找和替换 ……… 54
3.3.3 剪切、复制和粘贴 ……… 59
3.3.4 Word 的视图 ……… 61

3.4　文档的排版……63
3.4.1　文字的排版……63
3.4.2　段落的排版……64
3.4.3　段落的符号……68
3.4.4　分栏……69
3.4.5　页面排版……71
3.5　表格……73
3.5.1　创建表格……74
3.5.2　修改表格……75
3.5.3　表格文本编辑……77
3.6　图形……78
3.6.1　绘制图形……78
3.6.2　插入图形……80
3.6.3　设置图形的格式……82
3.6.4　艺术字……83
3.6.5　文本框……85
3.6.6　水印……86
3.7　在 Word 文档中插入外部对象……87
3.7.1　对象的链接与嵌入……87
3.7.2　Microsoft 公式的使用……87
3.8　Word 的更高级使用……88
3.8.1　宏的使用……88
3.8.2　宏的录制、运行……89
习题……90
上机实验……91
实验一　文档的基本操作……91
实验二　文档的排版……104
实验三　表格制作……105
实验四　图形的绘制及插入图片……106
实验五　综合练习……108
实验六　选做实验……111

**第 4 章　电子表系统……132**

4.1　Excel 2010 工作界面……132
4.2　数据录入与编辑……134
4.2.1　单元格选定……134
4.2.2　数据录入技巧……134
4.2.3　公式与函数……137
4.3　格式化工作表……139
4.4　数据管理……140
4.4.1　排序……140
4.4.2　筛选……141
4.5　图表操作……142
4.6　页面设置……143
习题……144
上机实验……147
实验一　创建和编辑 Excel 工作簿……147
实验二　Excel 图表操作……148
实验三　Excel 数据库操作……148
实验四　综合练习……149

**第 5 章　MatLab 数学软件……152**

5.1　MatLab 操作基础……152
5.1.1　MatLab 概述……152
5.1.2　MatLab 的系统结构……153
5.1.3　MatLab 开发环境……153
5.1.4　MatLab 的帮助系统……155
5.2　MatLab 数值计算……156
5.2.1　基本概念……156
5.2.2　基本运算……158
5.3　MatLab 绘图基础……167
5.3.1　基本绘图命令 plot……167
5.3.2　多个图形的绘制……172
5.3.3　图形的表现……175
习题……177

**第 6 章　程序设计基础……178**

6.1　程序的概念……178
6.2　程序设计语言……178
6.2.1　机器语言……178
6.2.2　汇编语言……178
6.2.3　高级语言……179
6.3　结构化编程……179
6.3.1　算法的概念……180
6.3.2　算法的表示……180
6.3.3　程序的基本结构……181
6.4　结构化程序的基本构成要素……181
6.4.1　常量、变量、表达式……182
6.4.2　语句与程序控制……184

6.4.3 输入/输出……189
6.5 程序举例……194
6.6 C++程序的运行过程……196
6.6.1 Visual C++ 6.0 的安装和启动……196
6.6.2 输入和编辑 C++源程序……197
6.6.3 编译并连接“Sy1.cpp”……199
6.6.4 编译并连接“Sy1.exe”……201
6.7 选择结构程序设计……201
6.7.1 简单 if 语句……202
6.7.2 if～else 语句……204
6.7.3 if 语句的嵌套……206
6.7.4 else if 语句……210
6.8 循环结构程序设计……212
6.8.1 循环的概念……212
6.8.2 循环结构的实现……214
6.8.3 循环辅助控制 break 语句和 continue 语句……222
习题……224
**参考文献……230**

# 第 1 章 Windows 7 操作系统

Windows 7 是众多操作系统的一种，用于对计算机系统资源进行管理，提供对应用软件的支持。Windows 7 由微软公司（Microsoft）开发，内核版本号为 Windows NT 6.1，可供家庭及商业工作环境、笔记本电脑、平板电脑、多媒体中心等使用。Windows 7 延续了 Windows Vista 的 Aero 风格，并且增添了许多新的功能。

## 1.1 计算机操作系统概述

一台没有任何软件支持的计算机称为裸机。如果不配备相应的软件，裸机本身的功能即使再强，也很难发挥出来。实际呈现在用户面前的计算机系统由硬件系统（裸机）和软件系统组成，如图 1-1 所示。也就是说用户使用的计算机系统是经过了若干层软件改造的计算机，软件系统在硬件系统的基础之上对硬件的性能加以扩充和完善，计算机系统功能的强弱与所配备的软件有关。软件系统由系统软件和应用软件组成，而操作系统是最基本、最重要的系统软件，是系统的控制中心。

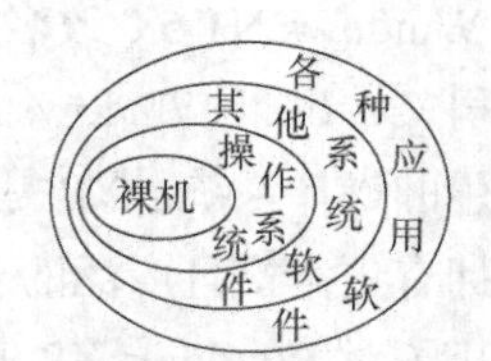


图 1-1 用户面对的计算机系统

作为对计算机硬件系统的第一级扩充，操作系统负责把硬件资源有效地管理起来以便充分发挥它们的作用，同时操作系统还要为其他系统软件和各种应用软件提供运行的条件和支撑。操作系统又是用户和计算机之间的接口，它屏蔽计算机系统的复杂性，为用户提供良好的工作环境和友好的易于操作的界面，用户使用操作系统提供的命令，简单、方便地把自己的意图告诉计算机系统，就可以指挥计算机系统完成相应的工作。正是由于操作系统卓越的工作，才呈现给用户一个既能充分利用系统的软、硬件资源，又方便用户使用的计算机系统。

总之，操作系统是控制和管理计算机系统中的软、硬件资源，方便用户有效地利用这些资源的程序集合。

从资源管理的角度，操作系统的功能可以归纳为处理器管理、存储器管理、设备管理以及文件管理等。

微型计算机中常用的操作系统有 DOS 操作系统、Windows 系列操作系统、UNIX 和 Linux 等。

DOS 是“Disk Operation System（磁盘操作系统）”的缩写，是早期微型计算机中使用最广泛的操作系统，它基于字符界面，用户利用键盘输入字符命令，指挥计算机完成相应的工作；计算机操作的状况（结果信息、提示信息或错误信息等）则通过屏幕显示告知用户。

用户在使用字符界面操作系统时，需要记忆各种各样的命令，这给用户使用计算机带来了不便。为此，Microsoft 公司开发了 Windows 系列操作系统。Windows 系列操作系统是图形用户界面（GUI）的操作系统，与字符界面的 DOS 操作系统相比，在这种操作环境中用户只需通过鼠标的单击就可使计算机完成某件工作。这种新颖的操作方式将用户从枯燥、烦琐的一条条字符命令中解放了出来，即使是不太熟悉计算机的用户，只需稍加培训就能操作计算机。正因为如此，Windows 系列操作系统得到飞速发展，成为微型计算机的主流操作系统。

# 1.2 Windows 7 概述

1983 年 11 月，Microsoft 公司推出 Windows 1.0 版；1987 年 11 月，推出 Windows 2.0 版；1990 年 5 月，推出 Windows 3.0 版；1992 年 4 月，Microsoft 公司推出了更稳定的 Windows 3.1 版。严格地说，这几个版本的 Windows 不能算是真正的操作系统，而是基于 MS-DOS 的多任务图形用户界面（GUI）。1993 年 5 月，Microsoft 公司发布 Windows NT，它具备了安全性和稳定性的特征，主要针对网络和服务器市场。1995 年，Microsoft 公司推出了 Windows 95，这是第一个不要求使用者先安装 MS-DOS 的 Windows 版本。从此，Windows 9x 便取代 Windows 3.x 以及 MS-DOS 操作系统，成为个人计算机平台的主流操作系统。1996 年，为了方便使用中文的计算机用户，Microsoft 公司推出了 Windows 95 中文版。1998 年 6 月，Microsoft 公司发布 Windows 98，同时将 Windows NT 5.0 改名为 Windows 2000，作为新一代操作系统。紧接着，在 2001 年，Microsoft 公司又推出了 Windows XP，这是 Microsoft 公司推出的第一个既适合家庭用户，也适合商业用户使用的操作系统。XP 是 Experience（体验）的缩写，表示通过各种装置提供的网络服务，让使用者拥有更丰富且广泛的全新计算机使用体验，充分享受科技的乐趣。2014 年 4 月 8 日，微软正式停止了对 Windows XP 的所有技术支持。

Windows Vista 在 2006 年 11 月 30 日发布，内核版本号为 NT 6.0，为 Windows NT 6.x 内核的第一种操作系统，也是微软公司首款原生支持 64 位的个人操作系统。人们可以在 Vista 上对下一代应用程序（如 WinFX、Avalon、Indigo 和 Aero）进行开发创新。Vista 是推出时最安全可靠的 Windows 操作系统，其安全功能可抵御最新的威胁，如病毒和间谍软件。但 Vista 在发布之初，由于其过高的系统需求、不完善的优化和众多新功能导致的不适应引来大量的批评，市场反应冷淡，被认为是微软历史上最失败的系统之一。

Windows 7 是微软于 2009 年发布的，开始支持触控技术的 Windows 桌面操作系统，其内核版本号为 NT 6.1。在 Windows 7 中，集成了 DirectX 11 和 Internet Explorer 8。DirectX 11 作为 3D 图形接口，不仅支持未来的 DX11 硬件，还向下兼容当前的 DirectX 10 和 10.1 硬件。DirectX 11 增加了新的计算 Shader 技术，可以允许 GPU 从事更多的通用计算工作，而不仅仅是 3D 运算，这可以鼓励开发人员更好地将 GPU 作为并行处理器使用。Windows 7 还具有超级任务栏，提升了界面的美观性和多任务切换的使用体验。通过开机时间的缩短，硬盘传输速度的提高等一系列性能改进，Windows 7 的系统要求并不低于 Windows Vista，不过当时的硬件已经很强大了。到 2012 年 9 月，Windows 7 的市场占有率已经超越 Windows XP，成为世界上市场占有率最高的操作系统。

## 1.2.1 安装 Windows 7

新购置的计算机通常是没有操作系统的，需要通过专门的安装程序安装后，计算机才具有了操作系统，Windows 7 也不例外。在安装 Windows 7 之前，我们要确认计算机是否可以顺畅地运行 Windows 7 操作系统。

1. Windows 7 的运行环境

在安装 Windows 7 之前，必须保证所用的计算机硬件至少要达到最低要求。表 1-1 列出了 Windows7 要求的硬件环境。

表 1-1　　Windows 7 要求的基本硬件环境

| 硬件 | 要求 |
|---|---|
| CPU | 1 GHz 32 位或 2 GHz 64 位处理器 |
| 内存 | 1 GB 内存（32 位）或 2 GB 内存（64 位） |
| 硬盘 | 16GB 可用硬盘空间（32 位）或 20GB 可用硬盘空间（64 位） |
| 显示卡 | 带有 WDDM 1.0 或更高版本的驱动程序的 DirectX 9 图形设备 |
| 其他设备 | 键盘、鼠标、光驱等 |

如果希望 Windows 7 提供更多的功能，系统配置也需要相应进行改进。例如，要执行打印功能，就要配备打印机；需要声音处理功能，就要配备声卡、麦克风、扬声器或耳机；若要进行网络连接，就需要网卡或调制解调器等设备。

2. Windows 7 的安装过程

中文 Windows 7 的安装过程非常简单，一般步骤是：

① 将光驱设置为第一顺序系统启动设备，并在光驱中插入中文 Windows 7 安装盘。

② 启动计算机，在安装盘的引导下，系统启动。

③ 用户根据屏幕提示，对安装的方式、内容等进行选择，进行完一次选择后，单击“下一步”按钮，继续安装，直到安装完毕为止。

### 1.2.2　启动 Windows 7

打开电源启动计算机后，计算机会自动调用操作系统启动文件，操作系统随之启动，随后全面接管计算机软、硬件资源的管理。出于安全性考虑，Windows 7 会有一个用户登录的过程，只有能够提供正确登录密码的用户，才能够正常启动 Windows 7 并使用其功能。

对于启动和退出的操作，这里不再赘述，我们关注的是如何更快地启动 Windows 7。因为随着计算机应用软件的增加，越来越多的软件核心程序随着操作系统启动而启动，这些核心程序被称为启动项。启动项的不断增加势必影响 Windows 7 的启动速度，因此，我们有必要对这些启动项进行管理。

对启动项的管理，可以使用诸如安全卫士、电脑管家的软件进行设置。可是对于没有安装这些软件的计算机，只有通过 Windows 7 的工具进行管理和配置。

使用鼠标左键单击屏幕最下角的“开始”按钮，出现“开始”菜单，在“开始”菜单的最下方搜索编辑框内输入“msconfig”后按回车键，即可打开“系统配置”对话框，如图 1-2 所示。选择“启动”标签页，用户可以通过勾选相应的程序来选择哪些项目随系统自动启动。为了保证系统的启动速度，我们建议将那些与系统启动无关的程序全部选择为不启动，仅保留与系统密切相关的程序，比如必要的系统程序、杀毒软件等。

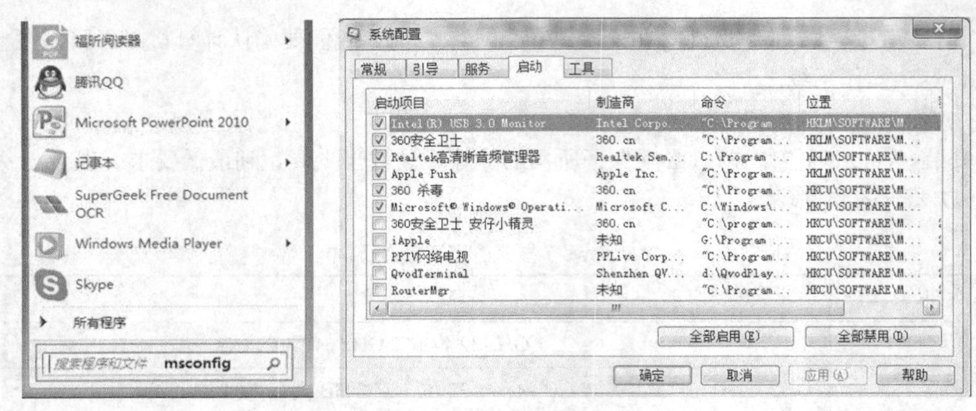


图 1-2　管理系统启动项

# 1.3　Windows 7 的文件管理

随着计算机的普及，越来越多的人都拥有自己的计算机，并利用计算机工作、娱乐、社交、购物，人们的工作、生活以前所未有的程度与各式各样的计算机联系在了一起。我们有理由相信有关计算机的基本操作，很多人都可以轻松做到。然而，如何充分发挥计算机的作用，有效管理计算机资源，还需要进一步学习。Windows 7 的功能繁多，文件的管理是其中最重要的功能之一。

对于初学者，不仅要掌握基本的操作，更应该掌握规范的术语，这样才能够在与别人交流中不发生歧义。让我们首先来看看 Windows 7 的基本要素。

## 1.3.1　文件和文件夹

使用计算机处理信息，需要先将信息存储在计算机的存储器中。计算机都可以存储什么信息呢？我们通常使用数字、文字、图片、音频、视频信息来描述现实世界，而这些信息是如何保存在计算机中的呢？我们先来做一个简单的实验，看看我们如何将数据存储在计算机中的。

### 1. 文件的创建

单击“开始”按钮，打开“开始”菜单，选中附件中的画图程序，运行后可以打开 Windows 7 所提供的画图应用程序，如图 1-3 所示。

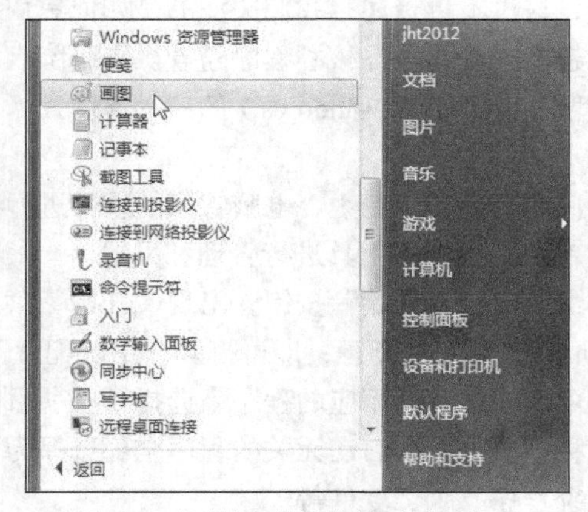


图 1-3　“开始”菜单中的画图程序项

打开画图程序后，就看到了如图 1-4 所示的画图窗口。在此窗口中，已经为我们打开了一块空白画布。关于画布比较专业的说法是编辑区，我们可以在这个编辑区中绘制简单的图形，也可以对已有图片进行简单的处理，比如裁剪、旋转、调整大小等。如果只是对图片进行简单修理，用画图程序就可完成，无需动用像 Photoshop 这样的大型软件。

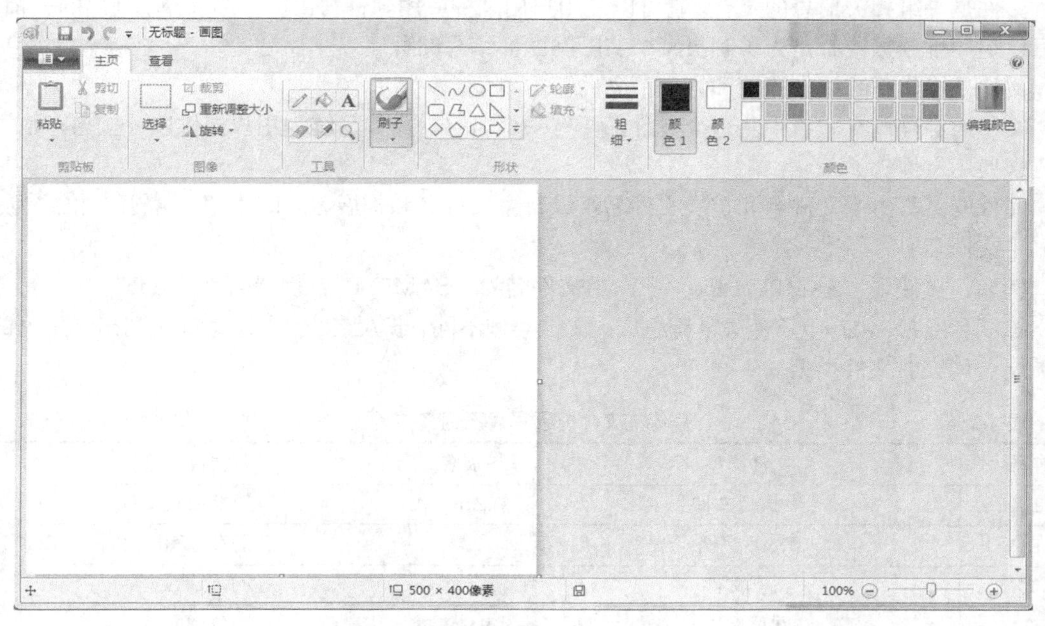


图 1-4　画图程序窗口

利用画图程序提供的各种工具，我们可以在编辑区绘制简单的图画，如图 1-5 所示。

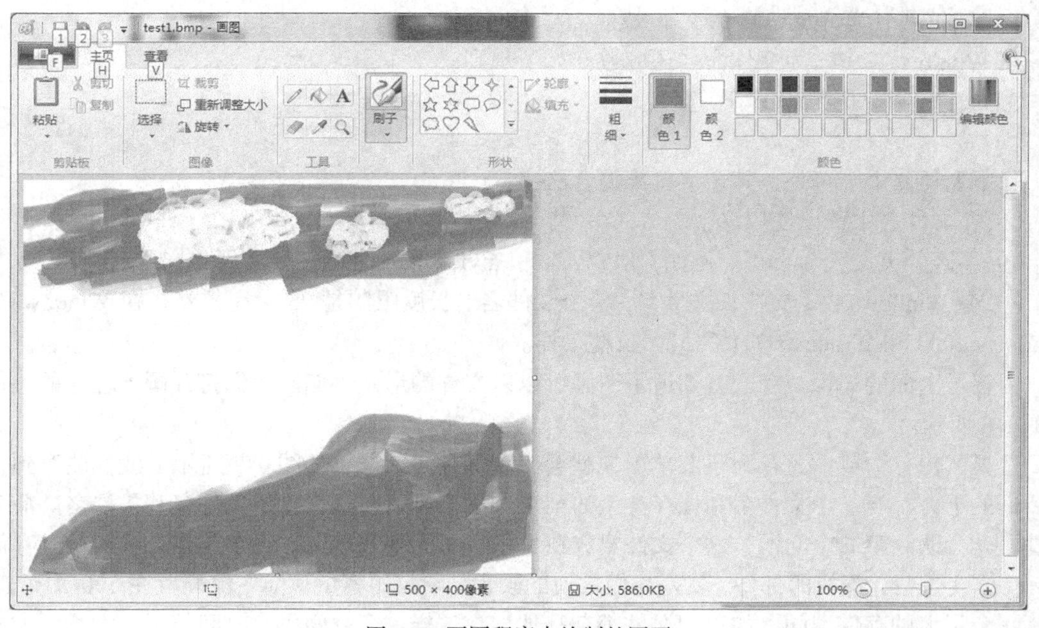


图 1-5　画图程序中绘制的图画

完成了我们的涂鸦后，希望把它保存下来，这个时候就出现了两个问题：第一，我们会把这个图画保存成什么？第二，我们把它保存在哪里？

我们先来回答第一个问题，我们会把图画保存成什么？

**2. 文件的概念**

文件是一组相关信息的集合。它可以是用户用某种应用软件写出的一篇文章，画出的一幅画，也可以是一批数据或者是为了解决某个实际问题而编写的程序。

文件是操作系统用来存储和管理信息的基本单位。

文件通常存储在磁盘中。每个文件都要有一个名字，操作系统为用户提供以“按名存取”的方式来使用文件。

文件的名称由主文件名和扩展文件名组成，主文件名和扩展名之间用“.”隔开，格式为：

主文件名.扩展文件名

例如，文件名“SAMPLE.doc”中，主文件名为“SAMPLE”，扩展名为“.doc”。

扩展名通常由1～4个合法字符组成，文件类型不同，扩展名也不同。表1-2列出了常见的文件扩展名代表的文件类型。

表1-2　常见的文件扩展名代表的文件类型

| 扩展名 | 文件类型 | 扩展名 | 文件类型 |
|---|---|---|---|
| .EXE | 可执行文件 | .ZIP | 压缩格式文件 |
| .DOC | Word文档 | .C | C语言源程序文件 |
| .TXT | 文本文件 | .XLS | Excel文档 |
| .HTML | 网页文档 | .BMP | 位图文件 |
| .BAS | BASIC语言源程序文件 | .SYS | 系统文件 |

Windows用不同的图标来代表不同类型的文件。例如，代表Word文档，代表Excel文档，代表扩展名为“.TXT”的文本文件。

在Windows 7中，为文件命名还应遵守如下规则。

① 文件名中不能出现以下字符：

\　/　:　*　?　“　<　>　|

除了上述9个字符外，其余字符都是合法字符。

② 在文件名中可以使用汉字。

③ 不区分英文大、小写。例如，MYFAX和myfax指的是同一个文件。

④ 在Windows中，支持长文件名，单个文件名的长度限制是255，完整路径在Windows XP、Windows 2003和Windows 7上的最大长度一样。

了解了上面的知识，我们就知道了图画可以以文件的形式存储。我们打开画图程序的菜单，如图1-6所示。

选择“保存”或“另存为”菜单项，就会出现保存对话框，如图1-7所示。我们注意到，在对话框的下方，有一个文件名和保存类型的列表选项，可以在这里指定文件名和扩展名。命名好文件，就会遇到第二个问题，这个文件要放在哪里？我们都知道文件会存放在计算机的外存储器上，具体到微型计算机的部件，就是我们常说的硬盘。硬盘的容量目前主流配置在500GB～1TB，这是一个很大的存储空间。如果把文件都杂乱地堆在这样一个空间里，时间长了，大量的文件堆在一起，不利于我们再次使用文件。所以，我们需要了解另外一个概念——文件夹。

图 1-6　画图程序的菜单

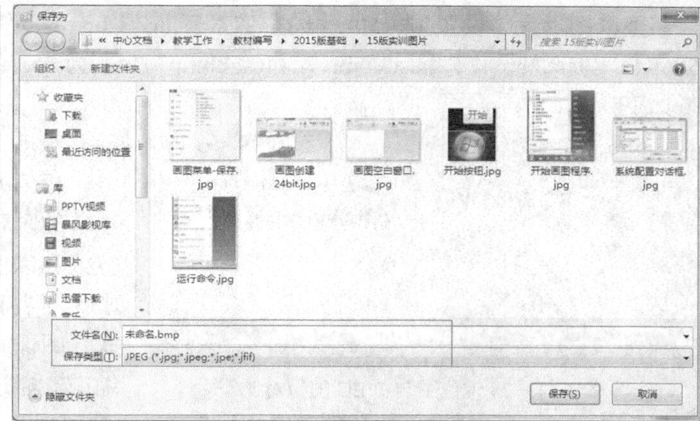


图 1-7　画图程序的保存对话框

### 3. 文件夹

文件存放在外部存储设备中。通常，外部存储设备可以保存大量文件。为了便于计算机管理这些文件，操作系统往往仿效日常生活中人们整理图书资料的方法，允许用户在存储设备中建立文件夹（也称为目录），将文件分门别类地存放。

例如，在一张盘中要存放一些图形文件和一些文本文件，那么用户可以在该盘中建两个文件夹，分别命名为“图片库”和“文本库”。然后可以将图形文件存放在“图片库”文件夹中，文本文件存放在“文本库”文件夹中。

每一个文件夹中还可以再创建文件夹（称为子文件夹），以方便对文件进行更细致的分类存储。

例如，在“图片库”文件夹中再分别创建“动物”、“风景”和“其他”三个文件夹，这样就可以将图片分类，将动物图片放在“动物”文件夹中，风景图片放在“风景”文件夹中，其余图片放在“其他”夹中。如图 1-8 所示。

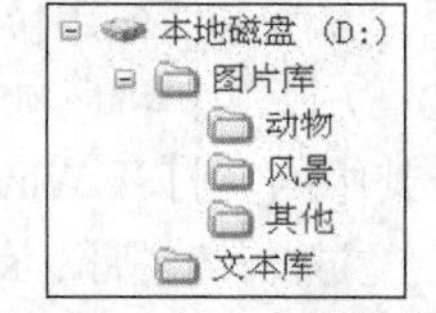


图 1-8　文件夹和子文件夹

在 Windows 7 中，文件夹的命名规则与文件的命名规则一样。

接下来我们详细讨论一下文件格式对文件所占用存储空间的影响。当我们在画图程序菜单中选择“另存为”选项时，弹出保存对话框，展开文件的保存类型列表框，如图 1-9 所示。

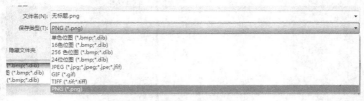


图 1-9　画图文件保存类型

我们分别将图画保存为 24 位位图、256 色位图、16 色位图、单色位图、JPEG 格式，然后对比一下几个文件的容量大小，如图 1-10 所示，这将有助于我们理解数据在文件存储时所采用的方法。

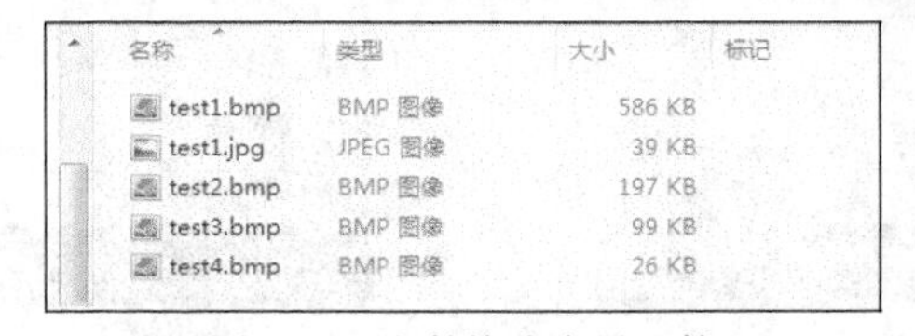

| 名称 | 类型 | 大小 | 标记 |
|---|---|---|---|
| test1.bmp | BMP 图像 | 586 KB | |
| test1.jpg | JPEG 图像 | 39 KB | |
| test2.bmp | BMP 图像 | 197 KB | |
| test3.bmp | BMP 图像 | 99 KB | |
| test4.bmp | BMP 图像 | 26 KB | |

图 1-10　文件格式容量比较

整个图形大小设置为（500×400）像素，“test1.bmp”为 24 位位图，存储所占用空间大小为 586KB，“test2.bmp”、“test3.bmp”、“test4.bmp”分别为 256 色、16 色、单色位图。我们对容量进行如下计算：

586/197≈3（24/8）　　586/99≈6（24/4）　　586/26≈23（24/1）

图 1-11　24 位位图与 JPEG 图像对比

相信大家学习《大学计算机基础》中 7.2.4 小节的内容后，就可以理解 BMP 格式的存储方式和以上文件容量的计算方法。JPEG 格式是为了在网络传输图像而采用的静态压缩格式，图像质量下降不多，可是存储容量大幅度缩减。通过我们的实验，“test1.jpg”的存储容量仅为 39KB，远小于 24 位色的 BMP 图像容量。如图 1-11 所示，左侧图像为 24 位位图格式，右侧为 JPEG 格式，肉眼几乎无法分辨两幅图像的差别。

## 1.3.2　文件管理

我们已经学会了创建和保存文件，随着计算机的使用，大量的文件会被存储在计算机中，用户在使用计算机时，很大一部分工作是对文件进行管理，即对文件和文件夹进行组织、保护、处理、查询等工作。因此，能否熟练地进行文件管理是衡量初学者使用计算机能力的一个重要指标。在 Windows 7 中，资源管理器是文件管理的主要工具。

**1．启动资源管理器**

启动资源管理器有多种方法，在这里介绍常用的三种。

方法一：使用快捷键，“Windows 键+E”打开。

方法二：将鼠标指针指向“开始”按钮，单击鼠标右键，打开快捷菜单，如图 1-12 所示，执行其中的“打开 Windows 资源管理器”命令。

方法三：将鼠标指针指向“开始”按钮，单击“开始”按钮，再执行“计算机”命令。如图 1-13 所示。

图 1-12　打开资源管理器的方法二

图 1-13　打开资源管理器的方法三

### 2. 资源管理器窗口

相比 XP 系统来说，Windows 7 在 Windows 资源管理器界面方面，功能设计更为周到，页面功能布局也较多，设有菜单栏、细节窗格、预览窗格、导航窗格等，如图 1-14 所示。内容则更丰富，如收藏夹、库、家庭组等，如果感觉 Windows 7 资源管理器界面布局过多，也可以通过设置变回简单界面。操作时，单击页面中组织按钮旁的向下箭头，在显示的目录中，选择“布局”中需要的窗体，例如细节窗体、预览窗格、导航窗格等。

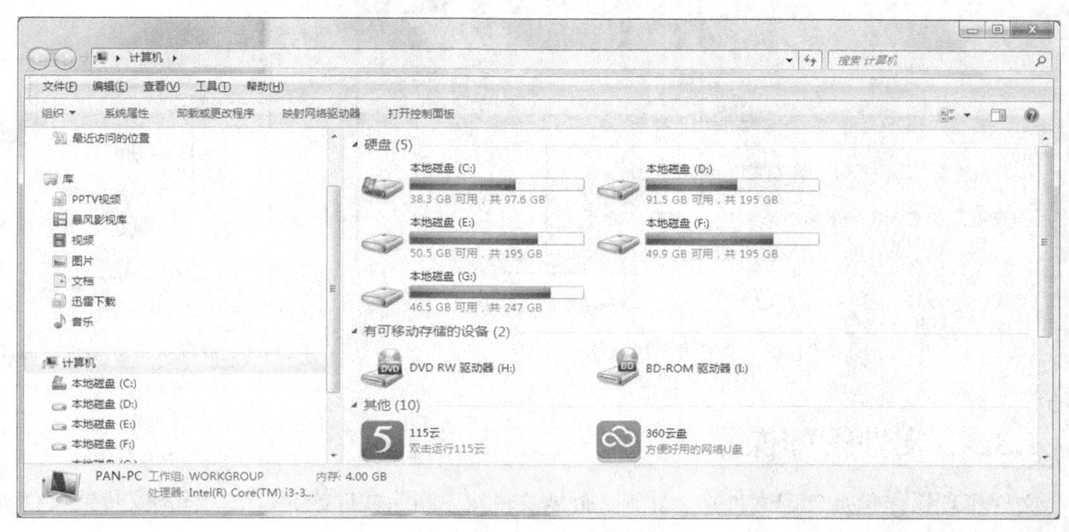


图 1-14　资源管理器窗口

Windows 7 资源管理器在管理方面，更利于用户使用，特别是在查看和切换文件夹时。查看文件夹时，上方目录处会根据目录级别依次显示路径，中间还有向右的小箭头。当用户单击其中某个小箭头时，该箭头会变为向下，显示该目录下所有文件夹名称。单击其中任一文件夹，即可快速切换至该文件夹访问页面，非常方便用户快速切换目录。此外，当用户单击文件夹地址栏处，可以显示该文件夹所在的本地目录地址，就像 XP 中文件夹目录地址一样。

### 3. 文件夹的树形结构

大量文件在存储和管理的时候都是进行编目管理的，这样就形成了存储的树形结构。在资源管理器中可以方便清楚地观察文件夹的树形结构。

（1）存储设备驱动器号

我们通常会将存储设备分为若干个区来管理，每个区分配一个字母来表示。图标 本地磁盘 (C:) 表示存储设备，“本地磁盘（C:）”是该设备的名称，其中的“C:”是设备驱动器号，俗称盘符，由字母加冒号组成。大多数计算机都装有多个存储设备，比如软盘驱动器、硬盘驱动器以及光盘驱动器等，操作系统用设备驱动器号来识别存储设备。通常设备驱动器号“A:”分配给软盘驱动器，“C:”之后的字母分配给硬盘驱动器。由于硬盘也采用分区管理，因此其他的存储设备可以从最后一个硬盘驱动器号之后开始，如图 1-14 所示，硬盘占用 C～G，光驱就从 H 开始分配。

（2）存储设备的文件夹结构

存储设备中可以保存大量文件。为了便于查询、管理文件，对文件进行细致的分类存储，文件系统采用了分层次的多级文件夹结构。即，首先在存储设备中建立一个根文件夹，然后在根文件中可以建立若干文件夹，每个文件夹中还可以建立文件夹……其中，根文件夹由系统建立，其余的文件夹由用户根据需要来建立。

在“资源管理器”的“文件夹”窗格中将折叠的文件夹展开，可以很形象地观察到文件夹的层次结构。图 1-15 显示了硬盘 D 的文件夹结构。

图 1-16 是上述 D 盘文件夹结构的示意图，文件夹的这种层次结构很像一棵倒置的大树，因此，也将这种文件夹结构称为树形结构。

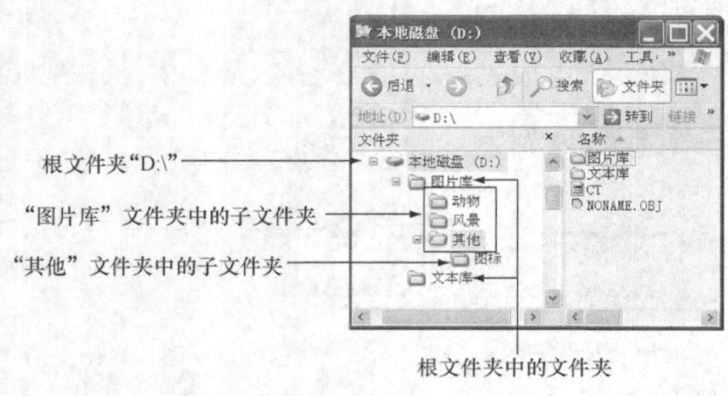


图 1-15　文件夹的层次结构

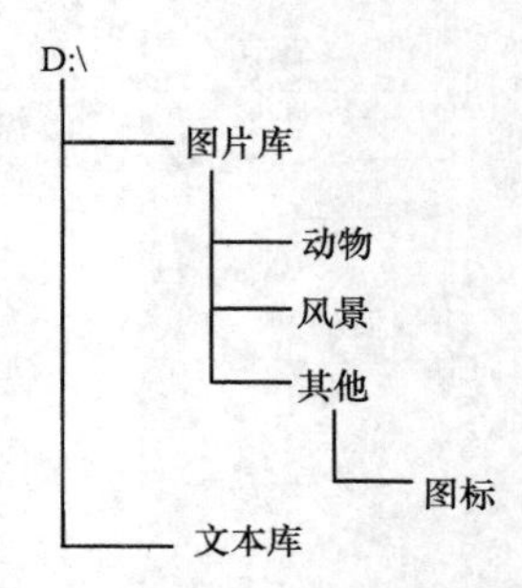


图 1-16　D 盘文件夹结构示意图

## 1.3.3　文件管理操作

文件管理操作包括创建文件夹、复制文件或文件夹、删除文件或文件夹、移动文件或文件夹、为文件或文件夹重新命名、查找文件或文件夹等。

**1．选择文件和文件夹的方法**

文件管理的操作要遵循“先选后做”的原则，即：先选择操作对象，然后再做具体操作。

选择文件或文件夹的方法如下。

（1）选择单个文件或文件夹

单击要选用的文件或文件夹。

（2）选择连续的多个文件或文件夹

方法一：单击第一个文件或文件夹，然后按住 Shift 键，单击最后一个文件或文件夹。

方法二：按住鼠标左键沿对角线拖动鼠标形成一个矩形框，在矩形框内的文件或文件夹都被选定。

（3）选择不连续的多个文件或文件夹

单击第一个文件，然后按住 Ctrl 键依次单击要选定的文件或文件夹。

（4）选择所有文件

执行“编辑”菜单中的“全部选定”命令。

**2．操作方法**

（1）创建新文件夹

创建新文件夹的步骤如下。

① 在左窗格中选定要创建新文件夹的位置。例如，如果要在图 1-15 中的“风景”文件夹中建一个新文件夹，就需要在左窗格中选中“风景”文件夹。

② 执行“文件”菜单中“新建”→“文件夹”命令，如图 1-17 所示。

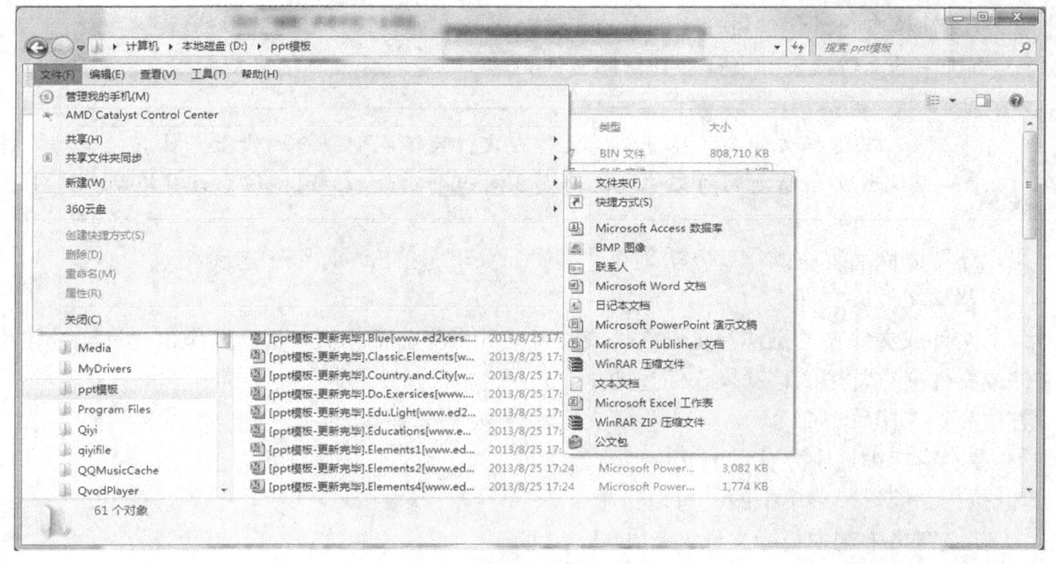


图 1-17　新建文件夹

③ 右窗格中出现文件夹图标 新建文件夹，输入新文件夹的名字，然后按 Enter 键。

（2）为文件或文件夹重命名

用户可以修改文件或文件夹的名字，其操作步骤如下。

① 选中要换名的文件或文件夹。

② 执行“文件”菜单中的“重命名”命令。

③ 输入新的名字，然后按 Enter 键。

为文件重命名时，多数情况下修改的是文件的主文件名。若改变了文件的扩展名，系统利用对话框给用户警示，让用户确认是否真的要改变文件扩展名，如图 1-18 所示。

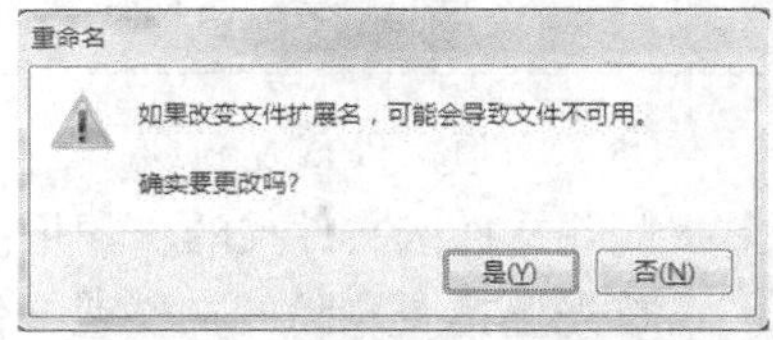


图 1-18　重命名提示对话框

一般情况下，不要随便改变文件的扩展名。Windows 7 根据文件的扩展名对文件进行分类管理，同类型文件的扩展名相同，不同类型的文件扩展名则不同。系统按照文件的类型将文件与相应的应用程序建立关联。例如，如果我们将扩展名为“.bmp”的文件与“画图”程序建立关联，那么，当用户双击一个扩展名是“.bmp”的文件时，系统就会自动地启动“画图”程序，然后将该文件打开。如果随意更改文件的扩展名，可能会破坏已建立的关联，给操作造成不必要的麻烦。

（3）复制文件或文件夹

方法一：使用菜单命令

① 在右窗格中选中要复制的文件或文件夹。可以选择一个文件或文件夹，也可以选择多个文件或文件夹。

② 执行“编辑”菜单的“复制”命令。

③ 在左窗格中选中目标文件夹。

④ 执行“编辑”菜单的“粘贴”命令。

方法二：拖放操作

① 在右窗格中选中要复制的文件或文件夹。

② 在左窗格中打开包含目标文件夹的文件夹树。

③ 将选中的文件或文件夹拖动到目标文件夹。

若目标文件夹与待复制的文件或文件夹不在同一个磁盘上，就直接拖动。若目标文件夹与待复制的文件或文件夹在同一个磁盘上，则按住 Ctrl 键拖动。

用户还可以撤消复制操作。方法是在“编辑”菜单中单击“撤消”选项。

（4）移动文件或文件夹

移动文件或文件夹的操作与复制文件或文件夹的操作非常相似。移动操作也允许同时移动多个文件或文件夹。常用的移动操作简述如下。

方法一：使用菜单命令

① 在右窗格中选中要移动的文件或文件夹。

② 执行“编辑”菜单中的“剪切”命令。

③ 在左窗格中选中目标文件夹。

④ 执行“编辑”菜单的“粘贴”命令。

方法二：拖放操作

① 在右窗格中选中要移动的文件或文件夹。

② 在左窗格中打开目标盘中的文件夹树。

③ 将选中的文件或文件夹拖动到目标文件夹中。

若目标文件夹与待移动的文件或文件夹不在同一个驱动器上，则按住 Shift 键拖动。若目标文件夹与待移动的文件或文件夹在同一个驱动器上，则直接拖动。

（5）删除文件或文件夹

删除文件或文件夹的步骤是：

首先选择要删除的文件或文件夹（可以是一个或多个），然后执行删除命令，在弹出的“确认文件删除”对话框中，单击按钮“是”。

执行删除命令可按下面的方法操作。

方法一：执行“文件”菜单中的“删除”命令。

方法二：按 Delete 键。

方法三：单击鼠标右键弹出快捷菜单，执行其中的“删除”命令。

① 如果被删除的文件或文件夹在硬盘中，那么执行完删除操作后，这些文件或文件夹将被放在“回收站”中，如果用户需要，还可以恢复。

② 删除硬盘中的文件或文件夹时，按住 Shift 键的同时执行删除命令，可以将文件或文件夹直接删除，不能恢复。

③ 若被删除的对象在软盘或移动存储设备中，这些文件或文件夹就被直接删除，不能恢复。

（6）恢复被删除的文件或文件夹

为了保护用户的文件，Windows 7 将从硬盘删除的文件暂时放在“回收站”中，用户可以根据需要将其恢复到原来的位置或永久删除。

打开“回收站”窗口的方法：双击桌面上的“回收站”图标。

① 删除“回收站”中的所有文件。

右键单击“回收站”窗口文件菜单，选择“清空回收站”。

② 删除“回收站”中的部分文件。

选定文件或文件夹（可以是多个），然后执行“文件”菜单中的“删除”命令。

③ 恢复“回收站”中的部分文件。

选定文件或文件夹（可以是多个），然后执行“文件”菜单中的“还原”命令。

（7）查找文件或文件夹

“快速搜索”是 Windows 7 的一大亮点，跟 Windows XP 操作系统相比，不但操作方便，而且速度和准确度也提高了许多。在资源管理器中只要将待搜索的内容填入右上角的搜索文本框中，然后按 Enter 键，Windows 7 系统便将自动筛选出符合条件的文件，如图 1-19 所示。同时，每个文件的匹配区（如文件名）都会显示一个亮条，便于用户快速筛选。

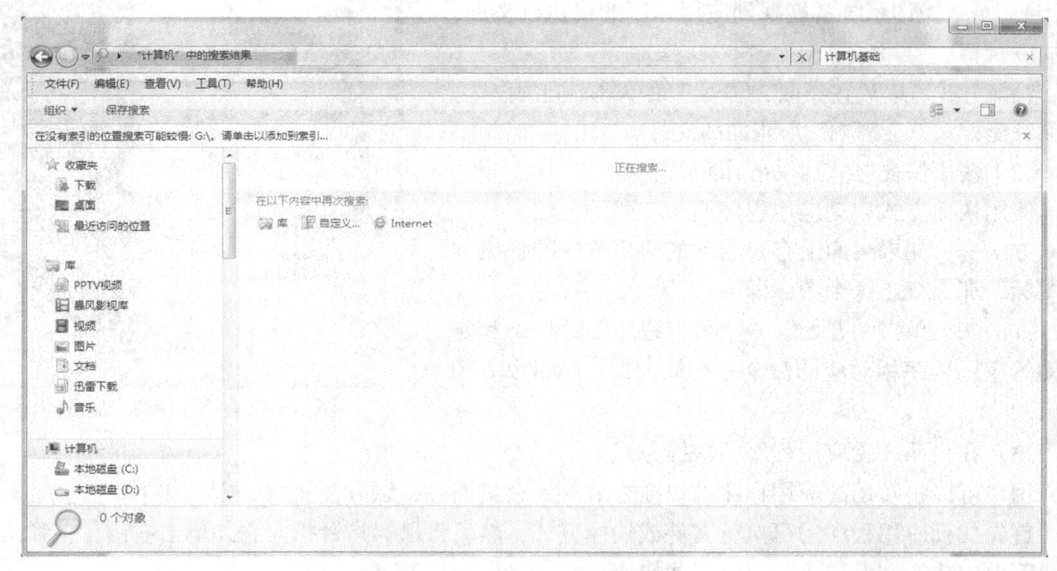


图 1-19　搜索文件或文件夹

# 1.4　Windows 7 应用程序管理

用户在使用计算机时，需要使用各式各样功能各异的应用程序，Windows 7 操作系统为各种应用程序提供一个基础的工作环境，为应用软件的运行提供条件和支撑，同时也为用户运行程序、管理程序提供了一个很好的平台。

## 1.4.1　应用程序安装与运行

Windows 7 中的应用程序通常都是使用相应的安装程序，一步一步安装在计算机中的，默认的程序安装路径为“C:\Program Files\”。同时，会在“开始”菜单中创建功能菜单项，有的应用程序也会在桌面上创建一个快捷图标。这样安装的应用程序，如果想从计算机中移除，需要专用的卸载程序或者使用 Windows 7 提供的程序管理工具。

**1. 使用快捷方式启动应用程序**

（1）快捷方式概述

启动应用程序时，需要找到和该应用程序对应的可执行文件（扩展名为“.EXE”），并执行这个文件。例如，要启动画图程序，就要找到名字为“mspaint.exe”的文件，然后执行它。

操作系统在执行文件时，必须要知道文件在哪个存储设备的哪个文件夹中，文件的名字是什么。由于每种应用程序所对应的可执行文件的名字不同，放置的位置也不一样，所以，启动应用程序时，如果必须由用户指明要执行的文件所处的盘符、文件夹以及名字，就会给用户带来许多困扰和不便。鉴于此，在 Windows 7 操作系统中，可以通过应用程序的快捷方式来启动程序。快捷方式不是应用程序对应的可执行文件本身，而是指向这个可执行文件的指针。它包含了启动一个应用程序所需要的全部信息，通过它，操作系统就能找到应用程序的可执行文件，并加以执行。

快捷方式可以放在桌面、“开始”菜单等不同的位置。删除快捷方式不会影响它所指向的文件。

（2）使用快捷方式启动应用程序

使用快捷方式启动应用程序通常有两种方法。

方法一：如果桌面上有要启动的应用程序的快捷方式图标，那么双击这个图标即可。

方法二：单击“开始”→“所有程序”菜单中和要启动的应用程序相对应的命令（快捷方式），如图 1-20 所示。

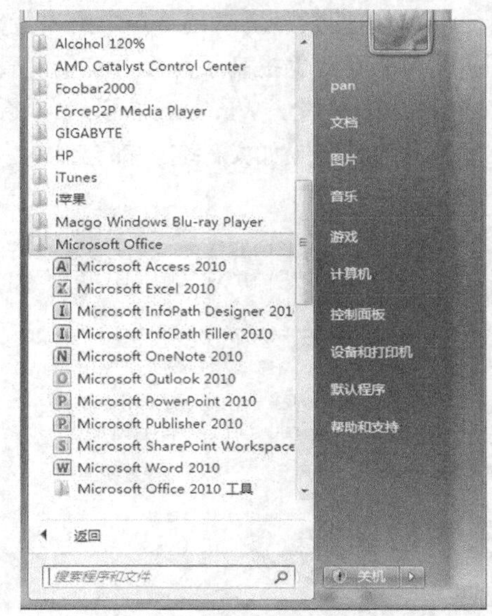


图 1-20　应用程序的快捷方式

（3）在桌面放置应用程序的快捷方式

用户可以将常用的应用程序的快捷方式放置在桌面上，以方便使用。方法如下：

首先找到应用程序的可执行文件或快捷方式，然后将鼠标指针指向它并单击右键，在弹出的快捷菜单中执行“发送到”→“桌面快捷方式”命令。

**2. 通过文档启动应用程序**

双击一个文档的图标，操作系统首先启动和该文档相关联的应用程序，然后在应用程序中打开该文档。

例如，用户双击一个 Word 文档的图标，系统先启动 Word，然后在 Word 中打开该文档。

## 1.4.2　设置默认程序

当我们双击某种类型的文件时，系统会自动运行一个应用程序来打开该文件，这是因为在应用程序安装过程中，会设置与某些类型文件的默认关联。如果某种类型的文件和一个应用程序建立了关联，那么当双击这种类型的文件时，系统会先启动这个应用程序，然后在应用程序中打开文件。前述通过文档启动应用程序的方法就应用了这种关联。如果我们想改变这种关联，可以使用 Windows 7 中设置默认程序的功能。

在“开始”菜单右侧，选择“控制面板”选项，会打开控制面板窗口，如图 1-21 所示。

图 1-21　控制面板窗口

控制面板（Control Panel）是 Windows 图形用户界面的一部分，它允许用户查看并对系统进行设置，比如添加/删除软件、控制用户账户、更改辅助功能选项等。

如果经常使用控制面板，为了方便，可以将控制面板添加到桌面上。方法很简单，在桌面上新建一个文件夹，将文件夹的名字改为：

完全控制面板.{ED7BA470-8E54-465E-825C-99712043E01C}

这样，你就看到了一个绝对强悍的控制面板图标，这可是隐藏在 Windows 7 中的绝密。在控制面板窗口中选择“默认程序”，打开默认程序窗口，如图 1-22 所示。在这里，当选中一个应用程序，在右侧会出现应用程序描述和两个功能选项。单击“选择此程序的默认值”选项，即可打开图 1-23 所示的程序关联窗口，用户可以选择与该程序关联的文件类型。（注：foobar2000 是一款免费的多功能音频播放器，作者是原 Winamp 开发公司 Nullsoft 成员彼德·帕夫洛夫斯基（Peter Pawlowski）。除了播放之外，它还支持生成媒体库、转换媒体文件编码、提取 CD 等功能，是一款功能强大的音频处理工具。）

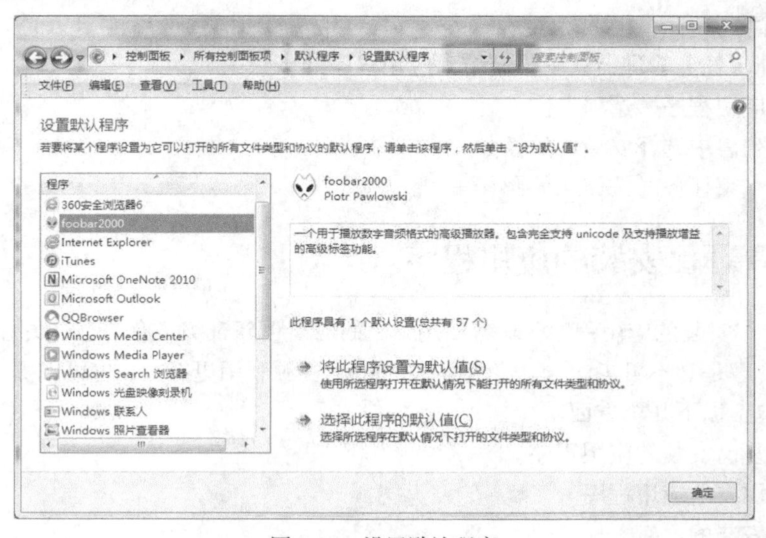


图 1-22　设置默认程序

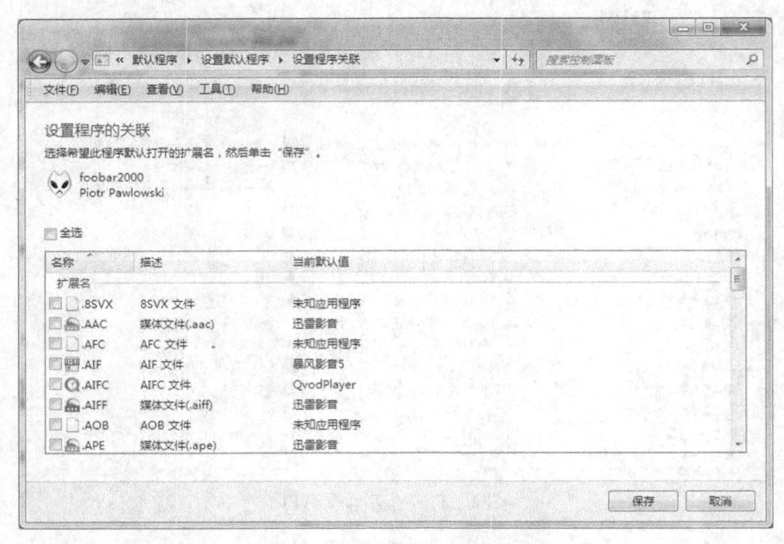


图 1-23 设置程序关联文件

经过这样的设置，当我们双击经过关联的文件类型时，Windows 将会自动运行相关联的应用程序来打开相应的文件。

## 1.4.3 强制结束应用程序

在程序运行时，有时会遇到异常情况，导致程序对用户的操作不响应。这时，需要强制结束应用程序，关闭应用程序窗口。

强制结束应用程序可以用任务管理器来完成。启动任务管理器有两种方法。

方法一：按组合键"Ctrl + Alt + Delete"（将 Ctrl、Alt、Delete 三个键同时按下），蓝色屏幕的最下方显示"启动任务管理器"按钮。

方法二：鼠标指针指向任务栏空白处，单击鼠标右键，弹出快捷菜单，执行菜单中的"启动任务管理器"命令。

在"Windows 任务管理器"中强制结束应用程序的步骤如下。

① 选择"应用程序"选项卡。

② 在任务列表中选择要结束的任务。

③ 单击"结束任务"按钮 结束任务(E) 。

## 1.4.4 管理已安装的应用程序

Windows 7 中安装的应用程序，随着使用，有的需要更新升级，有的也许失去了作用。因此，对应用程序的管理是必不可少的，不仅使得 Windows 资源利用更有效，也可以提高系统的响应速度，主要操作包括以下几个方面。

① 更改修复已安装的应用程序。

② 卸载不需要的应用程序。

③ 管理已安装的更新。

### 1.4.5　用剪贴板在应用程序间交换数据

Windows 7 是一个多任务的操作系统，它可以同时运行多个应用程序，并且可以在程序之间交换数据。

剪贴板是 Windows 应用程序之间交换数据的一个临时存储区。用户可以从一个应用程序中剪切或复制信息到剪贴板上，然后再将这些信息从剪贴板传送到其他应用程序中去，以实现不同应用程序之间的信息共享。

使用剪贴板在应用程序之间传递信息的步骤是：

① 将信息复制或剪切到剪贴板上。

在第一个应用程序中选定信息，然后执行“编辑”菜单中的“复制”或“剪切”命令。

② 确定信息插入的位置。

在第二个应用程序中移动鼠标到需要的位置，然后单击鼠标。

③ 将信息从剪贴板中粘贴出来。

在第二个应用程序中执行“编辑”菜单中的“粘贴”命令。

利用剪贴板除了可以在应用程序之间交换信息外，还可以在同一个程序中复制或移动数据，甚至可以将屏幕上显示的内容复制下来，插入到文本或图像中。

将屏幕内容复制到剪贴板上的步骤是：

① 要复制整个屏幕：

如果需要复制整个屏幕的内容，按 Print Scr 键。

② 要复制活动窗口的内容：

如果需要复制的是活动窗口的内容，就将 Alt 键和 Print Scr 键同时按下。

将屏幕内容复制下来后，就可以在程序中执行“粘贴”命令将其插入到文本或图像中。

剪切或复制到剪贴板上的信息能一直保留到清除剪贴板，或有新的剪切或复制信息放到剪贴板上。因为信息一直保留在剪贴板上，所以可以多次粘贴。

## 1.5　Windows 7 系统设置

在 Windows 7 中，用户可以对系统环境进行设置，比如，设置显示器、鼠标、键盘、日期、声音等。通过设置，使计算机更符合用户的习惯和爱好，更具个性。

### 1.5.1　网络设置

在现代的操作系统中，网络的设置已经不是一个复杂的任务了，只需要打开控制面板中的网络与共享中心，进行一些简单的设置即可完成网络的连接。

**1. 查看网络状态**

执行“开始”菜单中的“控制面板”命令，选择“网络和共享中心”，打开网络设置窗口，如图 1-24 所示。

在这个窗口中，我们可以设置网络适配器的属性、更改共享特性、查看网络的连接信息等。用鼠标单击本地连接，弹出一个关于本地网络连接状态的窗口，如图 1-25 所示。

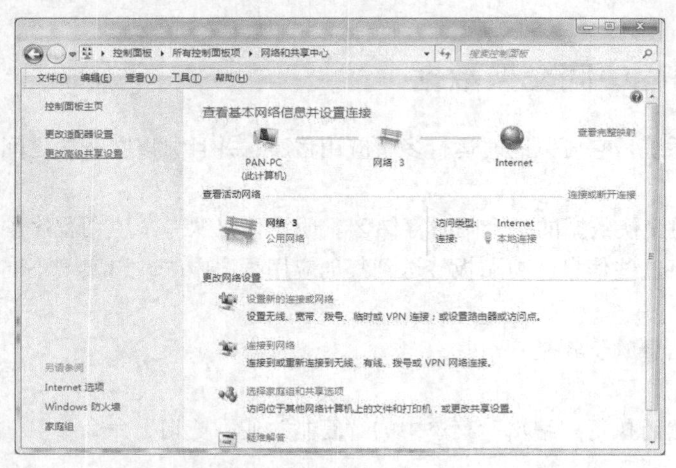


图 1-24　网络与共享中心

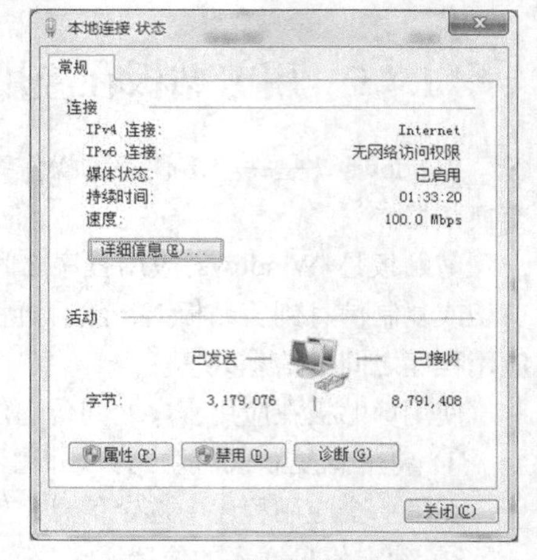


图 1-25　本地网络连接状态

这里我们可以看到网络的连接方式、速度以及收发的数据量，并且可以通过单击详细信息查看具体的网络地址分配、网卡的物理地址、网关地址等更加详细的网络配置信息，可以帮助我们对当前网络的状况有较为全面的认识。

我们可以通过下方的“属性”按钮来配置网络，也可以通过“禁用”按钮停止当前网络适配器的使用。如果网络连接出现故障，我们还可以利用“诊断”功能，实现对网络的简单诊断。

**2. 更改网络适配器设置**

当我们在网络与共享中心单击更改网络适配器设置时，会弹出适配器属性对话框，如图 1-26（a）所示。由于我们通常是通过一个已有网络连入 Internet 的，所以我们需要设置适配器的 TCP/IP 协议属性。选择 Internet 协议版本 4，单击属性按钮，就会打开图 1-26（b）所示的 IPv4 的属性设置对话框。有关 TCP/IP 协议的内容，请参照《大学计算机基础》第 8 章的相关内容，这里不再赘述。只有正确地配置了网卡的 IP 地址、网关以及 DNS 服务器（域名服务器）的网络地址，我们才能正常使用网络。如果我们所处的网络路由器支持 DHCP 服务（Dynamic Host Configuration Protocol，动态主机配置协议是一个局域网的网络协议，使用 UDP 协议工作，主要有两个用途：给内部网络或网络服务供应商自动分配 IP 地址，给用户或者内部网络管理员提供对所有计算机中央管理的手段），我们可以选择自动获取 IP 地址和 DNS 服务器地址，进一步简化了网络的配置工作。

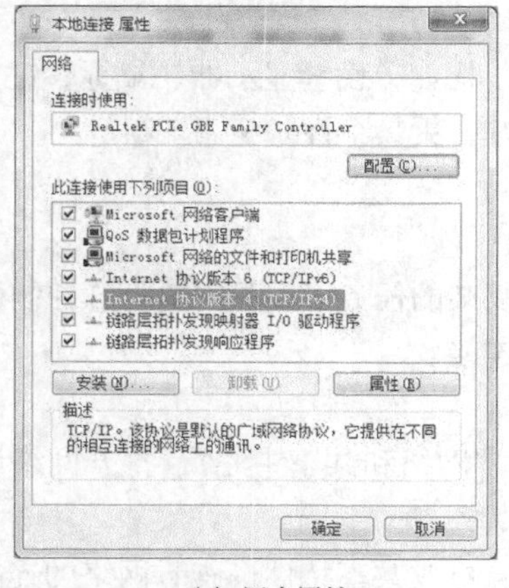


(a) 网卡属性

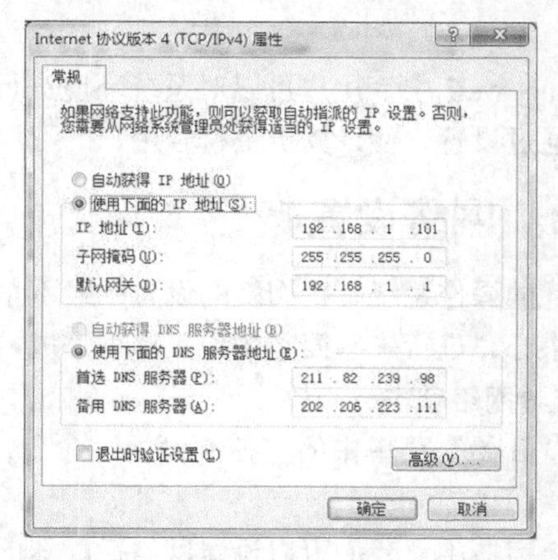


(b) IPv4 设置

图 1-26　网络设置

### 1.5.2　用户设置

Windows 7 是多用户操作系统，不同的用户可以通过登录各自账户来使用计算机，尤其在一些多人共用一台计算机办公的部门、班组，用户管理提供给用户方便的管理工具。不同于 XP，Windows 7 允许不同的用户拥有各自的桌面、应用软件系统。

Windows 7 提供三种权限的账户，分别是系统管理员账户（Administrator）、来宾账户（Guest）和用户新增账户。系统管理员为内置账户，拥有最高的权限，可以完全掌控 Windows 资源。来宾账户为临时使用计算机的用户设计，只拥有使用常规应用软件的权限，不能够进行系统设置。在 Windows 7 安装结束的时候，会创建一个用户账户，这通常是一个标准权限账户，相比管理员账户，这个账户的权限受账户控制机制的限制，但是比来宾账户拥有更多的权限。

**1．更改账户**

在控制面板中单击用户账户，即可打开用户账户设置窗口，如图 1-27 所示。我们可以对已有用户账户进行管理，完成诸如更改密码、删除密码、更改账户名称、更改账户类型等操作，也可以完成新账户的创建。值得注意的是，在更改已有账户密码或者删除密码时，需要提供原有密码才可拥有操作权限。在 Windows XP 中，默认的用户是管理员用户，而在 Windows 7 中，为了安全起见，Administrator 账户是隐藏的。为了完成一些操作，必须拥有管理员权限。

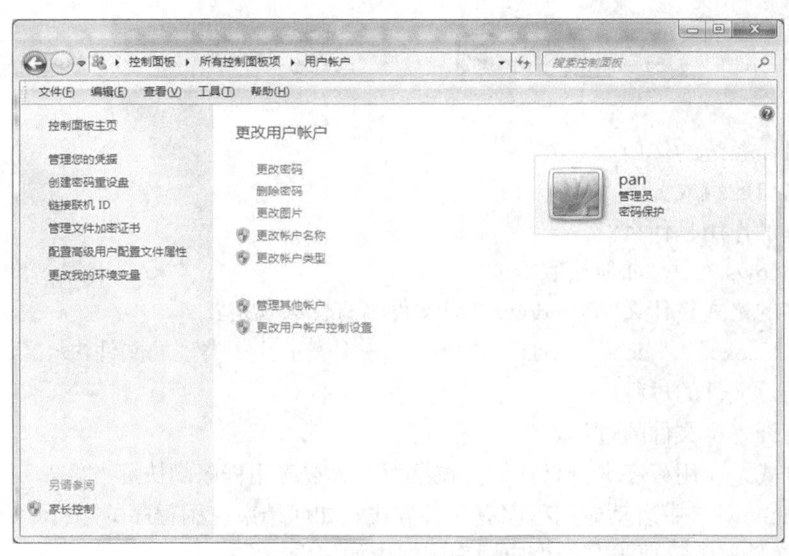


图 1-27　更改用户账户

**2．开启管理员账户**

Windows 7 管理员账户通常不会像 Windows XP 一样以默认安装出现，如果想要使用 Administrator 账户，需要进行简单的设置，开启管理员账户。

在“计算机”上单击鼠标右键，会出现一个快捷菜单，选择“管理”功能选项，出现的窗口如图 1-28 所示。在计算机管理窗口中选择“本地用户和组”，再选择“用户”，在右侧窗口选择 Administrator，单击右键，选择“属性”，弹出对话框，将“账户已禁用”前的复选按钮勾选去掉，即可启用管理员账户。

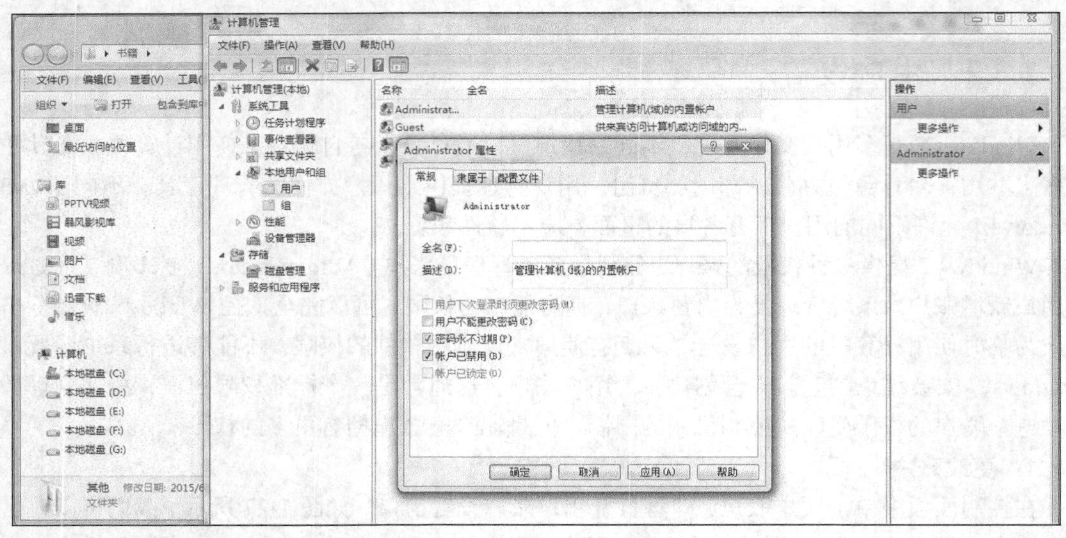


图 1-28　管理员账户

Windows 7 提供丰富的系统设置功能，本书不再一一介绍，用户可根据自己的需要，参考相关资料或者查阅 Winsows 联机帮助自行学习完成。

## 习　　题

1. 简述操作系统的作用。
2. 简述窗口的组成。
3. 对话框的作用是什么？
4. 在 Windows 7 中，如何获取帮助？
5. 文件名的格式是什么？Windows 7 对文件名有什么规定？
6. 扩展名“.exe”、“.doc”、“.xls”、“.bmp”分别表示什么类型的文件？
7. 简述新建文件的过程。
8. 简述打开一个文件的过程。
9. 快捷方式是应用程序本身吗？如何在桌面上放置应用程序的快捷方式？
10. 在 Windows 7 中启动应用程序有几种方式？如何结束应用程序的运行？
11. 在什么情况下需要强制结束应用程序？应如何操作？
12. 文件关联有什么作用？简述建立文件与程序关联的步骤。
13. 举例说明如何利用剪贴板在应用程序间交换数据。

# 上机实验

## 实验一 Windows 7 的基本操作

**一、实验目的**

1. 熟悉 Windows 7 启动和退出的操作过程。
2. 熟悉 Windows 7 的桌面。
3. 掌握窗口的操作。
4. 熟悉对话框中各种控件，掌握“帮助”按钮?的使用方法。

**二、实验内容**

1. 开机启动 Windows 7，查看桌面快捷方式。
2. 在桌面建立画图应用程序的快捷方式。
3. 运行画图应用程序，熟悉窗口操作。

## 实验二 编辑文件

**一、实验目的**

1. 熟练掌握利用 Windows 7 的应用程序创建文件、修改文件的步骤。
2. 熟练使用一种中文输入法，输入中文标点。
3. 学会使用软件中的帮助信息。

**二、实验内容**

1. 运行画图程序，创建一幅图画，按照不同格式保存文件。
2. 运行写字板程序，使用自己熟悉的输入法，输入一段中文。
3. 利用画图程序的帮助系统，熟练掌握画图程序的使用方法。

## 实验三 文件管理（一）

**一、实验目的**

1. 熟悉资源管理器窗口。
2. 熟练地查看系统的资源。
3. 熟练地查看磁盘的树形文件夹结构。
4. 熟练地更改显示方式。
5. 熟练地显示或隐藏工具栏。
6. 熟练地显示或隐藏文件的扩展名。

**二、实验内容**

1. 尝试利用两种方式打开资源管理器。
2. 通过资源管理器了解计算机的软、硬件系统配置。
3. 熟悉资源管理器窗口各种操作，利用各种方式显示文件，设置文件夹选项。

# 实验四　文件管理（二）

**一、实验目的**

熟练掌握文件管理操作：创建文件夹、为文件或文件夹重命名、复制文件或文件夹、移动文件或文件夹、删除文件或文件夹、恢复或删除回收站中的文件、查找文件或文件夹，在D盘上建立如下结构的文件夹：

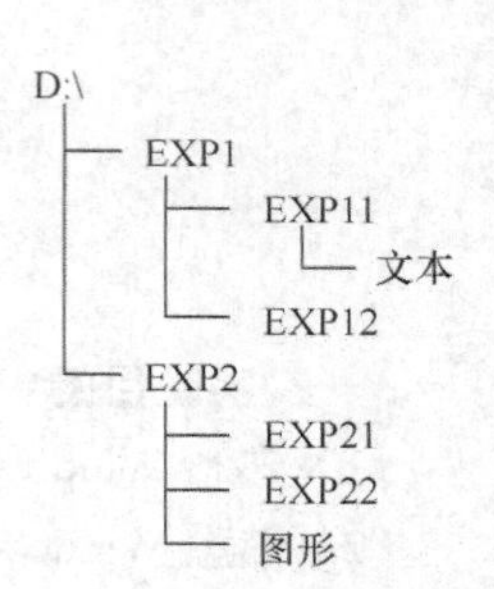


**二、实验内容**

1. 在计算机的D盘建立文件夹。

2. 搜索计算机中C盘的“.txt”文件，任选一个复制在“D:\Exp1\Exp11\文本”路径下。

3. 将文件移动到“D:\Exp2”文件夹下，并在原文件夹下留存副本。

4. 删除EXP文件夹中的文件。

5. 查看回收站中删除的文件，并还原。

# 实验五　程序管理

**一、实验目的**

1. 能熟练地启动和结束程序。
2. 能熟练地强制结束程序运行。
3. 能熟练地建立文件与程序的关联。
4. 能熟练地使用剪贴板在应用程序间交换数据。

**二、实验内容**

1. 运行画图程序，分别使用程序的退出功能和使用任务管理器终止画图程序。
2. 设置JPEG文件的关联程序为 Windows照片查看器。
3. 完成复制当前屏幕到剪贴板，并将拷屏内容粘贴到画图程序中。

# 实验六　磁盘管理

**一、实验目的**

熟练掌握磁盘管理的相关操作。

**二、实验内容**

1. 格式化D盘。要求：采用完全格式化，以你学号的后十一位作为磁盘的卷标。
2. 查看C盘空间的使用情况。
3. 查看计算机的磁盘分区情况。

# 实验七　系统设置

**一、实验目的**

能熟练地进行系统设置。

**二、实验内容**

1. 设置桌面背景以及窗口主题。
2. 设置鼠标、声音，使之更适合自己的习惯。
3. 查看系统账户，启用管理员账户。

# 第2章 Internet 网络应用

Internet 是一个把分布于世界各地不同结构的计算机网络用各种传输介质互相连接起来的网络，是全球最大的计算机网络。因此，有人把它称为网络的网络，中文译名为因特网、英特网、国际互联网等。

Internet 是当今信息社会巨大的资源宝库，只要将自己的计算机连入 Internet，便可以在这个信息资源宝库中漫游，比如通过 Internet 获知新闻，看电影，聊天，打 IP 电话，网上购物，收发邮件，查阅和下载资料等。

Internet 提供给用户多种多样的服务，主要有超媒体信息浏览、信息搜索、邮件收发、文件传输、电子商务等应用。

## 2.1 互联网信息浏览

万维网（World Wide Web，WWW）简称 Web，是一个在 Internet 上运行的全球性的分布式超文本信息系统。由于是因特网上最方便和最受用户欢迎的信息服务，万维网常被当成因特网的同义词，其实万维网是在因特网上运行的一项服务。

### 2.1.1 万维网联盟

图 2-1 W3C 组织标志

自从 Web 诞生以来，Web 的每一步发展、技术成熟和应用领域的拓展，都离不开万维网联盟（World Wide Web Consortium，W3C）的努力，其标志如图 2-1 所示。

W3C 于 1994 年 10 月由被称为万维网之父的蒂姆·伯纳斯-李（见图 2-2）在麻省理工学院计算机科学实验室创建。它是一个制定网络标准的非赢利组织，如 HTML、XHTML、CSS、XML 的标准就是由 W3C 来定制的。W3C 会员（大约 500 名会员）包括生产技术产品及服务的厂商、内容供应商、团体用户、研究实验室、标准制定机构和政府部门，一起协同工作，致力在万维网发展方向上达成共识。

图 2-2 万维网之父

中国已成为 Web 用户增长最快的国家，W3C 也注意到这一点。因此，近年来，W3C 的一些高层人物相继出访我国，与我国同行进行了广泛的交流，并在香港特别行政区已设立了办事处；我国的研究人员也对 W3C 的草案工作给予了极大关注，目前在这方面最为活跃的单位有中国科学院计算所、中国科学院软件所、清华大学、北京大学、北京科技大学、北京邮电大学、东南大学等研究机构和高校。

## 2.1.2 超文本

超文本是一种信息管理技术，它能根据需要将可能在地理上分散存储的电子文档信息相互连接，人们可以通过一个文档中的超链接打开另一个相关的文档。用户只要用鼠标单击文档中的超链接，便可获得相关信息。网站或网页通常就是由一个或多个超文本组成，用户进入网站首先看到的一页称为主页或首页（Home Page）。

万维网的使用方法非常简单，只要通过浏览器（Browser）打开网页，就可以查看万维网提供的信息。万维网上的文件之间的链接几乎是无穷无尽的，用户难以确定主题的起始点，不过，统一资源定位器可以解决这一问题。统一资源定位器（Uniform Resources Locator，URL）是专门为表示因特网上的资源位置而设计的一种寻址机制，它可以帮助用户在因特网的信息海洋中获取到所需资料的地址。因特网上的每一个资源都有一个 URL 来标识其地址，URL 一般由三部分组成，格式如下：

[传输协议://]主机 IP 地址或主机域名[:端口]/资源所在路径和文件名

例如：http://www.ncepu.edu.cn/index.html，其中 http 表示超文本传输协议，相当于驱动器名；www.ncepu.edu.cn 是站点名，相当于根文件夹；index.html 则为可访问的文件名。

## 2.1.3 浏览器

浏览器是绝大多数用户访问 Web 资源的主要手段，是网络应用软件中用户最多，发展最快，同时也是存在安全问题最多，对计算机性能和用户工作效率影响最大的一款应用软件。所以，浏览器的合理使用对用户高效获取互联网资源是非常重要的。目前浏览器软件很多，系统内核和浏览性能也各不相同，如 IE、Firefox、傲游等都是非常优秀的浏览器软件。

### 1. IE 浏览器（Internet Explorer）

Internet Explorer，是美国微软公司推出的一款网页浏览器。原称 Microsoft Internet Explorer（版本 6 以前）和 Windows Internet Explorer（版本 7、8、9、10、11），简称 IE。在 IE 7 以前，中文直译为“网络探路者”，但在 IE 7 以后，官方便直接俗称其为“IE 浏览器”。

IE 开发计划开始于 1994 年夏天，微软为抵抗当时主流的网景浏览器（Netscape Navigator），要在 Windows 中开发适合自己的浏览器。但微软并没有时间从零开始，因此微软和 Spyglass 合作，于是 IE 从早期一款商业性的专利网页浏览器 Spyglass Mosaic 派生出来。虽然 Spyglass Mosaic 与 NCSA Mosaic（首款应用得最广泛的网页浏览器）甚为相似，但 Spyglass Mosaic 则相对地较不出名。

最初几个版本的 IE 均以软件包的形式单独为相应的 Windows 提供选择安装，从 IE 4 开始，IE 集成在所支持的最新版 Windows 中作为默认浏览器，并且为其能支持的早期 Windows 提供安装程序进行升级（唯一的例外是 IE 9，并未在其支持的 Windows Vista 和 Windows 7 中集成）。

Internet Explorer 除了作为 Windows 默认浏览器外，IE 2～IE 6 均支持苹果 Mac OS/OS X，而 IE 4 和 IE 5 更是支持过 X Window System、Solaris 和 HP-UX UNIX。不过自 IE 7 以后仅支持 Windows。此外，没有任何 IE 支持移动终端，移动终端上的 IE 实际上是 Internet Explorer Mobile（简称 IE Mobile），虽然名字上多了 Mobile，但 IE Mobilie 其实是采用完全不同的内核。

2014 年 8 月，微软考虑为 IE 浏览器更名，并表示将终止对老版本浏览器的支持。2015 年 3

月，微软确认将放弃 IE 品牌，代号为“Project Spartan”的新版浏览器将启用新名称，但 IE 仍会存在于某些版本的 Windows 10 中。

图 2-3　IE 浏览器版本信息

微软公司于 2013 年 11 月 7 日正式发布 Internet Explorer 11 浏览器，其版本信息如图 2-3 所示。

IE 11 引入了全新功能来改善实际网站性能，是第一个能够通过 GPU 以本机方式实时对 JPEG 图像进行解码的浏览器，因此页面加载速度更快、内存占用更少，从而降低功耗、延长电池使用时间。IE 11 还是第一个通过 GPU 呈现文本的浏览器。文本和图像是 Web 的核心，经过加速的文本和 JPEG 性能几乎会影响每个页面。

IE 11 中的 JavaScript 引擎（即 Chakra）的性能得到了新的提升。JIT 编译器支持更多优化项，包括多态缓存属性和内联函数调用，因此有更多代码经过 JIT 编译，从而减少耗费在 JavaScript 编译工作上的时间。垃圾回收更高效地利用后台线程，大大降低 UI 线程由于执行垃圾回收而被阻止的频率并缩短被阻止的时间。

钓鱼站点：就是联机仿冒（“phishing”发音为“fishing”），简单地说就是冒充正宗银行网站或者金融机构的网站，在你登录时骗取你的银行账号和密码。

钓鱼网站的行为被叫做“钓鱼攻击”，也常称为“品牌诈骗”，是利用欺骗性的电子邮件和伪造的 Web 站点来进行诈骗活动，受骗者往往会提交并导致泄露自己的财务数据，如信用卡号、账户用户名、口令和社保编号等内容。金融机构是常见的攻击目标，而那些拥有大量客户信息数据的组织也常常陷入此诈骗阴谋。诈骗者通常会将自己伪装成知名银行、在线零售商和信用卡公司等可信的品牌，在所有接触诈骗信息的用户中，有高达 5%的人都会对这些骗局做出响应。

### 2. Mozilla Firefox 浏览器

Mozilla Firefox（正式缩写为 Fx，非正式缩写为 FF），中文名为火狐，是由 Mozilla 基金会（谋智网络）与开源团体共同开发的网页浏览器。Firefox 是从 Mozilla Application Suite 派生出来的网页浏览器，从 2005 年开始，每年都被媒体《个人电脑》（PC Magazine）选为年度最佳浏览器。来自 NetMarketShare 的数据，今年 6 月份，占据全球浏览器排行榜首位的仍然是 IE 浏览器，总市场份额为 54%；Chrome 浏览器位居第二，最新市场份额为 27.23%；Firefox 浏览器以 12.06%的市场份额位居第三。Firefox 的开发目标是“尽情地上网浏览”和“对多数人来说最棒的上网体验”。截至 2015 年 7 月 2 日，最新版本为 Firefox 39.0。

图 2-4　火狐浏览器标志

Firefox 内置了分页浏览、拼字检查、即时书签、下载管理器和自定义搜索引擎等功能。Firefox 可以在多种操作系统中运行，由于其使用独立的内核，不同于 IE 内核的浏览器，具有较好的安全性。

Firefox 支持非常多的网络标准，如标准通用标记语言下的子集 HTML 和 XML、XHTML、SVG 1.1（部分的）、CSS（除了标准之外，还有扩充的支持）、ECMAScript（JavaScript）、DOM、MathML、DTD、XSLT、XPath 和 PNG 图像文件（包含透明度支持）。此外还可以通过由第三方开发者贡献的扩展软件来加强各种功能，较受欢迎的有专门浏览 IE only 网页的 IE Tab、阻挡网页广告的 Adblock Plus、下载在线影片的 Video DownloadHelper、保护计算机安全的 NoScript 等。

3. 傲游（Maxthon）浏览器

在国内，傲游（Maxthon）是一个较为知名的浏览器。傲游浏览器由北京傲游天下科技有限公司开发，属于国产软件。

图 2-5 傲游浏览器标志

起初，傲游浏览器叫做 MyIE2，是傲游的创始人陈明杰因为找不到得心应手的浏览器自己动手开发的。后来，一位爱尔兰的用户送给 MyIE2 一个响亮的新名字：Maxthon，是“Max”和“Thon”两个词的组合。“Max”代表着巅峰与极致，而“thon”则取自“marathon”（马拉松），有持久、长远的含义。中文名“傲游”也与英文名相契合，表达出傲视群雄和持久远行的含义。或许这名用户开始也没有料到，今天的傲游浏览器在世界范围内活跃用户已经超过千万，拥有用户翻译制作的 47 种语言版本，用户遍布 120 个国家和地区。Maxthon 允许在同一窗口内打开任意多个页面，减少浏览器对系统资源的占用率，提高网上冲浪的效率。同时它又能有效防止恶意插件，阻止各种弹出式、浮动式广告，加强网上浏览的安全。

Maxthon 浏览器基于 IE 内核，并在其之上有创新，其插件比 IE 更丰富。傲游的插件按照浏览器可划分为傲游插件和 IE 插件；按照代码的性质可分为 Script 插件（插件模块为脚本）、COM 插件（插件模块为 DLL 的 COM 组件）和 EXE 插件（插件模块为 EXE 程序）；按照功能和位置分为扩展按钮、侧边栏、工具栏、浏览器辅助对象和协议句柄。2014 年 2 月 20 日，傲游浏览器发布了新版本 4.4.2.2000，视频频快进功能可让网友自行选择播放进度，包括可以对广告内容进行快进处理。

# 2.2 IE 的使用

Internet Explorer，俗称“IE 浏览器”，不见得是最好用的浏览器，但是得益于与 Windows 捆绑发行，市场占有率确是最高的。2015 年 3 月，微软公司正式宣布放弃 IE 浏览器，成立 Project Spartan 的崭新项目，着手开发下一代浏览器。2015 年 4 月，微软在产品发布会上宣布 Project Spartan 项目正式定名为 Microsoft Edge 浏览器。

## 2.2.1 IE 的启动

从 IE 9 开始，之后的 IE 版本都不再支持 Windows XP。最新版的 IE 11 在整体的性能上有非常大的改进，加快了页面载入与响应速度，利用预读取和预渲染技术，可以让 IE 11 提前下载你马上需要用到的资源，页面实际的打开速度更快。JavaScript 的执行速度比 IE 10 快 9%，比 Chrome、Firefox 等竞争对手的浏览器快 30%。降低 CPU 的使用率和上网时的电量消耗，增加移动设备用户的上网时长。

IE 11 已经完整支持 WebGL、CSS 3，而且大幅增加对于 HTML 5 的支持，未来将进一步加入 WebRTC 标准。针对 Web App 应用部分，IE 11 也整合包含 3D 渲染技术，让 Web App 执行性能变得更高。

我们可以通过以下三种方式启动 IE：

① 双击桌面的"Internet Explorer"图标。

② 单击任务栏上的"Internet Explorer"按钮。

③ 选择"开始→程序→Internet Explorer"命令。

## 2.2.2　IE 浏览器窗口

启动 IE 11 后，IE 11 的窗口界面如图 2-6 所示。

图 2-6　IE 11 窗口界面

IE 11 浏览器的界面和 Windows 7 的窗口风格一致，除包含标题栏、菜单栏、工具栏外，它还具有浏览器特有的菜单和工具按钮，但相比之前的版本，IE 11 更加简洁。

### 1. IE 11 常用工具按钮

主页：主页是浏览器打开后显示的第一个页面，用户可以把自己最常用或者最喜欢的网站首页或者页面设置为浏览器主页。当我们在任何时候单击按钮，就可以直接跳转到用户设置的页面。

收藏夹：只需单击星形图标即可显示下拉收藏夹菜单。收藏中心提供一个查看收藏网站、RSS 源和历史记录的位置。当用户想将当前浏览的页面收藏起来，只需要单击按钮即可，如图 2-7 所示。

前进/后退：用来在浏览过的页面间进行切换。想要查看刚刚浏览过的上一个页面，可以单击；当想浏览下一个页面，则可单击。不过如果没有浏览过的页面，按钮将处于无效状态。

停止：当用户不希望打开的页面继续下载而又不想关闭浏览器，可以单击按钮中止当前页面的下载和显示。

刷新：用户希望页面重新显示时，可以单击按钮，再次下载页面并显示。这个功能通常是在页面处于无响应状态时使用，以便再次向服务器发出请求。

### 2. IE 选项卡式浏览

选项卡式浏览是 Internet Explorer 中的一项新功能，允许用户在单个浏览器窗口中打开多个网站，如图 2-7 所示。可以在新选项卡中打开网页或链接，并通过单击选项卡切换这些网页。使用选项卡的好处在于任务栏上打开的项目减少了。

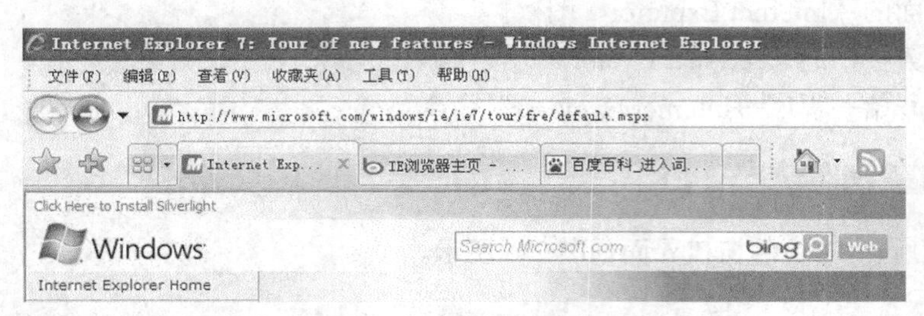


图 2-7 浏览器的选项卡

（1）打开新的空白选项卡

若要打开新的空白选项卡，请单击选项行上的“新选项卡”按钮 或按“Ctrl+T”组合键。若要在跟踪网页上的链接时打开新选项卡，请在单击链接时按 Ctrl 键，或者右键单击该链接，然后选择“在新选项卡中打开”。如果有滚轮鼠标，则可以使用滚轮单击链接来打开新选项卡。

（2）关闭选项卡

单击选项卡上的 按钮可以关闭选项卡，而关闭浏览器，则会关闭所有选项卡。

（3）重新打开上次关闭的选项卡

在关闭 Internet Explorer 时，系统将询问是否要关闭所有选项卡。出现提示时，单击“显示选项”，选择“下次使用 Internet Explorer 时打开这些选项卡”，然后单击“关闭选项卡”。当重新打开 Internet Explorer 时将恢复这些选项卡。

（4）快速导航选项卡

Internet Explorer 最多可以在屏幕上显示 10 个选项卡。若要显示所有选项卡，单击“快速导航选项卡”按钮 ，打开的所有网页将显示为缩略图。单击要查看网页的缩略图，即可迅速切换到该页面选项卡中。

（5）关闭选项卡式浏览

① 在 Internet Explorer 中，单击“工具”按钮，然后单击“Internet 选项”。

② 单击“常规”选项卡，然后在“选项卡”部分，单击“设置”。清除“启用选项卡式浏览”复选框后确定。

③ 关闭 Internet Explorer，然后将其重新打开。

这样，选项卡式浏览方式就被关闭了，所有网页将在新的 Internet Explorer 窗口中打开。

### 2.2.3 IE 浏览 Internet

熟悉了 IE 的窗口界面后，我们就可以使用 IE 查阅 Internet 上的信息资源了。

**1. 使用 URL 浏览**

如果用户知道某个资源的 URL，那么就可以启动 IE，在地址栏中输入资源的 URL 地址，就可以打开相应的页面了。例如，我们想访问“网易”网站，网易的 URL 大家都很熟悉，是 http://www.163.com，我们就可以在 IE 浏览器的地址栏中输入 http://www.163.com，网易网站就在当前的选项卡中显示出来了，如图 2-8 所示。

在地址栏中输入网易网站的 URL 时，可以只输入 www.163.com，浏览器会自动加入“http://”，因为所有的 Web 站点地址都是用“http://”开头。可是，当我们不知道一个网站的 URL 地址，怎样访问这个网站呢？

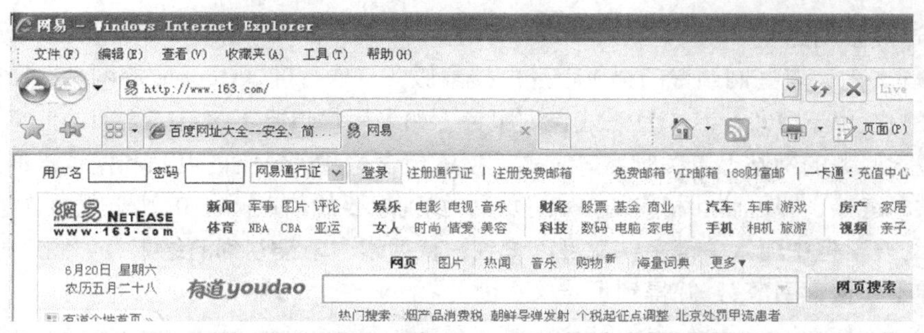

图 2-8　通过 URL 访问网易

### 2. 通过网页中的超链接浏览

Internet 上，有一些被称为“门户网站”的站点。这些网站提供信息搜索、网站导航等服务，在这些网站的页面中，收集了大量各类网站的 URL 地址，并以超链接的方式提供给网络用户使用，非常方便。我们可以只记住某个此类网站的地址，如：site.baidu.com。打开浏览器后，首先打开这个页面，然后通过此页面所提供的超链接，访问需要的网站。比如我们想访问中央电视台网站，首先在 IE 中打开 site.baidu.com，如图 2-9 所示。在按照类别列出的网站中单击“中央电视台”，就可以在新选项卡中打开中央电视台网站了。当然，不是只有门户网站才有其他网站的链接，一般主题性的网站也会对相关的网站进行链接，方便用户浏览和查阅相关主题的内容。不过，世界上的网站数量非常多，而且正在以爆炸的速度增加，如果要访问的网站或者资源地址不在门户网站或其他网站所提供的超链接中，我们该如何找到这些资源呢?

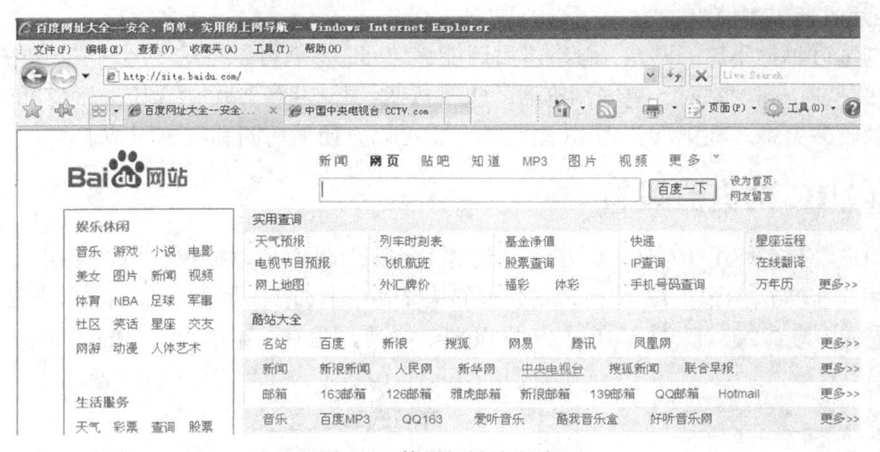

图 2-9　使用超链接浏览

门户网站，是指通向某类综合性互联网信息资源并提供有关信息服务的应用系统。门户网站最初提供搜索引擎、目录服务，后来由于市场竞争日益激烈，门户网站不得不快速地拓展各种新的业务类型，希望通过门类众多的业务来吸引和留住互联网用户，以至于目前门户网站的业务包罗万象，成为网络世界的“百货商场”或“网络超市”。从现在的情况来看，门户网站主要提供新闻、搜索引擎、网络接入、聊天室、电子公告牌、免费邮箱、影音资讯、电子商务、网络社区、网络游戏、免费网页空间等。在我国，典型的门户网站有新浪网、网易和搜狐网等。

3. 通过搜索浏览

在 Internet 上，有些网站专门提供信息的搜索服务，像百度、Google 等网站，微软的搜索引擎网站“必应”也于 2009 年 6 月正式提供服务。如果用户想要了解某一方面的信息，就可以在这些提供搜索服务的网站上以关键字等方式，搜索包含这些关键字的网站和网页。通过单击搜索结果所提供的链接，即可访问相应的 Web 页面，找到想要的信息。在 IE 中，也包含了搜索功能。在 IE 内置的搜索框中输入关键字，就可以看到默认搜索引擎搜索到的结果，如图 2-10 所示。我们搜索关键字“搜索引擎”，并得到了结果页面。

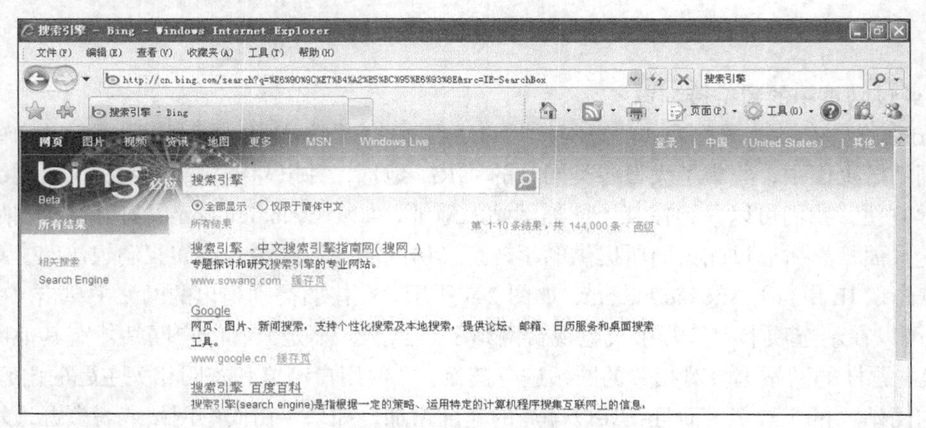

图 2-10　IE 的搜索功能

4. 使用收藏夹浏览

用户浏览过感觉不错的网站，希望以后还能够访问，那就可以将这个网站“收”在收藏夹中。具体的方法是在访问网站时，单击浏览器的收藏按钮，并按照网站的主题进行命名和分类，存放在浏览器的收藏夹中。在下次使用 IE 浏览时，就可以方便地访问和浏览网站了。

## 2.2.4　IE 浏览器设置

如果用户希望在使用 IE 时，更方便、更加符合自己的习惯，就需要对浏览器进行设置。可以通过用鼠标右键单击桌面的 IE 图标，在弹出的快捷菜单中选择“属性”命令进行设置。也可以启动浏览器，单击“工具”菜单中的“Internet 选项”命令，打开“Internet 选项”对话框来进行设置。

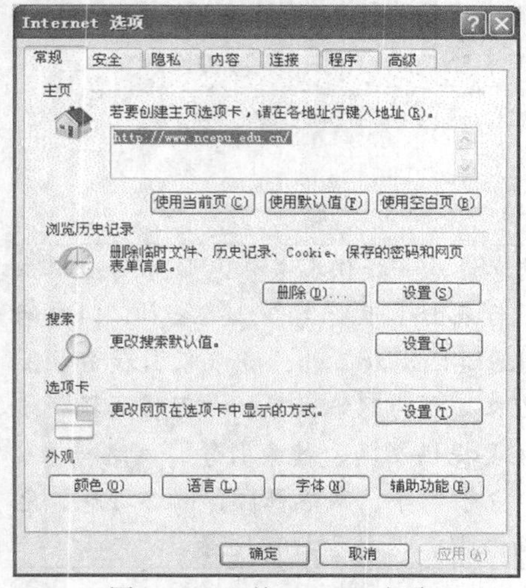

图 2-11　IE 的 Internet 选项

1. 常规选项设置

在“Internet 选项”对话框中，单击“常规”选项卡，可以设置浏览器的常规选项，如图 2-11 所示。

主页：设置浏览器启动时显示的页面或站点，“使用当前页”，将当前在浏览器中打开并处于激活状态的页面设置为主页；“使用默认值”，则将主页设置为微软（中国）的主页；“使用空白页”，则只打开空白页，不访问任何网站。

浏览历史记录：对浏览器浏览过的历史记录的保存、删除进行设置。单击删除，可以选择删除临时文件、Cookie、密码等；单击设置按钮则可对浏览过的临时文件的处理方式进行设置。浏览器保存临时文件是为了让下次访问更加迅速。

搜索：设置默认的搜索服务提供者，如 Google、Bing 等。

选项卡：设置选项卡浏览方式、弹出窗口的显示以及打开链接的显示方式。

外观：对网页中使用的颜色、语言、字体以及样式进行设置。

### 2. 安全选项设置

为了预防网络中不道德的人通过浏览器对我们的计算机进行恶意攻击，在浏览器中必须采取防护措施，可以通过安全选项卡进行设置。

IE 将站点分为四类：Internet、本地连接 Internet、可信任的站点和受限制的站点。四种站点有不同的安全级别与之对应，其中可信任和受限制的站点需要用户添加。用户也可以通过自定义安全级别对浏览器中的详细安全项目进行设置，如图 2-12 所示。

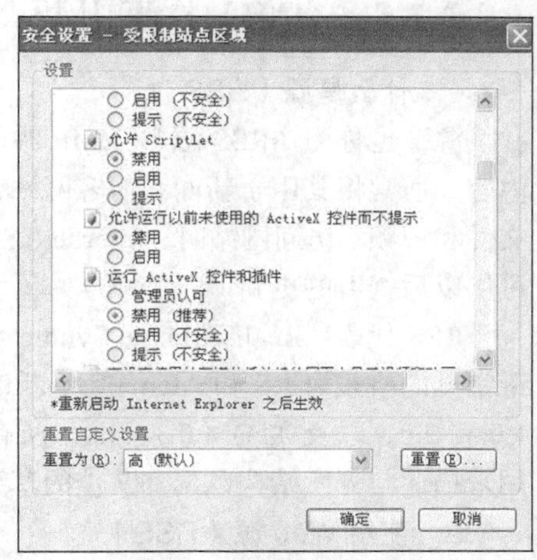


图 2-12　浏览器安全设置

### 3. 隐私选项设置

IE 的隐私分为六个级别，最高级别是禁用所有的 Cookies。Cookie，指某些网站为了辨别用户身份、进行 Session 跟踪而储存在用户本地终端上的数据（通常经过加密）。用户可以通过设置隐私级别来保护自己的个人网络信息，如网站的登录账号等。

### 4. 内容选项设置

IE 的内容选项由“分级审查”“证书”“自动完成”“源”四个选项区组成。

分级审查：随着网络的发展，网上的信息日益复杂，带有淫秽和暴力等内容的网页充斥其中。为了防止未成年人受到一些不健康内容的影响，可以启用“分级审查”功能来屏蔽网上的不健康内容。

证书：SSL 是“安全套接字层”的英文缩写，是一套提供身份验证、保密性和数据完整性的加密技术，SSL 最普遍的应用就是在 Web 浏览器和 Web 服务器（网站）之间建立安全通信通道。需要用户提供个人隐私信息的网站都应该使用 SSL 技术。

自动完成：会列出用户曾经输入过的内容，并对用户的最新输入给出匹配建议。

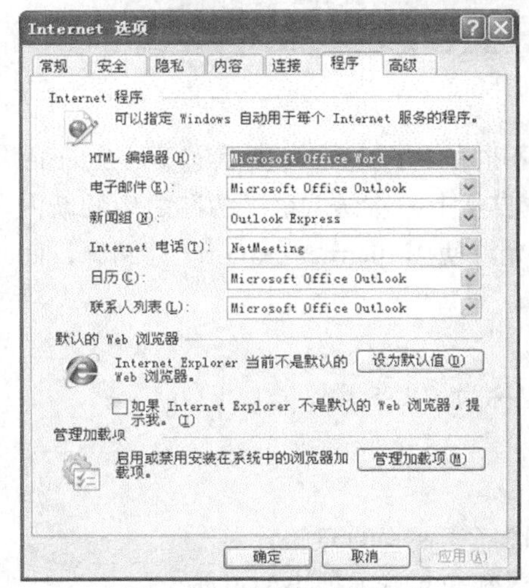


图 2-13　浏览器程序设置

### 5. 连接选项设置

连接选项用于设置计算机接入 Internet 的方式。如果计算机是单机接入方式，也就是说拨号或者专线和 Internet 连接，单击“设置”按钮，可以通过一个连接向导建立计算机接入 Internet 的方式。如果用户通过局域网接入 Internet，则可通过“局域网设置”设置是否使用代理服务器，以及代理服务器的 IP 地址和端口号。

### 6. 程序选项设置

程序选项用来制定用于 Internet 服务的应用程序以及默认的浏览器，同时可以对浏览器插件进行管理。默认的 Internet 服务程序如图 2-13 所示。

### 7. 高级选项设置

用于设置 IE 信息浏览方式，完成 IE 对网页浏览的特殊控制。IE提供了众多的控制选项供用户选择，修改这些选项，可以改变浏览网页的方式。如果用户改乱了这些设置，导致网页无法正常浏览，可以选择“还原高级设置”按钮，将所有设置恢复成初始状态。当出现浏览器无法使用的情况，则需要单击“重置”按钮，然后重新启动浏览器，以达到恢复的作用。

### 2.2.5 在IE中使用源

#### 1. 什么是源（RSS）

源，也称为“RSS源”“XML源”“综合内容”或“Web源”，包含由网站发布的经常更新的内容。通常将其用于新闻和博客网站，但是也可用于分发其他类型的数字内容，包括图片、音频文件和视频。访问网站时，Internet Explorer 可发现并显示源。也可以订阅源，以自动检查并下载可供以后查看的更新。

RSS代表“Really Simple Syndication（真正简单的整合）”，用来描述创建源时所使用的技术。最常见的格式为RS和Atom，会不断地使用新版本更新源的格式。Internet Explorer 支持RSS 0.91、1.0和2.0，以及ATOM 0.3、1.0。所有的Web源格式都是基于XML（可扩展的标记语言），一种用来描述与分发结构数据和文档的基于文本的计算机语言。

#### 2. 使用Web源（RSS）

第一次查看某个网站时，Internet Explorer 将搜索源。如果“源”可用，“源”按钮将更改颜色并播放声音，如图2-14所示。当“源”可用时，单击“源”按钮，然后单击想要查看的源。若要自动获取内容，应该订阅源。订阅Web源时，需要设置Internet Explorer检查网站更新的时间间隔，设置了时间间隔后，Internet Explorer将自动下载最新的Web源列表。通常订阅源是免费的。

图2-14 网站中的“源”

源可能具有和网页相同的内容，但是“源”通常采用不同的格式。在订阅状态下，Internet Explorer 会自动检查网站并下载新的内容，这样就可以查看自从上一次访问该“源”之后的新内容。Internet Explorer可向其他程序提供“常见源列表”。这允许使用Internet Explorer订阅源，而使用其他程序进行读取，例如电子邮件客户端。

#### 3. 查找并订阅源

Internet Explorer在每个用户所访问的网页上搜索源（也称为“RSS 源”）。

（1）查看可用源

① 在Internet Explorer工具栏上，单击“源”按钮。

② 如果多个“源”可用，用户将看到可用源的列表。选择要查看的源。

③ 单击此源时，将看到显示可阅读和可订阅的项目（主题和文章）列表的页面。

（2）订阅源

① 单击一个源（如果有多个源的话）。如果只有一个源可用，将直接转至该网页。

② 单击“订阅此源”按钮，为源键入名称，然后选择要在其中创建该源的文件夹。

③ 单击“订阅”即可。

要查看已订阅的源，单击“收藏中心”按钮，然后单击“源”。

# 2.3　信息搜索

Internet 上的信息浩如烟海，想在这样一个信息海洋里找到需要的信息，有时可能无异于大海捞针。为了能够高效、准确地找到用户需要的信息，搜索引擎应运而生。搜索引擎，是一个对互联网信息资源进行搜索整理和分类，并储存在网络数据库中供用户查询的系统，包括信息搜集、信息分类、用户查询三部分。目前流行的搜索引擎有两大类：分类目录式搜索引擎和关键字全文检索式搜索引擎。

## 2.3.1　搜索引擎的分类

### 1．全文搜索

全文搜索引擎是名副其实的搜索引擎，国外的代表有 Google，国内则有著名的百度搜索。它们从互联网提取各个网站的信息（以网页文字为主），建立起数据库，并能检索与用户查询条件相匹配的记录，按一定的排列顺序返回结果。

根据搜索结果来源的不同，全文搜索引擎可分为两类：一类拥有自己的检索程序（Indexer），俗称“蜘蛛”（Spider）程序或“机器人”（Robot）程序，能自建网页数据库，搜索结果直接从自身的数据库中调用，上面提到的 Google 和百度就属于此类；另一类则是租用其他搜索引擎的数据库，并按自定的格式排列搜索结果，如 Lycos 搜索引擎。

### 2．目录索引

目录索引虽然有搜索功能，但严格意义上不能称为真正的搜索引擎，只是按目录分类的网站链接列表而已。用户完全可以按照分类目录找到所需要的信息，不依靠关键词（Keywords）进行查询。目录索引中最具代表性的莫过于大名鼎鼎的 Yahoo!、新浪分类目录搜索。

### 3．元搜索引擎

元搜索引擎（META Search Engine）接受用户查询请求后，同时在多个搜索引擎上搜索，并将结果返回给用户。著名的元搜索引擎有 InfoSpace、Dogpile、Vivisimo 等，中文元搜索引擎中具有代表性的是搜星搜索引擎。在搜索结果排列方面，有的直接按来源排列搜索结果，如 Dogpile；有的则按自定的规则将结果重新排列组合，如 Vivisimo。

## 2.3.2　使用搜索引擎查询信息

### 1．关键字搜索

如果你想搜寻包含某个词汇的相关信息，那就可以通过关键字来进行搜索，使用单个关键字所得到的搜索结果数量是惊人的。例如，我们在 Google 上搜索“搜索引擎”这个词时，结果如图 2-15 所示。显而易见，搜索结果的数量太大了，这就要求我们掌握搜索的一些技巧来提高搜索的效率。

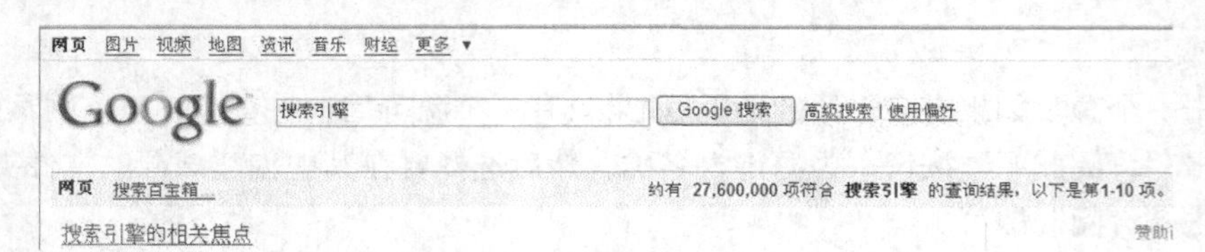


图 2-15 Google 搜索结果

用户可以通过使用多个关键字来缩小搜索范围。一般而言，提供的关键词越多，搜索引擎返回的结果越精确。

为了更好地利用关键字搜索所需要的信息，我们可以灵活利用运算符号把几个关键字连接起来，以便搜索同时满足这几个条件的信息。

+：用加号把两个关键字连成一对时，只有同时满足这两个关键字的匹配才有效，而只满足其中一项的将被排除。

-：如果两个关键字之间用减号连接，那么其含意为包含每个关键词，但结果中不含有第二个关键词。

( )：当两个关键词用另外一种操作符号连在一起，而又想把它们列为一组，就可以对这两个词加上圆括号。

*：可代替所有的数字及字母，用来检索那些变形的拼写词或不能确定的一个关键字。比如键入“电*”后，查询结果可以包含电脑、电影、电视等内容。

“”：用引号括起来的词表示要精确匹配，不包括演变形式。比如我们键入带引号的“电脑报”，则“电脑商情报”等信息就不会在结果中出现。

当然，不同的搜索引擎有不同的规则来定义关键词搜索限定。

### 2. 元词搜索

元词搜索本质上也属于关键词搜索，只不过在关键词前加上了类别限定。大多数搜索引擎都支持“元词”（Met Words）功能，依据这类功能，用户把元词放在关键词的前面，这样就可以告诉搜索引擎你想要检索的内容具有哪些明确的特征。例如，你在搜索引擎中输入“title:清华大学”，就可以查到网页标题中带有清华大学的网页。在键入的关键词后加上“domain:org”，就可以查到所有以 org 为后缀的网站。

其他元词还包括：“image:”用于检索图片，“link:”用于检索链接到某个选定网站的页面，“URL:”用于检索地址中带有某个关键词的网页。

### 3. 分类目录查询

目录是将 Internet 上的信息资源分类汇总，各类分别排列着属于这一类网站的名称和网址链接，形成类似图书馆的目录查询，用户通过逐级浏览目录，可以查找到所需的网址和相关内容。如 Google 的网页分类目录，顶级的分类目录有 14 个，分别是休闲、地区、科学、体育、家庭、艺术、健康、新闻、计算机、参考、游戏、购物、商业、社会，如图 2-16 所示。

如果要在其分类目录中找到华北电力大学，可以首先单击“参考”，这时会打开参考目录的下一级分类目录，如图 2-17 所示。单击“教育”，继续打开下一级目录页面，我们可以看到出现了“大专院校与研究所”的类别，如图 2-18 所示，单击“大专院校与研究所”进入下一级按照行政区划的分类，单击“河北省”，如此逐级地访问，最终找到了华北电力大学的网站链接，如图 2-19 所示。

图 2-16 Google 分类目录

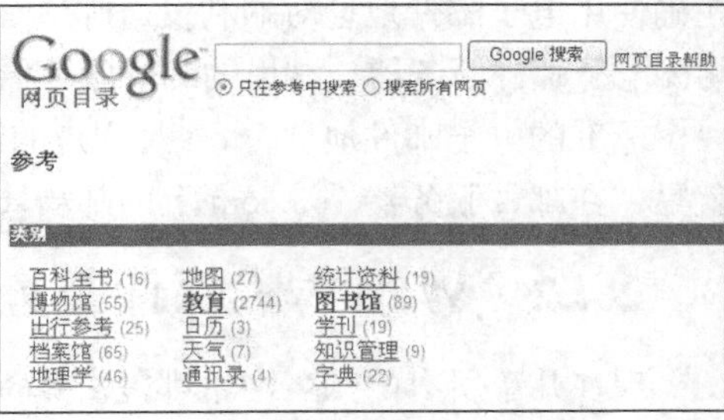


图 2-17 "参考"分类目录

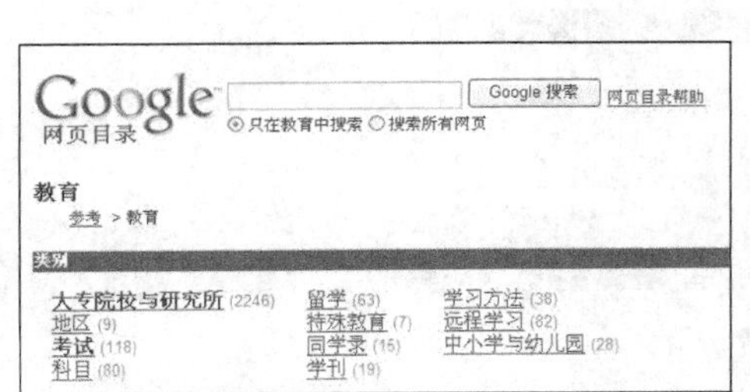


图 2-18 "教育"分类目录

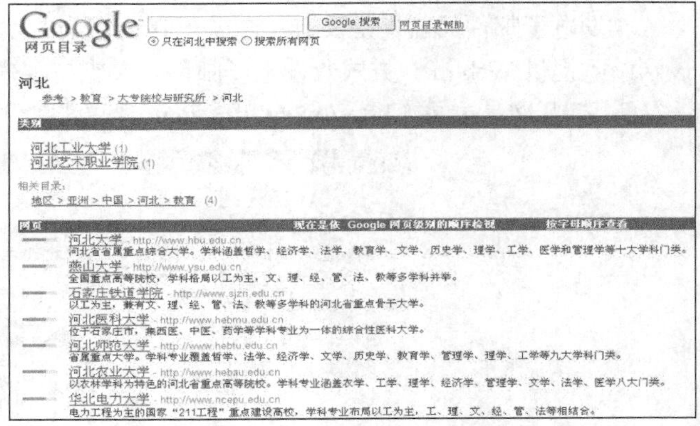


图 2-19 河北省大专院校分类目录

目录查询的特点是直观，但需要逐级查询，而关键字查询可以返回一定数量的查询结果，但需要逐一进行选择。目录和关键字查询各有千秋，用户可根据具体情况选择其中的一种。

随着搜索技术和网站的发展，出现了许多针对各种资源或者是特定主题的搜索引擎，如 FTP 搜索引擎 http://www.philes.com，知识搜索引擎 http://iask.sina.com.cn/等，这些搜索引擎将会对人们快速高效地从互联网上查找信息发挥巨大的作用。

## 2.4 电子邮件

电子邮件服务是 Internet 上应用最广泛的服务之一。电子邮件（Electronic-Mail）也称为 E-mail，它是用户之间通过互联网收发信息的服务。收发电子邮件主要有 3 种方式，分别为 Web 方式、客户端程序方式以及命令行方式。其中 Web 方式由于使用简单，成为目前最常用的电子邮件收发方式。命令行方式常用来测试电子邮件协议的工作过程，很少被普通用户使用。邮件客户端程序则以微软的 Outlook 为代表。

## 2.4.1 电子邮件地址

电子邮箱又称为电子邮件地址（E-mail Address）。电子邮箱是由提供电子邮件服务的机构为用户建立的，是电子邮件服务机构在邮件服务器上为用户分配的一个专门用于存放往来邮件的存储区，这个区域由电子邮件系统管理。用户需要拥有一个电子邮件地址才能发送和接收电子邮件，正确使用电子邮件地址对顺利发送邮件是至关重要的。Internet 电子邮箱的标准地址格式为：用户名@电子邮件服务器，这里的邮件服务器是指用来接收邮件的服务器。例如，test@163.com 就是一个标准的电子邮件地址，test 是用户的信箱名，@的含义是“在”，读作“at”。整个地址的含义就是“在邮件服务器 163.com 上的邮箱 test”。

## 2.4.2 Web 方式邮件服务

现在几乎所有的知名网站都提供免费的电子邮件服务，因此，通过浏览器来使用电子邮件非常方便，人们可以在任何地方查看邮件。不过，有很多邮件功能是 Web 方式所不能提供的。

**1. 申请电子邮箱**

收发电子邮件的前提是要有一个电子邮箱，所以我们以网易为例，申请一个免费的电子邮箱。该网站既提供 Web mail 方式收发电子邮件，又支持客户端软件收发电子邮件。

① 打开网易主页（http://www.163.com），单击“注册免费邮箱”，如图 2-20 所示。

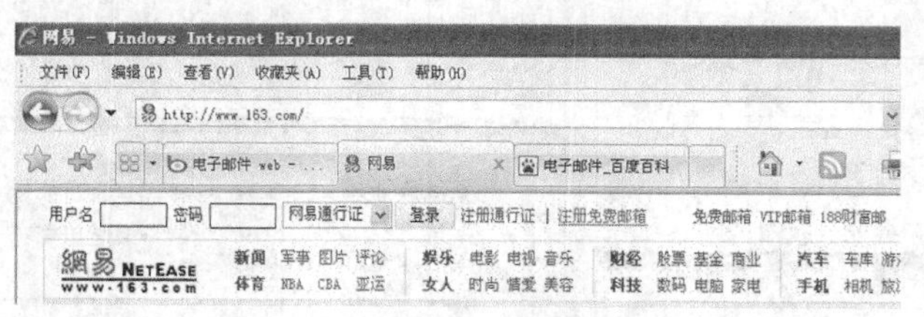


图 2-20 注册网易免费邮箱

② 申请一个未被其他用户使用的邮箱名称，我们使用“est_ncepu”为用户名。可以看到，在网易邮件服务器上，还没有其他用户使用这个名字如图 2-21 所示，即名称可用。

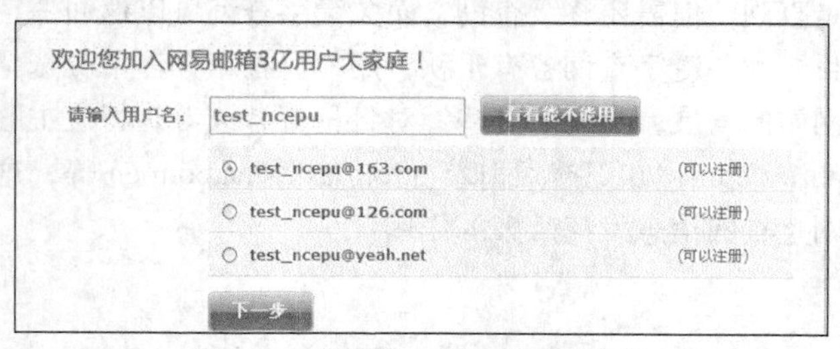


图 2-21 使用独一无二的邮箱名字

③ 单击“下一步”按钮，阅读《网易通行证服务条款》，并按照要求填写登录密码和个人信息，完成注册，如图 2-22 所示。

图 2-22 成功注册 163 免费邮箱

## 2. 电子邮箱使用

当邮箱地址注册成功后，就可以登录邮箱，此时，邮箱中已经有了一封来自网易邮件中心的邮件。我们可以非常方便地完成写信、收信、阅读信件等操作，如图 2-23 所示。

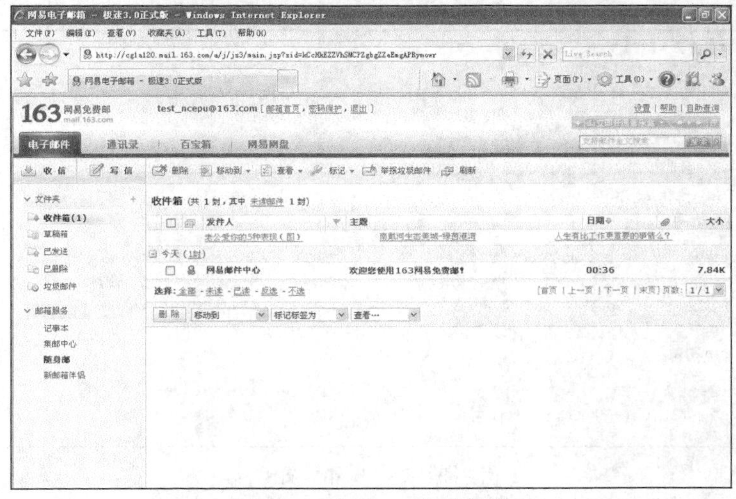

图 2-23　登录 163 免费邮箱

（1）收信

登录 163 免费邮箱后，单击左边主菜单上方的“收信”按钮，就可以进入收件箱，查看收到的邮件。

（2）写信

登录 163 免费邮箱后，单击页面左侧“写信”按钮，输入“收件人”地址，若有多个地址，地址间用半角“,”隔开；也可在“通讯录”中选择一位或多位联系人，选中的联系人地址将会自动填写在“收件人”一栏中。

如要添加附件，单击主题下方的“添加附件”“批量上传附件”“网盘附件”可上传相应的附件；在正文框中填写好信件正文。单击页面上方或下方任意一个“发送”按钮，邮件就发出去了，如图 2-24 所示。

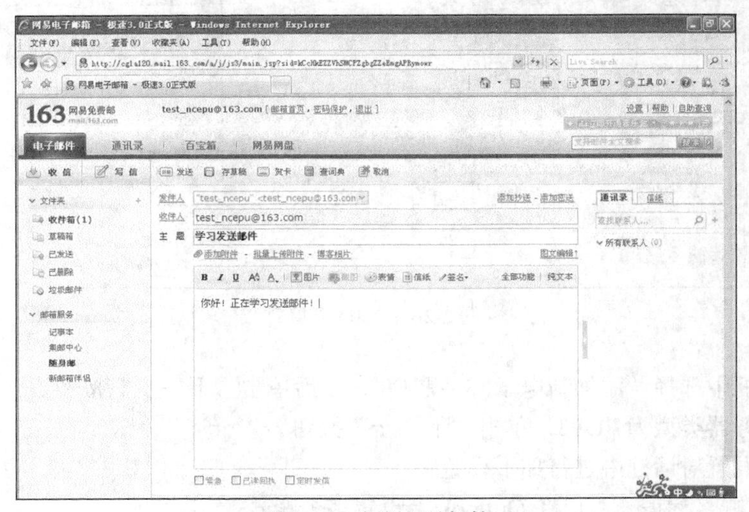

图 2-24　发送电子邮件

（3）邮箱设置

单击页面右上角的设置按钮，可以打开邮箱设置页面。通过设置邮箱参数，可以定制邮箱的个性化服务，如自动回复、来信分类等，如图 2-25 所示。

邮箱设置 [返回邮箱首页]

常用设置

| | | | |
|---|---|---|---|
| ·个人资料 | 更改您的姓名、地址和其他个人信息 | ·参数设置 | 设置邮箱常规设置 |
| ·修改密码 | 网易建议您定期更改密码以确保帐户安全 | ·签名设置 | 在发送的邮件中加入您的个性化签名 |
| ·通行证资料 | 更改您的通行证资料 | ·高级搜索 | 快速、准确、轻松地找到所要查找的内容 |

邮件收发设置

| | | | |
|---|---|---|---|
| ·邮箱搬家 | 将其它邮箱的邮件、通讯录、发件人搬家过来 | ·自动回复 | 当收到来信时，系统会自动回复内容给对方 |
| ·来信分类 | 邮件过滤器，将来信进行自动分类和管理 | ·自动转发 | 将到达邮箱的所有邮件自动转发到指定地址 |
| ·定时发信 | 可以试试给未来的自己发一封邮件 | ·发件人设置 | 您可以用这个“发件人地址”发送邮件 |

反垃圾设置

| | | | |
|---|---|---|---|
| ·黑名单设置 | 设置黑名单，自行过滤垃圾邮件 | ·反垃圾级别 | 通过设置，将垃圾邮件通通挡在门外 |
| ·白名单设置 | 管理白名单，让好友邮件畅行无阻 | ·高级杀毒 | 设置反病毒选项，远离病毒邮件的侵袭 |

图 2-25 邮箱设置

## 2.4.3 使用 Outlook 收发电子邮件

Outlook 是常用的电子邮件客户端软件，功能丰富，提供用于管理和组织电子邮件、计划、任务、便笺、联系人和其他信息的整体解决方案。现在我们通过 Outlook 2003 来管理网易上申请的电子邮箱。

### 1. 设置 Outlook 邮件账户

① 启动 Outlook 后，单击窗口中的“工具”菜单，选择“电子邮件账户”，如图 2-26 所示。

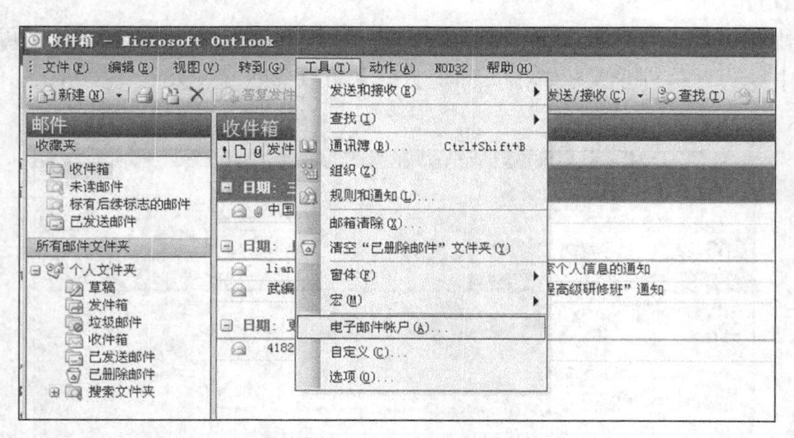


图 2-26 Outlook 窗口

② 在对话框中选择“添加新电子邮件账户”，然后单击“下一步”按钮。

③ 选择服务器类型为 POP3，单击“下一步”按钮。

④ 在账号设置对话框中进行如下设置：

用户姓名：账号标识，可以在 Outlook 上设置多个账号。

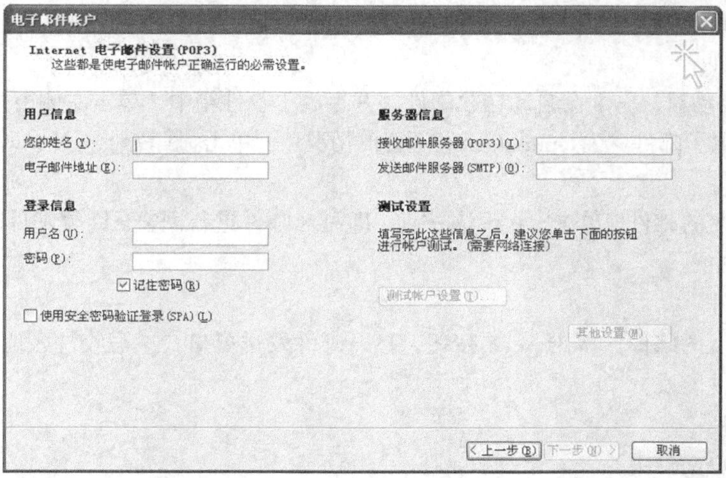

图 2-27　Outlook 账户设置

电子邮箱地址：test_ncepu@163.com。

用户名：对应的邮箱用户名，test_ncepu。

密码：登录邮箱的密码。

接收邮件服务器（POP3）：pop.163.com。

发送邮件服务器（SMTP）：smtp.163.com。

记住密码：选中该项后，在本地收发邮件，无需手动输入密码进行账号验证。

⑤ 设置好账号属性后单击“其他设置”按钮，进行下一步操作。

⑥ 为了防止平时误删邮件，导致无法恢复，最好在服务器上保留邮件副本 10 天左右。方法是在“高级”选项卡里，勾选“在服务器上保留邮件副本”和“10 天后删除服务器上的邮件副本”。

⑦ 然后可以单击“测试账号设置”的有效性。

⑧ 根据窗口的提示，检测账号的各项设置是否正常，单击“关闭”按钮退出测试。

⑨ 单击“完成”后便完成了整个新账号的建立、设置过程。

**2. 创建新邮件**

① 选择“文件”→“新建”菜单项中的“邮件”选项，即可打开新邮件窗口，如图 2-28 所示。

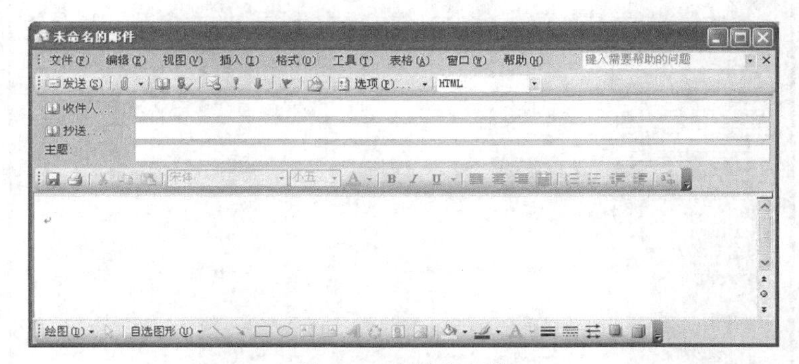


图 2-28　创建新邮件

② 输入“收件人”地址，为邮件填写“主题”，在编辑区编写邮件正文。如要添加附件，单击“插入文件”按钮上传相应的附件；单击“发送”按钮，邮件即可发出。

**3. 接收、阅读邮件**

（1）接收邮件

当 Outlook 启动时，一般会自动接收邮件，并存放于收件箱中，单击左侧窗格中的“收件箱”，即可阅读收到的电子邮件。在 Outlook 已经运行的情况下，单击发送/接收(C)可立即接受和发送邮件。

（2）回复邮件

选中需要回复的邮件，单击答复发件人(R)按钮，即可对邮件进行回复。回复邮件时，不用填写“收件人地址”和“主题”。

（3）转发邮件

选中需要转发的邮件，单击转发(W)按钮，打开邮件发送窗口，填写收件人地址，单击“发送”按钮，即可将邮件转发。

**4. 邮件管理**

（1）建立用户文件夹

选择“文件”→“新建”菜单项中的“文件夹”选项，并命名，可建立用户文件夹。

（2）转移电子邮件

选中需要移动的邮件，单击“移至文件夹”按钮，可将所选邮件转移至用户的个人文件夹中。

（3）删除电子邮件

选中要删除的电子邮件，单击“删除”×按钮，可将选中的邮件移动到“已删除邮件”文件夹中。如果想彻底删除邮件，则可以在“已删除邮件”文件夹中选中要删除的邮件，再次单击“删除按钮”即可。

**5. 添加 Outlook 通讯簿**

① 单击“工具”菜单的“通讯簿”选项。

② 在“通讯簿”对话框中，单击“文件”菜单中的“添加新地址”菜单项，选择“新建联系人”或“新建通讯组列表”。

③ 单击“新建联系人”，弹出新建联系人的详细信息对话窗口，如图 2-29 所示，注意，对方的邮件格式一定要正确，否则将无法添加联系人。

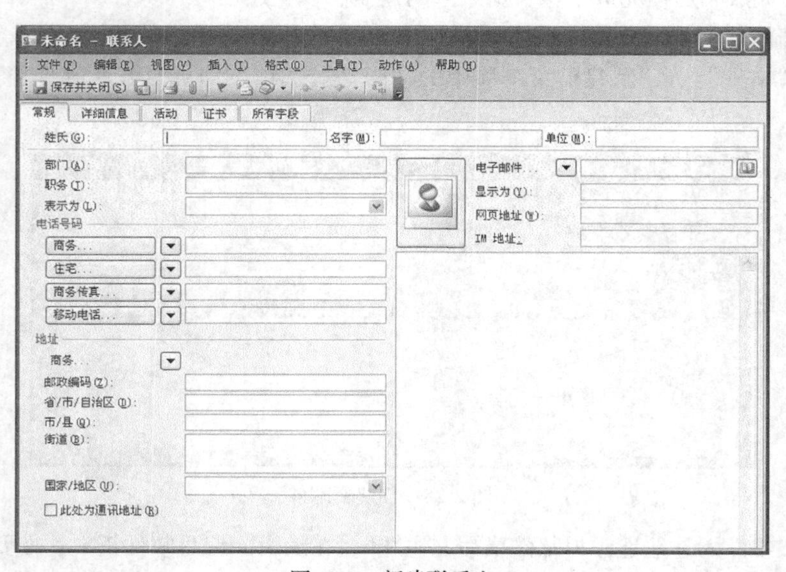


图 2-29 新建联系人

④ 我们也可以选择“新建通讯组列表”，新建通讯组列表可以方便我们把平时经常需要群发信件的某些特定联系人的联系方式添加在一起。单击新建通讯组列表，输入通讯组名称。

⑤“选择成员”可以直接从原有的联系人中选择需要加入该组的成员。如果原来通讯簿中没有我们想要添加的联系人，也可以直接单击“添加新成员”，输入新成员信息。如果勾选“添加到联系人”，则是在把新成员添加到通讯组的同时也添加为联系人，否则，刚加的新成员在联系人里是找不到的。

⑥ 可以把收到的每封电子邮件的地址自动添加到通讯簿中，具体方法是：打开邮件，在要添加的名字上单击鼠标右键，然后单击“添加到通讯簿”。

### 2.4.4 Foxmail 简介

Foxmail 是一款优秀的国产电子邮件客户端软件，由张小龙开发，支持全部的 Internet 电子邮件功能。Foxmail 因其设计优秀、体贴用户、使用方便、提供全面而强大的邮件处理功能、具有很高的运行效率等特点，赢得了广大用户的青睐。

## 习　题

1. IE 浏览器窗口由哪几个部分组成?
2. 什么叫“源”，有什么作用?
3. 在浏览 WWW 站点过程中，如何使用收藏夹?
4. 如何通过 IE 自带搜索功能查找所需要的信息?
5. 如何屏蔽网上的不良内容?
6. 搜索引擎分为哪几类?
7. 电子邮件的地址格式是什么？说明各部分的意义。
8. 简述免费邮箱的申请过程。
9. 如何设置 Outlook 邮件账户?
10. 如何为电子邮件添加附件?

# 上机实验

## 实验一　IE 浏览器的使用

### 一、实验目的

1. 认识 WWW 服务。
2. 使用 IE 浏览器。

### 二、实验内容

1. 使用 URL 方式访问新浪网。
2. 使用百度网站中的链接访问新浪网。
3. 将新浪网主页收藏在收藏夹中。
4. 查看“历史记录”中有关最近浏览的新浪网页面。
5. 设置 IE 浏览器。

## 实验二　搜索引擎的使用

### 一、实验目的

1. 了解网络搜索引擎。
2. 使用各种网络搜索引擎工具。

### 二、实验内容

1. 使用中文搜索引擎进行关键词搜索。
2. 利用关键词组合方法进行搜索。
3. 使用目录检索方式查找一个网站。
4. 利用搜索引擎查找 FTP 下载网站。
5. 综合利用搜索方法提高搜索效率。
6. 在网络上搜索有关搜索引擎的发展情况，对微软搜索引擎“必应”进行评价。

## 实验三　电子邮箱的使用

### 一、实验目的

1. 认识网站电子邮件系统。
2. 使用免费电子邮箱收发电子邮件。

### 二、实验内容

1. 申请一个免费的电子邮箱。
2. 使用电子邮箱收发电子邮件。
3. 学会给电子邮件添加附件。
4. 建立 Outlook 邮件账户，并设置邮件服务器信息。
5. 使用 Outlook 创建、收发、管理电子邮件。

# 第3章 文字处理软件

文字是人类文明的延续手段之一，文字处理的工具也随着社会的发展不断进步，诸如“文房四宝”、打字机等，直到计算机出现，文字处理软件也应运而生。文字处理软件的出现极大地提高了文字处理的能力和效率，不仅可以存储、编辑大量的文字，也提供了各种各样的排版功能，还可以完成图文混排和打印输出。文字处理软件种类繁多，这里我们仅就使用较多的 Microsoft Word 来进行简单的介绍。

## 3.1 中文 Word 2010 概述

Word 2010 是微软公司开发的中文 Office 2010 办公自动化套装软件之一，是目前使用最为广泛的文字处理软件。

它最初是由理查德·布罗迪（Richard Brodie）为了运行 DOS 的 IBM 计算机而在 1983 年编写的。随后的版本可运行于 Apple Macintosh（1984 年）、SCO UNIX 和 Microsoft Windows（1989 年），并成为 Microsoft Office 的一部分。

Word 给用户提供了用于创建专业而美观的文档的工具，帮助用户节省时间，并得到美观的结果。一直以来，Microsoft Office Word 都是最流行的文字处理软件。

作为 Office 套件的核心程序，Word 提供了许多易于使用的文档创建工具，同时也提供了丰富的功能集供创建复杂的文档使用。哪怕只使用 Word 应用的一点文本格式化操作或图片处理，也可以使简单的文档变得比只使用纯文本更具吸引力。

目前的最新版本为 Microsoft Office Word 2013 SP1。

### 3.1.1 中文 Word 2010 的工作界面

Microsoft Word 从 Word 2007 升级到 Word 2010，其最显著的变化就是使用“文件”按钮代替了 Word 2007 中的 Office 按钮，使用户更容易从 Word 2003 和 Word 2000 等旧版本中转移。另外，Word 2010 同样取消了传统的菜单操作方式，而代之以各种功能区。Word 2010 窗口上方看起来像菜单的名称其实是功能区的名称，当单击这些名称时并不会打开菜单，而是切换到与之相对应的功能区面板，如图 3-1 所示。每个功能区根据功能的不同又分为若干个组，每个功能区所拥有的功能如下所述：

“开始”功能区中包括剪贴板、字体、段落、样式和编辑五个组，对应 Word 2003 的“编辑”和“段落”菜单部分命令。该功能区主要用于帮助用户对 Word 2010 文档进行文字编辑和格式设置，是用户最常用的功能区。

“插入”功能区包括页、表格、插图、链接、页眉和页脚、文本、符号和特殊符号，对应 Word 2003 中“插入”菜单的部分命令，主要用于在 Word 2010 文档中插入各种元素。

“页面布局”功能区包括主题、页面设置、稿纸、页面背景、段落、排列，对应 Word 2003 的“页面设置”菜单命令和“段落”菜单中的部分命令，用于帮助用户设置 Word 2010 文档页面样式。

“引用”功能区包括目录、脚注、引文与书目、题注、索引和引文目录，用于实现在 Word 2010 文档中插入目录等比较高级的功能。

“邮件”功能区包括创建、开始邮件合并、编写和插入域、预览结果和完成，该功能区的作用比较统一，专门用于在 Word 2010 文档中进行邮件合并方面的操作。

“审阅”功能区包括校对、语言、中文简繁转换、批注、修订、更改、比较和保护，主要用于对 Word 2010 文档进行校对和修订等操作，适用于多人协作处理 Word 2010 长文档。

“视图”功能区包括文档视图、显示、显示比例、窗口和宏，主要用于帮助用户设置 Word 2010 操作窗口的视图类型，以方便操作。

“加载项”功能区包括菜单命令一个分组，加载项是可以为 Word 2010 安装的附加属性，如自定义的工具栏或其他命令扩展。“加载项”功能区则可以用于在 Word 2010 中添加或删除加载项。

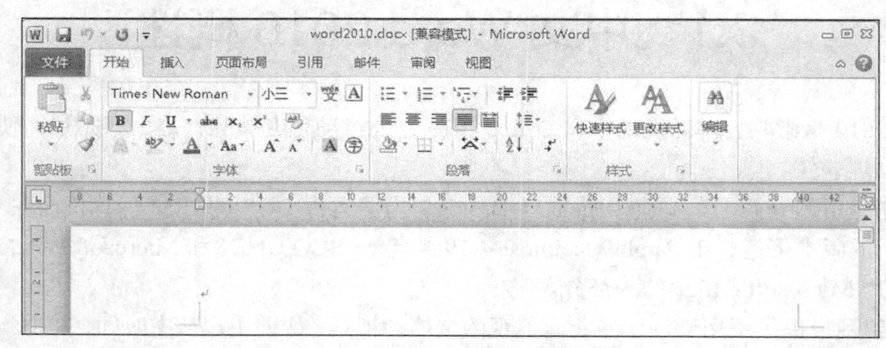


图 3-1　Word 2010 的窗口及功能区

### 3.1.2　中文 Word 2010 的主要功能

计算机不同于打字机，其并不能直接在纸面上输出文字，而是需要一种文字及图表处理软件。通过该软件，首先将文字及图表信息输入到计算机中，进行各式各样的格式处理，然后通过连接到计算机上的打印机将文字及图表打印到纸面上。因此，如果没有文字及图表处理软件，计算机是无法打印你所需要的文档的，中文 Word 2010 就是这样一种软件。

从文档的处理过程来看，中文 Word 2010 主要功能如下所述。

- 文档编辑：非常容易地输入、修改及保存所要处理的文档内容。
- 排版：能对输入的文档内容按要求的格式进行排版。
- 表格制作：能够非常容易地制作各式各样的表格及统计图。
- 公式编排：能够非常容易地编排各式各样复杂的数学公式。
- 插图制作：能够制作各式各样复杂的插图。
- 文档打印：能够非常容易地将编排好的文档通过打印机输出到纸面上。

在以上的每一项主要功能中，中文 Word 2010 都提供了丰富的操作手段。

使用中文 Word 2003 以后版本的一个特点是其“所见即所得”文档处理功能，使屏幕的显示与打印机打印的结果完全一致。这样，一方面，用户能在屏幕上观察自己选用的各种字体和插图；另一方面，可以在屏幕上把版面调整到完全满意后再打印，以取得最佳的效果。另一个特点是其操作简单、不用记忆、易学易用，其良好的屏幕设计使其主要功能在屏幕的功能条上及菜单上均有体现，用户只要单击这些功能按钮或菜单即可实现所要求的功能。使用功能强大的帮助系统，用户随时都可以很方便地得到有关任何项目的帮助信息。

综上所述，Word 2010 能使用户将枯燥烦琐的日常文字处理任务变得轻松自如，对初学者或有经验的办公人员都是一种易学易用的工具。

# 3.2　文档制作的基本过程

通过前面的学习，我们已经了解如何创建、保存一个文件，对于 Word 2010 而言，所不同的是在创建文件的时候可以选择不同的模板。

## 3.2.1　取纸

不论是起草公文，还是写信，第一个步骤就是取纸。纸分公文纸、信纸和空白纸。和生活中一样，用 Word 2010 制作文档时首先也得取纸。Word 2010 提供的纸分为空白纸和模板纸。空白纸是什么也没有的白纸。所谓模板纸，就是预先制作好格式和一些必需文字的待编文档。其实前面提到的公文纸就是 Word 中的“模板纸”，例如：制作简历就可以使用叫作简历的模板纸，在这份模板纸上有“简历”的抬头，并且制作好了简历表格，只待用户添上所需内容即可。模板纸的提供，使用户节约了大量的时间，免去了格式设计方面的烦恼，避免了许多重复的劳动，从而大大提高了工作效率。

### 1. 空白纸

进入 Word 2010 时，它已经创建好了一份新文档，使用的是空白纸，新文档的名字由 Word 暂时取为“文档 1.docx”。在保存时可以改为自己喜欢的名字。

如果想选取空白纸，可以执行如下的操作：

单击“常用”工具栏的第一个按钮——“新建”按钮。Word 会立即为你建好一份新文档。新文档的名字，Word 会暂时取为“文档 2.docx”。

### 2. 模板纸

如果要制作公文、信函、简历、新闻稿，更高效的方法是使用模板纸。Word 2010 提供了数十种模板纸，极大地方便了用户。要使用模板纸，执行如下的操作：

① 单击“文件”菜单。

② 在打开的菜单上单击“新建”命令。此时在屏幕的左侧会打开“新建文档”任务窗格。然后选择本机模板，显示模板对话框，如图 3-2 所示。

③ 根据文档的内容单击相应的标签选取模板纸的类型，例如，我们要制作一份中文传真，就应该打开样本模板，从中选取某一类型传真，快速建立自己的传真文档。除此以外，我们还可以选择 OFFICE.COM 模板，这是微软提供的可以下载的各类文档，我们可以根据自己的工作需求，自行下载。

图 3-2 “模板”对话框

## 3.2.2 录入文档内容

汉字的输入方法有“智能 ABC 输入法”“五笔字型输入法”等。智能 ABC 输入法直接将键盘上的英文字母当成拼音字母输入就可以了，五笔字型输入法则用键盘的英文字母代表相应的部首来输入。在输入文本内容之前，首先要选择汉字的输入方法。

在这里要特别说明的是换行。如果输入的汉字写满了一行，我们可能习惯性地按回车键来进行换行。其实换行时不用按回车键，满一行后 Word 会自动换行，只有一段结束时才按回车键，它表示结束刚才的段落而开始一个新的段落。

每按一次回车键就会出现一个“段落标记”的符号“↵”。说到段落标记，顺便提一下非打印字符。非打印字符是指可以显示在计算机屏幕上，但是打印时不会显示出来的字符。段落标记是非打印字符的一种，非打印字符还有空格、分节符、分页符等。如果将常用工具栏上的“ ”（显示/隐藏）按钮按下，屏幕上会显示各种非打印字符，如果将“ ”按钮按起，则屏幕上就不会显示非打印字符。

作为练习，我们建立如下内容的文档。

“Ctrl+空格”组合键，可汉字输入状态和英文输入状态之间的转圜。使用“智能 ABC 输入法”，有的汉字要敲击六次键盘才可输好，这样录入文本就比较麻烦和烦琐，可以食用“双打”输入法，所谓“双打”每个汉字的拼音只用两个字母组乘，敲击两下键盘就可输好。比如，“中”只敲击 A 和 S 键就可输好，因为 A 键表示汉语拼音中的“zh”，S 键表示汉语拼音中的“ong”。其它字母键所表示的汉语拼音如下所示。

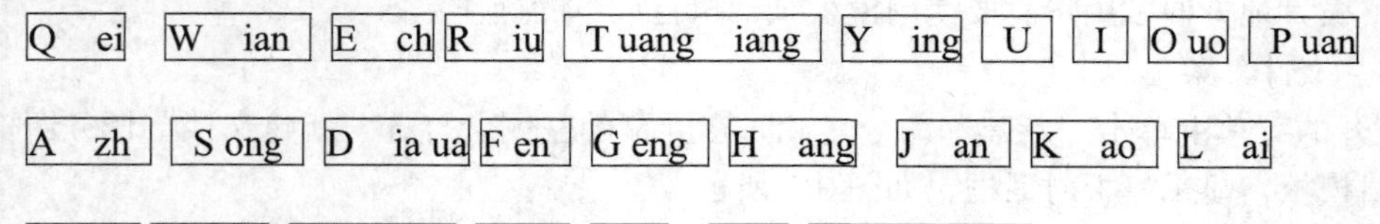


另外，当输入由一个韵母表示的汉字时，要先敲“O”键，再敲对应的韵母键，比如，输入“爱”字时，先敲“O”键，再敲“L”键，再比如输入“安”字时，先敲“O”键，再敲“J”键即可。使用“双打”输入法可提高提高汉字录入录入效率。

输入的文档中有不少文字上的错误，不要着急，下面我们就介绍如何修改文档中录入的错误。输入内容后的文档如图 3-3 所示。

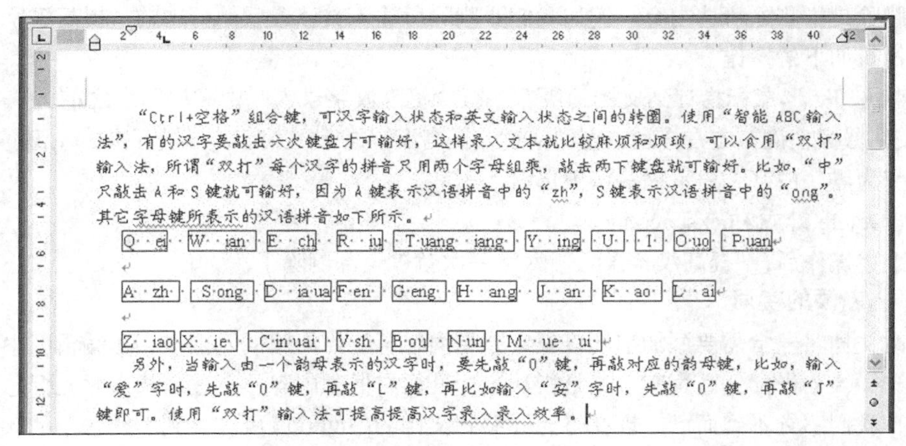


图 3-3　录入内容后的 Word 窗口

## 3.2.3　修改文档中的错误

我们在录入文档时，再细心也会或多或少地存在一些错误。而且，斟酌到更合适的词语时，也要将原来的词语替换掉。因为好的文档是改出来的，只要通过不断地修改完善，才能得到比较漂亮的效果。因此，修改文档是制作文档过程中非常重要的一步。

在此我们针对录入文档时可能出现的各种错误，学习下列几种最常用的修改操作：

- 删除多余的字词；
- 插入要添加的字词；
- 替换原有的字词；
- 复制想重复的字词；
- 移动词句到新位置。

**1．删除多余的字词**

（1）向后删除

向后删除指的是删除光标以后的内容，使用 Delete 键。例如，要删除上面录入文档内容中第一行的“和烦琐”，可执行如下操作：

① 移动“I”形鼠标指针到文档第一行“和烦琐”之前，单击鼠标左键，此时“I”光标就出现在“和”字之前。

② 按 Delete 键就会删除光标右侧的一个字。要删除“和烦琐”，需连续按三次 Delete 键。

（2）向前删除

向前删除指的是删除光标以前的内容，使用 Backspace 键。例如要删除“和烦琐”，可执行如下的操作：

① 移动“I”形鼠标指针到“和烦琐”之后，单击鼠标左键，此时光标出现在“琐”之后。

② 每按一次 Backspace 键，就会删除光标左侧的一个字。同样要删除“和烦琐”，连续按三次 Backspace 键即可。

按一次 Delete 键和 Backspace 键只能删除一个字，只适用于删除几个字，如果要删除一大段内容，效率就太低了。当需要删除大段内容时，可使用下述的选定删除。

（3）选定删除

选定删除是指删除所选内容。例如我们要删除所输入文档最后一行中的“提高汉字录入”六个字，可执行如下的操作：

① 移动“I”形鼠标指针到文档的最后一行“提高汉字录入”中“提”字之前。

② 按住鼠标左键，向右拖动，直到拖过“提高汉字录入”六字，再松开鼠标左键。此时，拖过的字会变为黑底白字，表示这些字被选定。

③ 按 Delete 键或 Backspace 键。

执行上述操作后，“提高汉字录入”六字一次就被全部删除了。

**2. 插入新添的字词**

在修改文档时经常需要添加字词以充实原有内容，就要使用插入操作。在编辑区中的竖线光标又叫做“插入”光标，其真实含义是指从光标处往右插入内容。不过在录入时光标总是处于文档的末尾，我们感觉不到而已。现在将光标移到文档的中间，就可体会到“插入”的含义了。

例如，在上面我们录入文档中的第五行“其它”的前面添加“所以，中字只敲击 A、S 键即可。”几个字，应执行如下的操作：

① 移动“I”形鼠标指针到文档的第五行“其它”的“其”字左侧。

② 输入要插入的内容“所以，中字只敲击 A、S 键即可。”

这样，我们会看到“所以，中字只敲击 A、S 键即可。”插入到了“其它”的前面。“其它”二字及其以后的内容都被往后“挤”了要插入字数的距离。

**3. 替换原有的字词**

学会了“删除”和“插入”操作，替换某一字词时，就可使用“删除”和“插入”两种操作来完成。替换操作可使用下述两种方法实现。

（1）插入模式下的替换操作

例如，文档第一行“圜”字是错别字，应该改为“换”。执行如下的操作：

① 移动“I”形鼠标指针到文档的第一行“圜”前面。

② 按住鼠标左键，向右拖动，直到拖过“圜”字，再松开鼠标左键，此时“圜”字变为黑底白字，表示被选中。

③ 输入要替换的“换”字。

（2）改写模式下的替换操作

如何从插入模式转为改写模式？在 Word 窗口的状态栏右侧有一个框中有白色的“改写”二字，双击“改写”，“改写”二字变成黑色，表示处于改写模式。在改写模式下，输入的字词会自动将光标右侧的字词替换掉。例如，在改写模式下替换“圜”字，可以执行如下操作：

① 将“I”形鼠标指针移到文档第一行“圜”字的前面。

② 输入要替换的内容“换”字即可。

不过在改写模式下会给以后的录入工作带来麻烦，在完成替换操作之后，应尽快从改写模式返回到插入模式下。此时，再次双击状态栏中的“改写”，“改写”二字重新变为白色，表示处于插入模式。

在一篇文章中有重复要替换的内容，如果还使用上述的方法，那么效率就不高了。此时可使用专门替换的命令，这个问题在下一节叙述。

4．复制重复的词语

一篇文章中如果包含许多重复的词语，在录入文档时使用 Word 的复制功能，将减少许多重复的劳动，提高工作效率。

例如，文档的最后一段话“使用‘双打’输入法可提高录入效率。”，我们要重复两遍，就可以通过以下的操作来实现：

（1）工具栏按钮复制法

工具栏按钮复制法就是利用“开始”工具栏中的“复制”按钮和“粘贴”按钮来实现复制，操作如下：

① 移动“I”形鼠标指针到文档的最后一段话“使用‘双打’输入法可提高录入效率。”的前面。

② 按住鼠标左键，向右拖动，直到拖过整个句子，再松开鼠标左键。随着鼠标的拖动，拖过的字会变为黑底白字，这个操作叫作“选择文本”。选择文本的方法很多，将在 5.3 节中对此详细叙述。

③ 单击常用工具栏上的“复制”按钮。

④ 把光标移到要复制的位置。

⑤ 单击常用工具栏上的“粘贴”按钮。

这样，“使用‘双打’输入法可提高录入效率。”就被自动复制一次。

（2）鼠标拖放复制法

① 选择要复制的内容，操作如上的①、②。

② 移动鼠标指针到选定的文字上，在鼠标指针变为左向箭头后，按住“Crtl”键。此时在鼠标指针的右下方出现一个带框的“+”号。

③ 移动鼠标指针到要复制的位置（本句末尾），同时松开鼠标左键和“Crtl”键。此时，“使用‘双打’输入法可提高录入效率。”被复制到相应的位置，只不过仍是黑底白字。

④ 在文档的任何地方单击一下，刚刚复制的“使用‘双打’输入法可提高录入效率。”恢复白底黑字。

上面我们通过举例说明了文档复制的方法。Word 不但可以复制要重复的字（词、句子和段落）到所希望的位置，还可以移动字（词、句子和段落）到所希望的位置。“移动”可理解为“搬家”，移动的操作与复制的操作是类似的。

5．移动词句到新位置

移动和复制一样，也可以使用两种方法来实现：

（1）工具栏按钮移动法

在复制时单击的是常用工具栏上“复制”按钮，移动时单击常用工具栏上“剪切”按钮，其他的操作与复制完全一样。

（2）鼠标拖放移动法

使用鼠标拖放方法移动与使用此方法复制也是类似的，只是在拖动被选择的内容到所希望的位置时不按“Crtl”键。

作为练习，我们把文档的最后一句话“使用‘双打’输入法可提高录入效率。”移动到文档的开始。

至此，我们已经学会了删除、插入、替换、复制和移动五种文本的修改方法。你也许觉得内容太多、操作太难，记不住。没关系，熟能生巧，多练几次，就会熟练地掌握这些修改操作。

## 3.2.4 修饰和美化文档

内容录入完毕，错误也修改完后，下一步工作就是美化和修饰文档，以使文档美观、漂亮。其实“美化和修饰文档”就是对文档进行排版，排版的内容很多，本章的3.4节将专门介绍如何排版。不过为了让读者对制作文档的过程有一个整体的概念，我们将对文档进行一点简单的修饰——文档标题居中。例如，首先将文档中的第一行“提示”设为标题，然后将其放置在行的中间，可执行如下的操作：

① 单击标题“提示”的任何地方。

② 将鼠标移动到“样式”工具栏，选择列表中的“标题1”。

③ 单击“段落”工具栏上的“居中”按钮。

进行上述修改和简单修饰后的文档效果如图3-4所示。

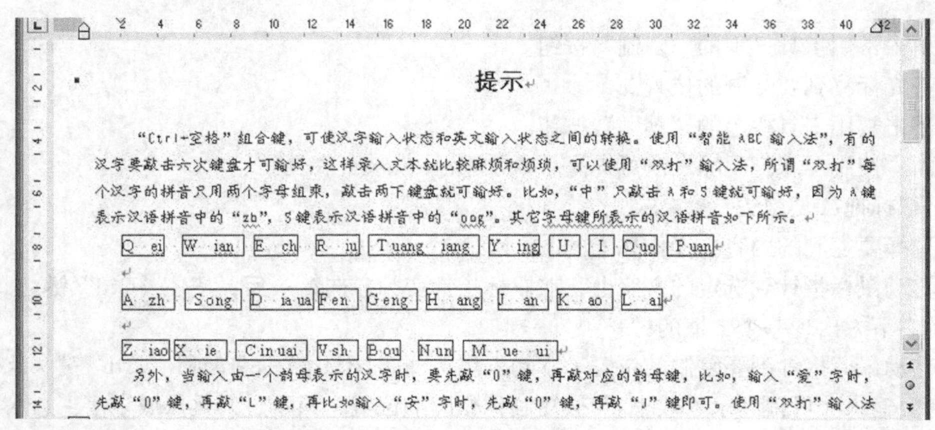
提示

“Ctrl+空格”组合键，可使汉字输入状态和英文输入状态之间的转换。使用“智能ABC输入法”，有的汉字要敲击六次键盘才可输好，这样录入文本就比较麻烦和烦琐，可以使用“双打”输入法，所谓“双打”每个汉字的拼音只用两个字母组来，敲击两下键盘就可输好。比如，“中”只敲击A和S键就可输好，因为A键表示汉语拼音中的“zh”，S键表示汉语拼音中的“ong”。其它字母键所表示的汉语拼音如下所示。

Q ei　W ian　E ch　R iu　T uang iang　Y ing　U　I　O uo　P uan

A zh　Song　D ia ua　Fen　Geng　H ang　J an　K ao　L ai

Z iao　X ie　C in uai　V sh　B ou　N un　M ue ui

另外，当输入由一个韵母表示的汉字时，要先敲“O”键，再敲对应的韵母键，比如，输入“爱”字时，先敲“O”键，再敲“L”键，再比如输入“安”字时，先敲“O”键，再敲“J”键即可。使用“双打”输入法

图3-4 修改后的文档窗口

## 3.2.5 保存文档

文档制作好后，应该将其保存下来。保存文档有两个作用：保护和保存。保护是指通过保存文档可以使你的劳动不至于白费力气，如果不保存文档，突然掉电，那么你就得从头开始重新录入。所以，为了避免这种现象发生，我们在录入文档时要随时保存。保存文档的另一个作用是存放，要再次使用文档时将文档从磁盘中“取”出来即可。

第一次保存文档时，执行如下操作：

① 移动鼠标指针到“常用”工具栏，单击“保存”按钮。

此时，将弹出“另存为”对话框，要求你输入文档的名字和选择保存文档的地方。“另存为”对话框如图3-5所示。

② 在文件名输入框中输入你喜爱的文档名字。Word已经为你预先取好“提示.doc”的名字（文档的标题）。如果你同意将“提示”作为文档名字，就不必再输入一个名字，直接跳到下一步。

③ 单击“另存为”对话框右端的“保存”按钮。

第一次保存文档之后，再保存文档，只需简单地单击“常用”工具栏上的“保存”按钮即可。所谓保存文档，Word将其保存在磁盘上，以后需要使用它时将其从磁盘中调出来即可，这就是打开文档。

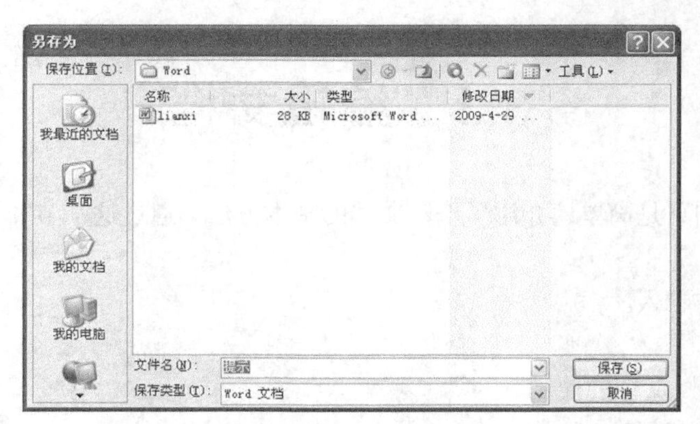


图 3-5　“另存为”对话框

### 3.2.6　打印文档

修改和排版完成后，总算制作出满意的文档了，还有最后一道工序——打印需要完成。因为不经过打印，文档就像是镜中之花，水中之月，可望而不可及。要拿到白底黑字的文章，供自己欣赏，供同行传阅，供领导审批，就必须将文档打印出来。

使用“文件”菜单的“打印”选项打印文档：单击“打印”按钮。

这时就可以看到所制作的文档慢慢地从打印机中“吐”出来，一篇称心如意的文档就制作完工了。如需设置参数，可在打印窗格中进行调整，如图 3-6 所示。

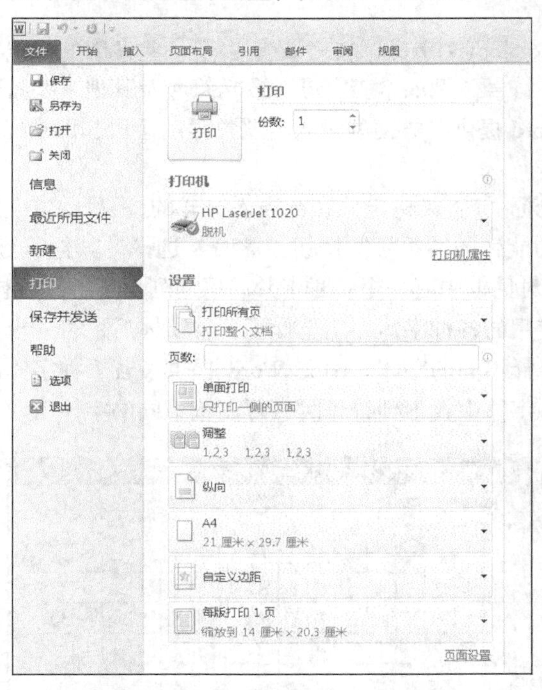


图 3-6　打印设置

在执行“打印”命令之前，可在右侧窗格看到打印后的效果，可以检查打印的内容在纸张上的布局是否合理。

# 3.3 编辑文档

在上一节中我们只是简单地介绍了编辑文档的基本方法。通过这一节的学习，你将学会一些编辑的技巧，包括：

（1）特殊符号的录入。

（2）选择文本。

（3）“撤销/重复”命令的使用。

（4）定位、查找和替换。

（5）英文拼写检查。

（6）剪切、复制和粘贴。

## 3.3.1 Word 文档的录入

当编辑文档时，具备基本的快速录入能力是非常必要的。基本的快速键盘录入能力包括了插入、删除和改写文字的快速操作，一些特殊符号的录入，以及文本的快速选择技巧。插入、删除和改写文字的操作是录入文档的基本操作，我们在上一节中已进行了介绍。下面介绍特殊符号的录入和文本的选择技巧。

**1．符号的录入**

除了普通键盘上的 26 个英文字母、10 个数字以及一些常用的标点符号外，用户可能还需要输入一些键盘上所没有的符号，例如希腊字母、数学符号及其他一些特殊符号，如α、β、δ、ε、γ、Ω、♣、♠、©等。Word 提供了方便的录入这些符号的手段，即“插入”菜单中的“符号”命令。具体操作如下：

（1）设置插入点（光标）：将光标定位在欲插入符号的位置。

（2）执行“插入”功能区的“符号”按钮。此时，选择“其他符号”，出现一个“符号”对话框，如图 3-7 所示。该对话框中有一个符号卡片，里面列出了各式各样的符号。有一个“字体”列表，里面列出了可以使用的各种字体，当选择了一种字体后，符号卡片也相应地改变。

（3）打开字体列表选择不同的字体。中文 Word 提供了若干种字体。字体不同，拥有的符号也不同，因此，当在一种字体中找不到符号时，可浏览不同的字体。

图 3-7 “符号”对话框

（4）当选好符号后，单击右下侧的“插入”按钮，将选定的符号插入到当前光标处。

（5）在完成插入选择后，单击“关闭”按钮返回。

另外，在“插入”菜单中还有一个“特殊符号”命令，执行它可打开特殊符号对话框，其中的特殊符号，可供用户选择。

从图中我们可以看到，在“符号”对话框上有两个标签——“符号”和“特殊字符”。Word 将一些较为常用的符号列入“特殊字符”选项片中，这些符号有：长短破折号、版权标志、上标标志、省略号等。单击“特殊符号”即可查看、选择，其操作同选择其他符号操作一样。

录入文本时也可使用“即点即输”的功能。“即点即输”就是可以在稿纸的任意位置输入文本，不必从稿纸的左上角开始输入。只要在想输入文本的位置双击鼠标就可以输入了，要使用“即点即输”功能，必须首先起用它。

起用“即点即输”功能：

（1）单击“文件”菜单中的“选项”命令，打开“选项”对话框；

（2）单击“高级”选项卡；

（3）选中起用“即点即输”复选框；

（4）单击“确定”按钮。

如果不想在双击的位置输入内容，只需双击其他区域。“即点即输”功能只在“页面”视图和“Web 页”方式下起作用，其他的视图方式下没有该功能。

**2. 选择文本**

选择文本是编辑中使用最频繁的一类操作，可以说在 Word 中大部分操作命令都需要首先选择文本。所谓选择文本是指选择下一个要操作的目标或对象。在文本窗口中，选择的文本以加亮的方式区别于其他非选择的文本，如文本编辑窗口为白底黑字，则选择的文本为黑底白字。

文本选择的方法很多，也很灵活。

（1）用键盘操作选择文本的方法

① 按方向键，将光标移到欲选择的正文前面。

② 按住 Shift 键不放，按方向键拉开亮条，一直延伸到欲选择的正文尾部，然后释放按键。此时欲选择的正文被加亮。

除此之外，还可进行如下操作：

① 选择光标处至行首或行尾的正文：按住 Shift 键不放，同时按 Home 键或 End 键。

② 选择光标至文档起始位置的正文或至文档结束位置的正文：按住 Shift 键不放，同时按住“Ctrl+Home”组合键或“Ctrl+End”组合键。

③ 选择整个文档：按“Ctrl+A”组合键。

（2）用鼠标操作选择文本的方法

① 选择一个字。

- 将鼠标指针移到欲选择的字上。所谓“字”是指以空格区分的英文单词或一个汉字。
- 双击鼠标左键。

② 选择文字串。

- 将鼠标指针移到欲选择的正文前面。
- 按住鼠标的左键不放，拖动鼠标使亮条一直延伸到欲选择的正文尾部，然后释放鼠标按键，此时欲选择的正文被加亮。

更容易选择文字串的操作方法如下。

● 移动鼠标指针到欲选内容的前面，单击鼠标。

● 按住 Shift 键，再单击欲选内容的尾部。

③ 选择一行或多行正文。

● 将鼠标指针移到文档窗口的最左边，并指向欲选择的正文行；此时鼠标指针变为右斜箭头。

● 单击鼠标左键，即选择此行正文；如按住鼠标左键，延垂直方向拖动鼠标则选择多行正文；如果双击鼠标左键，则选择一个段落；如果三击鼠标左键，则可选择整个文档。

④ 选择整个文档。

单击“编辑”菜单，再执行“全选”命令。

如果要取消本次选择，按方向键；或将鼠标指针移到非选择区域，单击鼠标左键即可。

**3. “撤销/重复”命令的使用**

为什么要使用撤销命令？至少在如下情况中使用撤销命令能给你带来很大好处。

① 误操作的还原。编辑过程中，误操作可能是时有发生的。如我们刚讲过的选择文本，当选择文本后无意中键入了一个字符，从而造成了选择好的文本的丢失。当发生这种操作的时候，可利用撤销命令与重复命令恢复被误操作破坏的内容。

② 探索性的工作还原。当做一件事情的时候，例如制作一幅画片，在图片较好的时候，可能认为不满意，想做得更好些，但后续工作中可能还没有刚才制作的效果好。这时使用撤销操作，恢复到满意的结果是非常有意义的。

（1）撤销命令的使用方法

“撤销”操作是指撤销刚刚进行的操作，而恢复该操作前的状态。例如键入了一个字母“A”，而将选择好的一幅图片替换掉了，如使用“撤销”操作，则自动恢复到键入“A”以前的状态，被删除的图片恢复到原来的位置。选择下列方法之一可进行“撤销”操作：

① 按“Ctrl+Z”组合键。

② 单击撤销按钮 。

（2）重复命令的使用方法

“重复”操作是指将刚刚取消的操作重新做一遍。如前例，当取消了键入“A”的操作后，如又执行“重复”操作，则图片又被“A”所替换掉。选择下列方法之一可进行“重复”操作：

① 按“Ctrl+Y”组合键。

② 单击重复按钮 。

## 3.3.2 定位、查找和替换

在上一节中，我们对查找与替换的操作进行了简单的介绍。其实，在编辑文档时，有许多工作并不一定都要我们自己来做。换句话说，有许多工作计算机自动来做会方便得多，也快捷准确得多，例如查找一个错误，尽管我们可以用滚动条滚动文本的方式阅读文档，凭眼睛来查找或纠正错误，但让计算机自动替我们查找，既可以节省我们的精力，同时又准确得多。Word 提供了若干强大的功能，查找与替换就是其中之一。

为什么要查找与替换？在编辑过程中你是否有如下需求。

① 快速定位某些文字的位置，尤其是错误文字的位置。错误的文字有英文的拼写错误，也包括用词不当，如将“视图”写成了“视点”等。能否快速地找出错误的文字呢？

② 保证同类错误完全得到纠正与检查。在录入了一份文档后，可能发现词语使用不当的问

题，例如，将“视图”写成了“视点”，但类似这样的错误，在文档中可能还不止一处。如何保证一份文档中的所有同类错误完全得到纠正呢？还有，当文档中的“视点”并不完全是“视图”的误写时候，如何保证该纠正的纠正，不该纠正的不纠正呢？

③ 查阅所有的同类项目。在一份文档中，有许多的题注（见图 1-1、表 1-1 等），也可能有许多的索引，还可能有注释和引用，如某句话是引用了哪篇文章等，如何找到引用了某文章的所在位置呢？如何找到索引指出的文档位置呢？所有的题注、索引、注释与引用都可以成为项目。

当我们有了上述需求的时候，即想“查找什么”的时候，就应该想到利用 Word 提供的查找与替换功能。Word 提供的查找与替换功能如下。

① 它能快速地找出指定的文字或者替换文字。例如，查找“视点”并替换成“视图”，也能够查找特殊的字符。

② 它能快速地找出指定带格式的文字或者替换带有格式的文字。例如，只找出带有下划线的“视点”，而不是所有的“视点”。

③ 它能快速地找出指定格式出现的地方（带有同一格式，如下划线的所有位置，但可能是不同的文字）。

④ 它能快速地定位项目，如查找图形、题注、索引，能快速定位在某一页的某一节上。

⑤ 它能找出英文发音相同但写法不同的单词，以及同一单词的不同形式。

Word 在“开始”菜单中提供了三条命令，分别是“查找”、“替换”和“选择”命令。在此先介绍一般常用的文字查找的过程，然后我们再进行复杂查找的有关内容讲解。我们最为常用的是只查找有关的文字，而无需考虑格式等。

**1. 查找操作**

（1）一般文字的查找方法

① 执行“编辑”功能区的“查找”按钮（也可按“Ctrl+F”组合键）。Word 2010 左侧出现图 3-8 所示的简单搜索窗格，可以完成简单搜索。如果选择“高级查找”则会打开查找对话框，该对话框有一个“查找内容”输入框及其他一些内容。如图 3-9 所示。

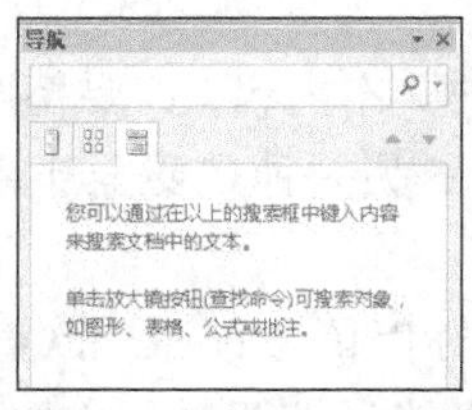


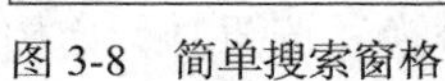
图 3-8　简单搜索窗格

图 3-9　“查找”对话框

② 在“查找内容”输入框中键入要查找的文本内容。例如，输入文字串“视点”。

③ 单击“查找下一处”按钮。

此时 Word 自动从当前光标处向下开始搜索文档，查找文字串“视点”，如果至文档结尾没有发现要找的文字串，则会接着从文档开头继续查找，一直到当前光标处为止。当找到了所要找的文本后，其将停留在找出的文本位置，并使该文本处于被选择状态，可以对该文本进行处理。

（2）查找后处理文本的方法

操作 1：单击“取消”按钮，退出“查找”对话框进行处理。也许还要再次进行查找，此时也可以不退出“查找”对话框进行处理，即执行第二种操作。

操作 2：直接用鼠标单击“查找”对话框外的任何地方，即可对该文本进行处理。

（3）再次进行查找的方法

当处理完查找的文本后，可能想从此处继续进行查找，此时可继续。选择下列两种操作：

操作 1：当退出“查找”对话框后，可按快捷键“Alt+Ctrl+Y”或者按“Shift+F4”，可继续查出下一个要找的文本。

操作 2：当没有退出“查找”对话框时，可直接单击该对话框使其处于工作状态，然后单击“查找下一处”按钮，继续查找。

（4）在查找中进行替换的方法

如在查找过程中又想替换文本，则可继续执行下面的步骤：单击“查找和替换”对话框中的“替换”标签，“替换”对话框浮于前台。按照下述的“一般文字的替换方法”进行替换。

（5）结束查找过程

当没有退出“查找”对话框时，单击“取消”按钮，可结束查找过程。

**2. 替换操作**

一般文字的替换方法如下。

① 执行“编辑”功能区的“替换”命令（也可按快捷键“Ctrl+H”）。此时将打开“替换”对话框。如图 3-10 所示。该对话框比“查找”对话框多了一个输入框。即“替换为”输入框及两个按钮“替换”和“全部替换”。

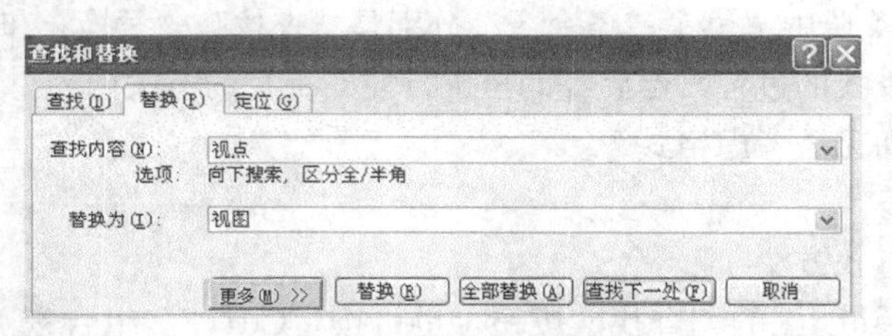


图 3-10 “替换”对话框

② 在“查找内容”输入框中键入要查找的文本内容。例如，输入要查找的文字串“视点”两个字。

③ 在“替换为”输入框中键入要将查找到的文字串替换成的文本内容，如要替换成“视图”。

④ 接下来可有三种选择：一种是替换的时候，要检查一下；另一种是要全部替换；还有一种是先查看，然后再决定替换。

操作 1：单击“替换”按钮，替换刚刚找到内容。如果光标停留位置不是欲查找的内容，则系统会先查找，找到后停留在找出的文本上。当再次单击“替换”按钮时，会替换掉此内容，然后再继续查找，使光标停留在下一个找出的文本上。如果一开始光标停留位置就是欲查找的内容（例如单击“查找下一个”按钮找到的），则单击“替换”按钮时，会先替换掉此内容后再继续查找。

操作 2：单击“全部替换”按钮，替换所有找到的内容后再停止。

操作 3：单击“查找下一个”按钮，执行的是不替换当前内容而查找下一个。

⑤ 当没有退出“替换”对话框时，单击“取消”按钮，可结束替换过程。

**3. 复杂的查找与替换**

在上面我们讲述了一般文字的查找与替换。仔细观看“查找和替换”对话框，单击“高级”按钮，有若干选项，供操作时选择。这些选项控制了查找或替换的方式与范围，认真掌握能解决许多问题。

（1）只查找部分文档的处理方法

在执行查找与替换命令以前，如果没有选定任何文本，则 Word 会认为你想搜索整个文档；如果选定了某些文本内容，则 Word 会认为你想在这些内容中进行查找，当查完选定区域后，会停下询问是否查询其余未选定的部分。具体操作如下：

先选定欲进行查找或替换的文本范围（即使搜索范围的文本处于选择状态），然后执行“编辑”功能区的“查找”或“替换”命令。

在“查找”或“替换”对话框中，单击“高级”按钮，可以看到有一个搜索范围列表，该列表用于设置搜索的方向。其中：“全部”，从插入点位置开始搜索整个文档；“向上”，从插入点位置或选定内容末尾向文档开始或选定内容开头进行搜索；“向下”，从插入点位置或选定内容的开头向文档的末尾或选定内容的末尾进行搜索。

（2）查找或替换带格式文本的处理方法

在“查找”或“替换”对话框中，单击“高级”按钮，可以看到一个“格式”按钮。用此可查找或替换带格式的文本，以查找为例，具体操作如下：

① 执行“编辑”菜单的“查找”命令，打开“查找”对话框。

② 在“查找内容”输入框中键入要查找的文本内容。

③ 单击“更多”按钮，再单击“格式”按钮。此时出现一个列表框，可选择欲查找文本的格式：字体、段落、制表位、语言、图文框、样式以及突出显示。单击需要的选项后，会有相应的对话框出现辅助完成格式设置工作。有关格式设置的内容可参阅后面的介绍。

④ 设置文本的格式。当设置完查找字符的格式后，在“查找内容”输入框的下面将显示出欲查找文本的有关格式，可以查看。当想取消输入的格式时，可单击“不限定格式”按钮。

⑤ 单击“查找下一个”按钮。

（3）只查找或替换格式的处理方法

当想查找或替换具有相同格式的任一文本时，可使“查询内容”输入栏或者“替换为”输入栏为空即可。此时注意复选框“模式匹配”应处于未选状态，“查找下一个”、“替换”、“全部替换”按钮才会可用。当想取消输入的格式时，可单击“不限定格式”按钮。

（4）查找或替换图形、图片和一些不能输入的特殊文本的方法

当想查找或替换图形、图片、一些不能输入的特殊字符时，在“查找”或“替换”对话框中，单击“高级”按钮，可以看到有一个“特殊字符”按钮，单击该按钮可以选择输入若干个不能输入的特殊字符。输入查找内容可先使光标停在“查找内容”输入框，输入替换内容可先使光标停在“替换内容”输入框，然后单击“特殊字符”按钮进行选择输入。如想查询所有图形、图片对象时，可选择“图形”即可实现。

（5）对话框中其他内容介绍

在“查找或替换”对话框中，单击“高级”按钮后还可以看到几个复选框。当被选择时，其含义简介如下：

① 区分大小写。用于只查找在“查找内容”框中指定的大小写字母组合的那些单词。Word 完全按照键入的大小写形式进行搜索，可以区分小写、大写字母或者全为大写字母时的字符格式。当选此项时，WORK、work、WorK 等被认为是不同的。

② 区分全半角。主要用于字母符号的查找。字母符号的处理同汉字一样处理，称为全角字；也可以与汉字处理方法不同，按英文方式进行处理，称为半角字。

③ 全字匹配。用于查找完整的词，而不是较长词的一部分。如果指定搜索格式，这一选项

将只查找带有指定格式的完整词。

④ 使用通配符。查找内容中可包含特殊的搜索操作符，用于高级查找与替换。关于高级查找与替换，请读者参阅有关书籍。

⑤ 同音。可找出与查找字符串发音相同但写法不同的所有单词。

⑥ 查找单词的各种形式。可以查找单词的各种形式并以正确形式进行替换。当模式匹配复选框被选中或同音复选框被选中时，该选项不起作用。

4. **定位**

Word 的定位命令可用于快速地查找项目，如查找图形、题注、索引。所谓定位，即将插入点（光标）移动到文档中指定的位置，然后用户可以马上进行处理。例如，可以移动到某一页、某一批注、某一脚注或者某一书签的位置。

定位命令的使用方法如下。

① 执行“编辑”菜单的“替换”命令，或者用鼠标双击状态栏中显示页面的区域，也可以按“Ctrl+G”组合键。将出现“定位”对话框，如图 3-11 所示。

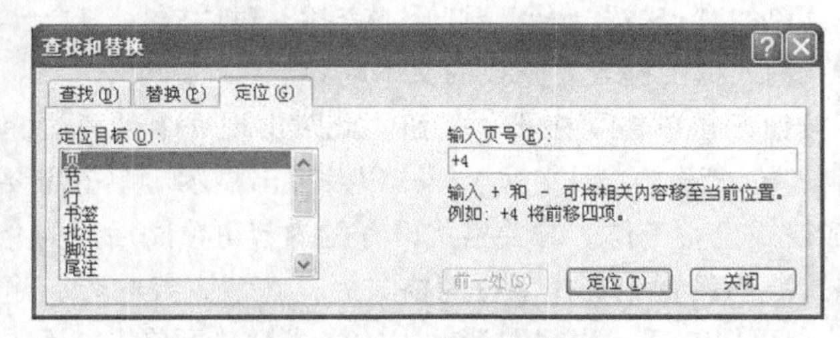


图 3-11 “定位”对话框

“定位”对话框由以下几部分组成：

定位目标：用于选定要使光标移动到的项目类型，包括页、节、行、脚注、尾注、批注、书签、图形、表格、公式、域、对象及标题。

输入框：要使光标移动到特定的页、节或行，可在此框中键入数字。如果在数字前键入一个加号/减号（+/−），Word 从当前位置往后/前记数。例如，现在是第 12 页，当键入“−5”时，Word 将翻到第 7 页上。当再次键入“+5”时，Word 又将翻回来。要使光标移到脚注、尾注、批注、书签、域、表格、图形、公式以及对象上，则可在此框中键入数字或者选定需要的名称，或者使其为空，而直接单击“前一处”或“下一处”按钮。

定位/下一处：用于将光标移动到“定位目标”框中所选定项目的下一个出现位置。如果“输入”为空时，Word 将这一按钮定为“下一处”。

前一处：用于移动到“定位目标”框中所选定项目的上一个出现位置。只有“定位/下一处”按钮为“下一处”时，这一按钮才有效。

② 在“定位目标”框中选定项目类型。

③ 在“输入”框中键入数字或需要的名称（键入的内容随选定的项目不同而要求不同）。“输入”框中的内容可以不用填写，而直接执行步骤④，此时 Word 会根据选择的项目类型，找上一个项目或下一个项目的位置。当不存在要找的项目时，则光标不变。

④ 单击“定位/下一处”按钮，或“前一处”按钮。

⑤ 此时可单击“关闭”按钮，退出“定位”对话框后进行处理，也可直接用鼠标单击文本区中任意位置，进入文本编辑区进行处理，然后再单击“定位”对话框，进行下一次的定位。

### 3.3.3　剪切、复制和粘贴

剪切、复制和粘贴是 Word 的另一强大功能。这个问题在上一节已进行了简单的介绍，此处再进行详细的解释。

**1．为什么要剪切、复制和粘贴**

我们可能有这样的体会，在纸上写一篇文章的时候，并不总是能一次性地写得非常满意，而总是反复斟酌。斟酌的结果经常是，一个句子或一个段落被删去了，或者一个句子或一个段落被移到了另一个地方，等到定稿的时候，这份原稿可能充满了段落文字移动、删除标志。这说明移动文本的功能是文字处理软件必不可少的一项功能。我们日常所说的“复制”一份文档，在 Word 中实际上被分解成了两个概念，一个是“复制”，另一个是“粘贴”。注意这些概念的区别：

所谓“剪切”，是指将文档内的选定内容剪切掉，并保存起来以备再用。

所谓“复制”，是指将文档内的选定内容保存一份以备再用。

所谓“粘贴”，是指将保存起来的内容从保存的地方取出来放入文档中。

可以看出，剪切、复制与粘贴都用到了一个能够保存文本信息的地方，这个地方被称为“剪贴板”。剪贴板是 Windows 应用程序都可以利用的一块公共信息区域，各种应用程序都可以利用剪贴板互相传递信息。

Word 利用“剪切→粘贴”这样一个过程，实现文本的移动。而利用“复制→粘贴”这样一个过程，实现文本的再次使用。剪贴板的内容并不因为粘贴而丢失，换句话说，剪贴板上的内容只有在另一次剪切或复制时才会改变其保存的内容。“复制（剪切）→粘贴”这个过程便可变为“复制（剪切）→粘贴→……→粘贴”，从而实现文本的多次使用。这个过程并不要求连续执行，即并不要求复制以后必须马上粘贴。可以在需要的时候和地点随时粘贴使用，只要剪贴板中的内容不被另一次的复制（剪切）动作所破坏。

剪贴板的功能是很大的，它不仅可以保存文本信息，而且还可以保存复杂的图形、图像、表格等所有的信息。也就是说，文本、图形、图像、表格等所有文档中的内容都可以进行复制（剪切）与粘贴。有关剪切板的详细介绍，请参阅本书的第 1 章。

复制和剪切操作的前提是要选定复制（剪切）的对象，即要选定欲复制（剪切）的文本、图形、图像、表格等。只有在选定了要复制（剪切）的对象后，才能执行复制（剪切）操作。粘贴操作要在剪贴板上有内容时才能进行，当不能粘贴时，说明剪贴板上没有内容。粘贴是在插入点进行粘贴，因此，粘贴以前要选好插入点。将所有的过程连起来便是如下的过程：

选择文本→复制（剪切）→（其他处理）→选择插入点→粘贴→（其他处理）→选择插入点→粘贴→（其他处理）→……。

这里的其他处理是指在这段期间，可以进行其他的文档编辑工作（只要不进行复制与剪切）。如果这期间又进行了复制或剪切操作，粘贴内容将是最近一次复制或剪切的内容。

理解了上述过程，我们来看一下剪切、复制与粘贴还有哪些功能可被我们使用。

① 文档内容的重新组织或多次使用。同一文档内容的剪切、复制与粘贴，可以实现文档内容的随意移动，相同内容可以毫不费力地复制过来就可以使用，从而避免了再次键入，使得文档的组织非常容易与方便。

② 不同文档内容的互相使用。当一份文档的内容，在另一份文档中已经存在时，可以毫不费力地从另一份文档中把我们需要的内容拿过来，不用再次键入。

③ 特殊对象的复制。当有些内容，例如图片等，我们用 Word 制作起来非常困难时，可以利用其他软件制作好，然后通过剪切、复制与粘贴，将其粘贴到自己的文档中。

④ 屏幕内容的复制与粘贴。有时，我们要获取运行屏幕显示内容放到我们的文档中，如一些硬件和软件的说明书等。在不能退出运行软件的情况下，获取屏幕内容的好办法就是利用剪贴板，利用剪切、复制与粘贴的办法。

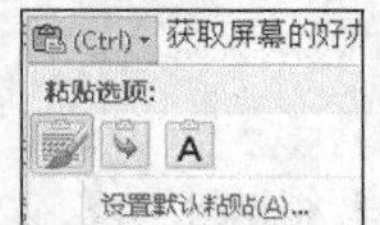


图 3-12 粘贴选项命令

当执行了粘贴操作时，可以看到“📋”按钮。单击其右侧的下拉箭头，打开粘贴选项命令菜单，如图 3-12 所示，这些选项可以设置被粘贴内容的格式。

剪切、复制与粘贴是文档编辑使用最为频繁的操作，我们应充分熟悉其各种操作技巧，包括能够利用菜单、按钮进行操作，利用鼠标、快捷键快速操作等。在此我们只介绍同一文档内以及不同文档间的各种剪切、复制与粘贴技巧，有关特殊对象的复制以及屏幕内容的复制与粘贴，将在后面的内容中介绍。

**2. 在一个文档内的剪切、复制与粘贴**

一个文档内的剪切、复制与粘贴，在上一节中已经进行了介绍，在此我们只进行一点强调：不管使用哪种方法（菜单命令、常用工具条上的按钮或鼠标拖放），都要首先执行如下步骤：如要剪切（复制），则选择欲剪切（复制）的对象（文本、图形、表格等）。如要粘贴，则移动插入点（光标），使其停留在需要粘贴的位置。

具体的操作请参阅上一节。

**3. 多文档、多窗口的剪切、复制与粘贴**

（1）利用分割窗口技术进行剪切、复制与粘贴的方法

当准备移动、复制或粘贴文本的时候，需要选定文本以及设置好插入光标。而文本选定位置与文本插入位置往往在一个窗口中是不能同时显示的，这就不可避免地要翻动文本，有时效率是很低的。这时利用窗口的调整技术，将文档窗口拆分成两个窗口将是非常有用的。此时两个窗口中是同一份文档，当一个在窗口修改时，Word 会自动更新另一个窗口的内容。但两个窗口各有自己的光标（插入点），一个窗口的光标可用于选择文本，而另一个窗口的光标则用于选择插入点。在一个窗口滚动文本时，另一个窗口可以保持不动。这就使我们可以同时看到两个不同位置的内容了。

拆分窗口的方法如下。

方法 1：单击“视图”菜单，选择“拆分”命令。此时在屏幕上可以看到一条横线，上下移动鼠标，横线也跟着移动。移动到合适的地方单击鼠标，你可以看到窗口被分成了两个。

方法 2：Word 窗口都有一个滚动条，在紧靠滚动条的上方按钮处，有一个长方块（拆分块）可以将窗口分成两个窗口。

图 3-13 显示是两个窗口的例子。

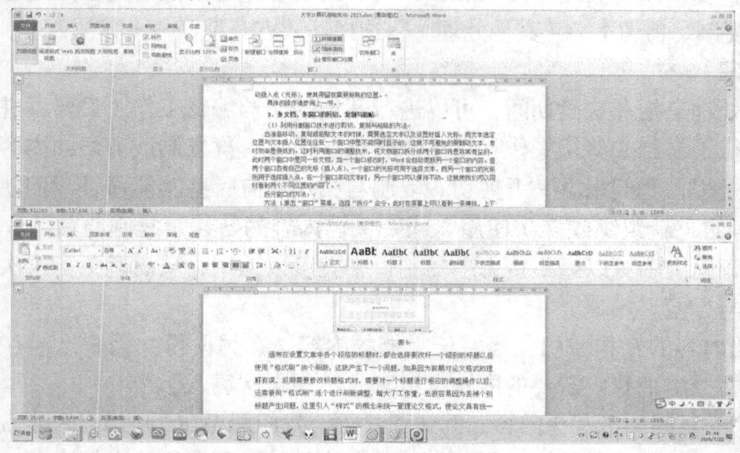

图 3-13 两个窗口的例子

此时可利用前面讲述的剪切、复制与粘贴的方法，进行所需要的操作。

取消窗口的拆分：

单击“窗口”菜单，选择“取消拆分”命令。此时窗口恢复为一个窗口。或者用鼠标双击拆分块，也可使被拆分的窗口合并。

（2）利用多窗口技术实现不同文档之间的剪切、复制与粘贴的方法

我们不仅可以利用拆分窗口技术进行剪切、复制与粘贴，而且可以利用多窗口多文档技术进行剪切、复制与粘贴，原理基本是一样的，具体操作如下：

① 打开欲处理的文档；

② 打开“窗口”菜单，查看是否已打开该文档（如已打开，则在其中将有一项）；

③ 单击“窗口”菜单中欲处理的文档的文件名，实现文档之间的切换处理。也可用鼠标单击你看到的并感兴趣的窗口，直接切换；

④ 在一个文档窗口中选择欲剪切或复制的文本或图形，并执行“剪切”或“复制”命令。然后切换到另一个文档窗口中；

⑤ 在另一个文档窗口中选择插入点，并执行“粘贴”命令。即可实现不同窗口的多文档之间的剪切、复制与粘贴。

（3）利用多窗口技术实现不同应用程序间的剪切、复制与粘贴的方法

在 Word 中可以利用剪贴板的技术进行剪切、复制与粘贴，而剪贴板又是 Windows 应用程序所公用的，因此在不同的 Windows 应用软件之间剪切、复制与粘贴信息也是非常容易的（一般每个 Windows 应用程序都有“编辑”菜单，在“编辑”菜单中有剪切、复制与粘贴命令可以使用，大部分程序的这些命令的快捷键基本是相同的）。具体操作方法为：

① 打开欲处理的 Word 文档；

② 单击任务栏中的“开始”，找出其他欲处理文本的应用程序，例如 Windows 写字板软件。单击使该软件进入运行状态；

③ 此时两个软件都在运行。鼠标单击哪个应用程序窗口，哪个窗口便浮于前台。也可以当一个应用程序窗口工作时，使另一个窗口处于图标显示状态（单击最小化按钮）；

④ 在一个应用程序窗口中选择欲剪切或复制的文本或图形并执行剪切或复制命令，然后切换到另一个程序中（单击其窗口或图标）；

⑤ 在该应用程序的窗口中选择插入点，并执行粘贴命令。

### 3.3.4　Word 的视图

当我们处理完一份文档后，希望将其显示，以观效果。对同一文档，Word 提供了五种显示方式，每一种显示方式，在 Word 中称为视图。选用的视图不同，显示出的文档内容、处理速度及显示效果也不一样。为了更好地使用 Word，需要对各视图都有所了解，能够做到在该用哪种视图的时候就选用哪种视图，并能够灵活地在各种视图之间进行切换。

**1. 草稿视图**

草稿视图是 Word 中最常用的一种视图。它对输入、输出及滚动条命令的响应速度较其他几种视图明显快，主要用于快速输入正文及表格，并进行简单的排版。它能够显示大部分的字符、段落格式，但不能看到页眉、页脚、页码及脚注，不能编辑这些内容，不能显示图文的内容，也不能显示多栏的结构等。在草稿视图中，自动分页符显示为一条虚线，人工分页符为一条虚线加“分页符”字符；分节符为含有“分节符”三个字的双虚线，如图 3-14 所示。

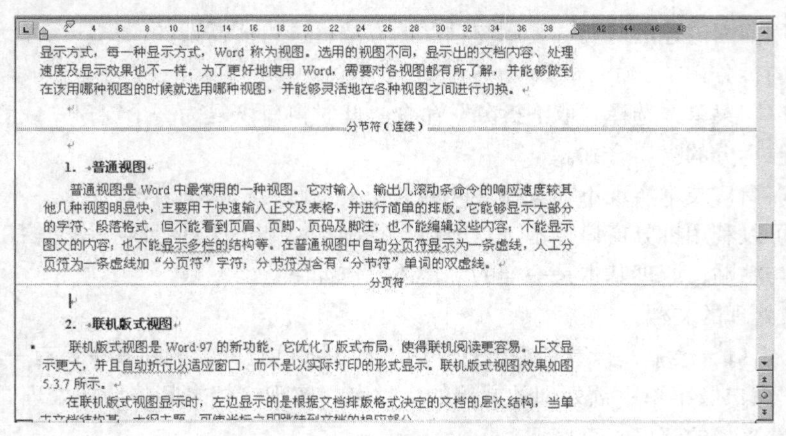


图 3-14 草稿视图及显示示例

### 2. 页面视图

页面视图用于显示整个页面的分布状况和文档中所有元素（包括正文、图形、表格、图文框、页眉、页脚、页码和脚注、脚标等）在每一页上的准确位置，并对它们进行编辑。它具有“所见即所得”的显示效果，也就是说显示效果与打印效果完全相同，可以预先看到整个文档会以什么样的形式输出在打印纸上。

在页面视图下，实现了文档的所有控制属性，包括页的尺寸、文字在页中的位置、多栏格式和图文混排等，尤其是对图文混排最为方便。例如，一个图形或表格在一页中安排不下时，Word 将它放到下一页，但在本页将留下原部分图形或表格位置的空白。对于这种情况，用户可以在页面视图显示方式下调整图文分布，准确地填补空白，有效地利用版面。

### 3. 阅读版式视图

阅读版式视图下，每屏显示两页，并且在每一页的顶部显示该页的页数和总页数。这样的显示使得阅读很方便，修改也方便。

### 4. Web 版式视图

此视图是为编辑 Web 页面设置的，可视面积较大。

### 5. 大纲视图

大纲视图用于显示文档的框架，可以用它来组织文档并观察文档的结构。也为在文档中进行大块文本移动、生成目录和其他列表提供了一个方便的途径。

大纲视图提供了一个处理大纲的工具条，可给用户调整文档的结构提供方便，例如移动标题以及下属标题与正文的位置、提升或降低标题的级别等，也可以显示或打印由用户确定的级别以上的所有标题构成的大纲，分级显示及打印不同细致程度的文档内容等。

### 6. 视图之间的切换方法

在每一个视图窗口的水平滚动条左端有五个按钮，如图 3-15 所示，从左到右分别为草稿视图、Web 版式视图、页面视图、大纲视图和阅读版式视图按钮。单击这五个按钮可实现快速切换。或者执行“视图”菜单的“草稿”“Web 版式”“页面”“大纲”“阅读版式”命令实现切换至相应的视图。

图 3-15 视图切换按钮

# 3.4 文档的排版

文档的排版包括三种格式编排的单位，即文字、段落以及页面。文字排版包括：字体、字号及字型、字间距、上下标、基线与文字的位置等；段落的排版包括：对齐、缩排、行距与段间距、边框与底纹、首字下沉等；页面的设置包括：页面的大小、打印方向、页码处理、页眉与页脚的处理等。

## 3.4.1 文字的排版

文字的排版是指对英文字母、汉字、数字和各种符号进行下列类型的格式化或者说使其具有一个或多个属性。

① 字体。文字有不同的字体，字体可以被认为是文字的一种书写风格。下面是一些典型字体的例子：

“宋体 华文新魏 **黑体** 楷体 仿宋体 隶书 华文行楷”

英文字体也有数十种，我们可以选择不同字体使文档具有漂亮的外观。

② 字号。汉字的大小是用字号来表示的，字号从初号、小初号、一号、小一号等一直到八号，对应的文字逐渐变小。标准的文章正文文字一般用五号字。下面是不同大小文字的例子。

一号字，二号字，三号字，四号字，五号字，六号字，七号字，八号字。

③ 字型。除了字体与字号外，每一个文字还可能有各种形式的书写，如斜体、粗体等。如：“*这是宋体的斜体*”，“**这是楷体的粗体**”，“***这是宋体粗斜体***”。

④ 字间距。字间距是指两个文字（字符）之间的间隔。可以使“字 间 距 加 宽”，也可以使“字间距紧缩”。

⑤ 基线、上标和下标。基线是指书写每一行文字所要基于的标准水平线。无论是用什么字号的文字书写时，都位于基线以上（下对齐）。但有些情况，如上标、下标，则需要使局部的字符向上或向下调整。例如：$^{上}$标，$_{下}$标。

⑥ 文字的特殊效果：对文字的排版，除了上述内容外，还有一些特殊的效果。如：文字的颜色，加下划线，这是不同的下划线，删除线，字符加底纹，字符加边框，动态效果等。

在文字键入前或键入后，都能对文字进行格式设置的操作。键入前，通过选择新的格式定义将要键入的文字；对已键入的文字格式进行修改，首先选定需要进行格式设置的部分，然后对选定的文本进行格式设置。上述关于文字各种格式的设置，可以使用“格式”菜单的“字体”命令完成，也可以使用格式栏快速完成。下面予以详细说明。

**1. 使用工具栏进行文字排版**

在开始功能区，分布着字体、段落、样式工具栏，可以进行快速排版。

① 定义文本的样式：单击“样式”列表，可选择样式。例如，文章的章、节、小节等各级标题及正文。

② 定义将要键入或已选定部分的字体：单击“字体”列表，可选择需要的字体。

③ 定义将要键入或已选定部分的字号：单击“字号”列表，可选择需要的字号。

④ 定义将要键入或已选定部分的字型：单击“**B**”“*I*”“U”按钮，使选定的或将要键入的文

字分别以“加粗”“倾斜”“下划线”显示，再单击对应的按钮，则取消设置。

⑤ 单击“A”“A”“A”按钮，使选定的或将要键入的文字分别“加边框”“加底纹”、设置文字的“颜色”。同样，单击对应的按钮，则取消设置。

2. **使用菜单命令进行文字排版**

当我们单击各工具栏的底部箭头，会打开相应的设置对话框。具体操作如下：

单击“字体”按钮，在屏幕上显示“字体”对话框，如图 3-16 所示。

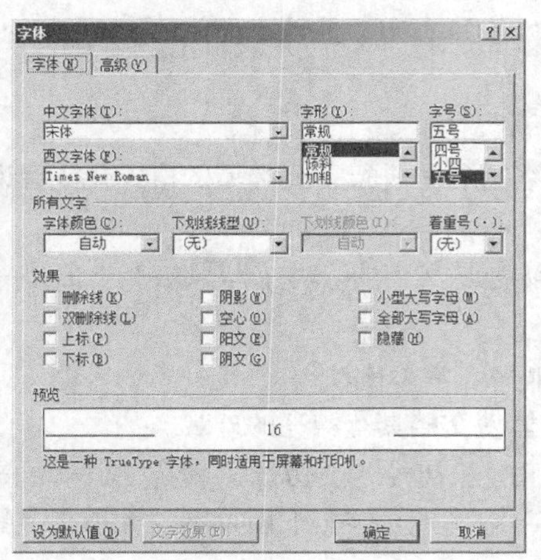


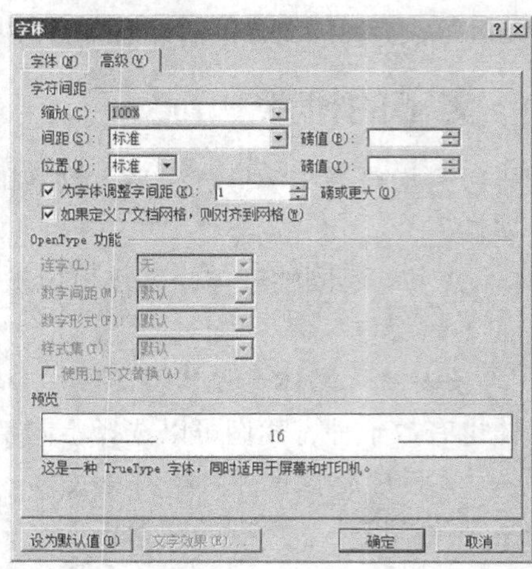


图 3-16 “字体”对话框

①“字体”标签用来设置字体、字号、字型、颜色、下划线类型及效果等文字格式。用户可以根据需要选择各项参数。

②“字符间距”标签用来设置字符的缩放、间距及位置。缩放有：缩放百分比；间距有：标准、加宽、紧缩；位置有：标准、提升、下降。可根据需要输入磅值。

定义后的参数将作用于新输入文字的格式或修改选定部分文字的格式。对话框中实时显示出选样效果，当对选择满意时，单击“确定”按钮。

3. **复制文字格式**

开始工具条上有一个按钮，称为格式刷按钮。该按钮可以快速地复制格式，即将一个文本的格式复制到另一个文本上，格式越复杂，效率越高。操作如下：

① 选择具有某种格式（欲将该文本的格式应用于其他文本）的文本。

② 单击格式刷按钮，使之处于按下状态。此时鼠标指针的形状变为一个格式刷。

③ 移动鼠标，使鼠标指针指向欲排版的文本前面，按鼠标左键，拖动鼠标使之沿欲排版的正文从头到尾划过。然后释放鼠标，即可完成复制字符格式的工作。

上述方法选择的格式只能使用一次。若要多次使用该格式，在操作②中双击格式刷按钮。完成复制格式后，再单击格式刷按钮，复制结束。

## 3.4.2 段落的排版

段落是文本、图形、对象或其他项目等的集合，后面跟一个段落标记，即一个回车符。如果要显示或隐藏编辑标记符，可单击“显示/隐藏编辑标记符”按钮或执行“视图”菜单的“段落标记”命令来切换。Word 段落的一个重要特点就是所谓的自动换行，即段落内的文字自动随边界的调整而自动换行。段落的排版是指整个段落的外观，主要处理以下内容。

① 字的对齐。在一个段落中要求文字对齐，如文字串要左对齐、数字串要右对齐、大标题居中、小标题左对齐等。

② 段缩进。为了使段落之间层次清晰、明了，除了改变字体及字号外，还可以将每一个段落缩进或伸出一些。中文传统是在每一段的首行都要缩进两个汉字，以表示新段落的开始。

③ 行间距和段间距：段落中一行的底部与另一行的底部之间的距离称为行距，两行之间的空白距离是行间距。而上一段落的结束行与下一段落的起始行之间的空白处称为段间距。

④ 边框与底纹：强调与突出段落的另一种手段就是给段落加上边框和底纹。如图 3-17 所示。

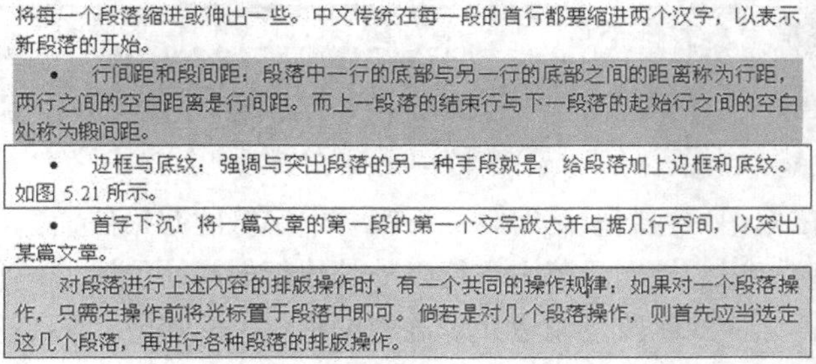

将每一个段落缩进或伸出一些。中文传统在每一段的首行都要缩进两个汉字，以表示新段落的开始。

- 行间距和段间距：段落中一行的底部与另一行的底部之间的距离称为行距，两行之间的空白距离是行间距。而上一段落的结束行与下一段落的起始行之间的空白处称为段间距。

- 边框与底纹：强调与突出段落的另一种手段就是，给段落加上边框和底纹。如图 5.21 所示。

- 首字下沉：将一篇文章的第一段的第一个文字放大并占据几行空间，以突出某篇文章。

对段落进行上述内容的排版操作时，有一个共同的操作规律：如果对一个段落操作，只需在操作前将光标置于段落中即可。倘若是对几个段落操作，则首先应当选定这几个段落，再进行各种段落的排版操作。

图 3-17　段落加边框与底纹

⑤ 首字下沉：将一篇文章第一段的第一个文字放大并占据几行空间，以突出某篇文章。如下一段的“对”字。

对段落进行上述内容的排版操作时，有一个共同的操作规律：如果对一个段落操作，只需在操作前将光标置于段落中即可。倘若是对几个段落操作，则首先应当选定这几个段落，再进行各种段落的排版操作。

**1. 文本对齐**

段落排版工具上有 8 个按钮，分别用于段落的排版，各按钮的功能如图 3-18 所示。其中“两端对齐”“居中”“右对齐”和“分散对齐”用于文本对齐的操作。

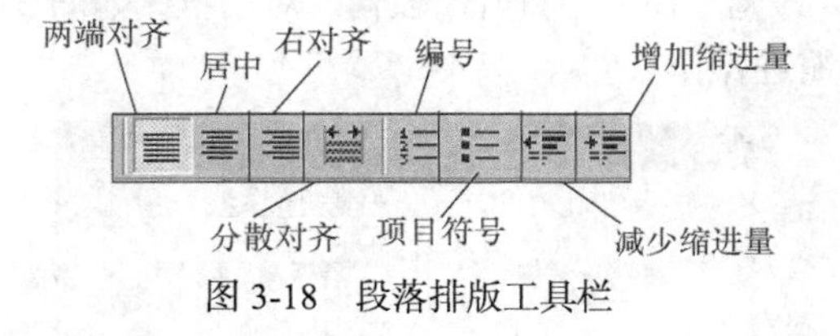


图 3-18　段落排版工具栏

操作方法：

① 设置光标。

② 单击上面的按钮。4 个对齐按钮为互斥性按钮：按下一个，其他的自动抬起。

对齐操作结果如图 3-20 所示。

文本的对齐操作也可以使用“格式”菜单中的“段落”命令，其对话框如图 3-19 所示。

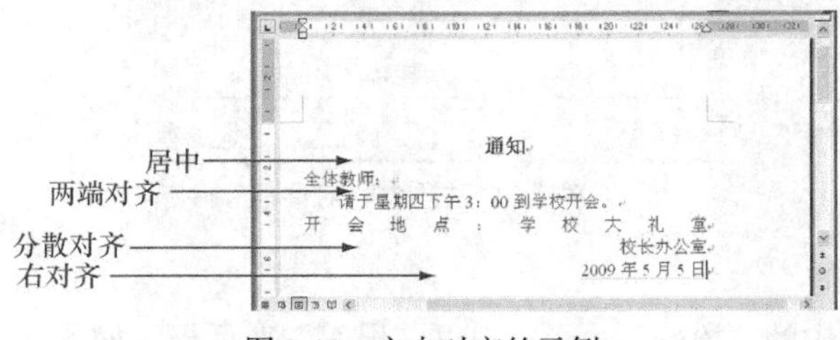


图 3-19　文本对齐的示例

### 2. 段落缩进

Word 提供了多种缩进的方法：使用工具栏上的按钮、使用标尺、使用菜单命令。最快的是使用标尺。

（1）使用标尺

在 Word 窗口中，有一个标尺栏。通过“视图”菜单中的“标尺”命令可使标尺栏显示或隐藏。在“标尺”命令前有选择标记“✔”，则在窗口中显示标尺，反之为隐藏。图 3-20 是显示的标尺，它上面有 4 个缩进标记：

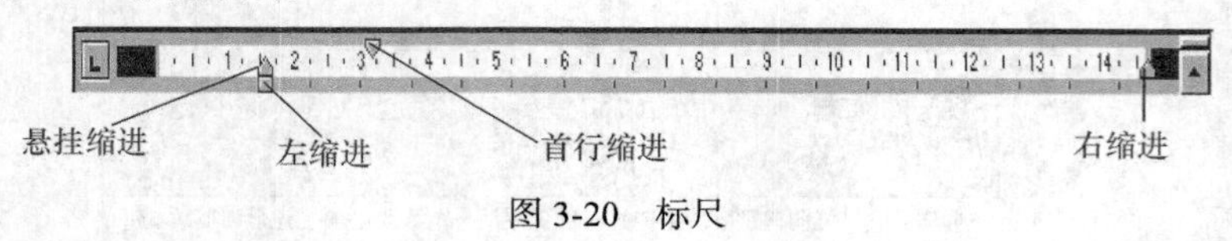


图 3-20　标尺

首行缩进：拖动该标记，控制段落中第一行第一个字符的起始位置。

悬挂缩进：拖动该标记，控制段落中首行以外其他行的起始位置。

左缩进：拖动该标记，控制段落左边界缩进的位置。

右缩进：拖动该标记，控制段落右边界缩进的位置。

操作方法：

① 设置光标。

② 拖动相应的缩进标记到合适的位置。

（2）使用工具栏

通过“段落”工具栏上的缩进按钮能很快地设置一个或多个段落的首行缩进格式。每次单击“增加缩进量”按钮，所选段落将右移一个汉字位置；同样每次单击“减少缩进量”按钮，所选段落将左移一个汉字位置。

（3）使用菜单命令

选择“开始”菜单中“段落”命令，打开“段落”对话框，如图 3-21 所示。选择合适的参数，单击“确定”按钮，完成缩进操作。

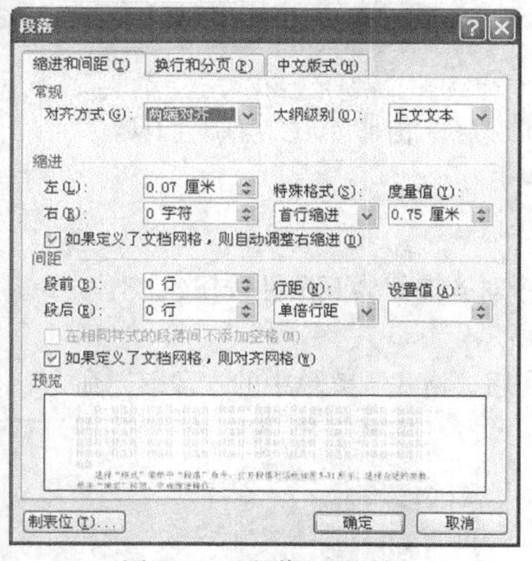


图 3-21　“段落”对话框

### 3. 行间距、段间距

使用“开始”菜单中的“段落”命令，打开“段落”对话框，如图 3-22 所示。在对话框中选择“缩进和间距”标签。在此标签中有三栏一框，“对齐方式”栏，与对齐按钮的作用相同；“缩进”栏，以精确值设置段落的缩进，与标尺缩进和按钮缩进效果相同；“间距”栏，用于调整段落中的行距和段落间距；“预览”框，用于显示排版效果。

“间距”栏中有段间距和行距。通过选择“段前”和“段后”的值，可以实现段间距的调整。行距有“最小值”“固定值”“多倍行距”等选项，通过选择合适的行距可以实现行间距的调整。

**4. 边框与底纹**

（1）添加边框

① 选定要添加边框的内容。

② 选择“页面布局”菜单中的“页面边框”命令。屏幕显示“边框和底纹”对话框，单击“边框”标签，如图 3-22 所示。

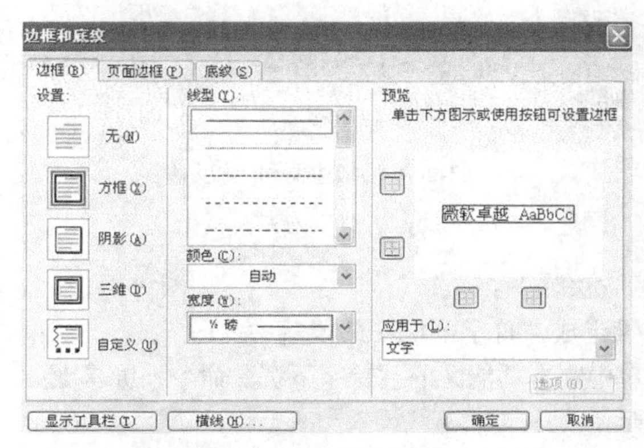


图 3-22　边框与底纹

“设置”框：选择设置边框的形式，要取消边框，可选择“无”。

“线型”“颜色”“宽度”列表框：设置框线的外观效果。

“预览”框：显示设置后的效果。单击预览框的某边可以改变该边的框线设置。

图 3-22 对话框设置的效果如图 3-24 所示。

（2）添加底纹

① 选定要添加底纹的内容。

② 选择“页面布局”菜单中的“边框和底纹”命令。屏幕显示“边框和底纹”对话框，单击“底纹”标签，如图 3-23 所示。

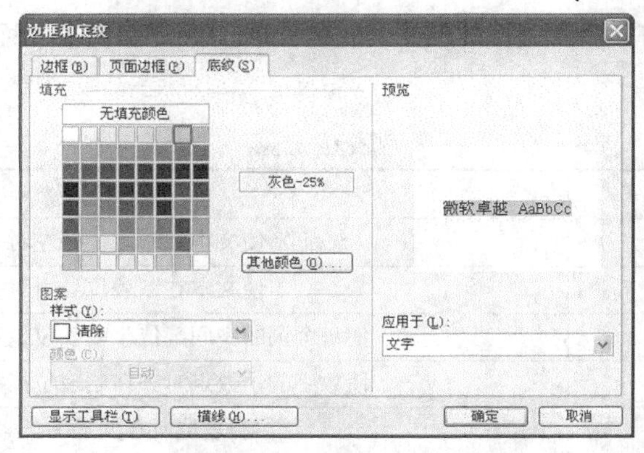


图 3-23　“底纹”对话框

“填充”框：可选择底纹颜色，即背景色。要取消底纹，可选择“无”。

“样式”列表框：可选择底纹的样式，即底纹的百分比和图案。图 3-23 对话框设置的效果如图 3-24 所示。

在“边框和底纹”对话框中，还有“页面边框”标签，用于给页面加边框。“页面边框”标签对话框与“边框”标签对话框相似，读者可以按照“边框”的操作步骤给页面加边框。

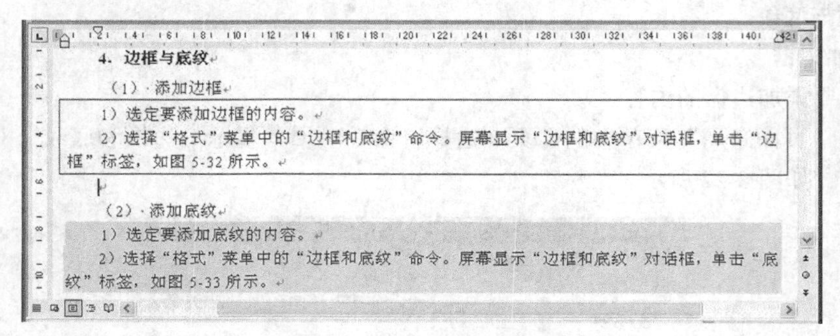


图 3-24　添加边框和底纹示例

**5. 首字下沉**

建立“首字下沉”的方法如下：

① 将光标定位在要设定成“首字下沉”的段落中。

② 执行“插入”菜单中文本功能区的“首字下沉”命令，屏幕上显示其对话框如图 3-25 所示。

③ 按照自己的需要选择“下沉”或“悬挂”位置，并为首字设置字体、下沉的行数及与正文的距离。

④ 单击“确定”按钮。

图 3-25　“首字下沉”对话框

如果要消除已有的首字下沉，操作方法与建立“首字下沉”的方法相同，只要在对话框的“位置”选项中选择“无”即可。

## 3.4.3　段落的符号

在本书中，我们将制表位、项目符号和编号统称为段落符号。它们对于文档的排版大有好处。下面我们来共同熟悉它们。

**1. 制表位**

制表位用于纵向对齐文本和制作简单的列表和目录。Word 提供了 5 种制表位，其作用如表 3-1 所示。

表 3-1　制表位一览表

| 类型 | 功能 |
|---|---|
| 左对齐制表位 | 使文本在制表位处左对齐 |
| 右对齐制表位 | 使文本在制表位处右对齐 |
| 居中制表位 | 使每个词的中间都位于制表位指定的直线上 |
| 小数点对齐制表位 | 使数字的小数点对齐在制表位指定的直线上 |
| 竖线制表位 | 在制表位所在处加一条竖线 |

缺省状态下，每 0.75 厘米就有一个隐藏的左对齐制表位。每单击一次 Tab 键，光标就会跳到下一个制表位。每一种制表位用对应的制表符来表示，如图 3-26 所示。在标尺的最左端有一个“制表符”按钮，用鼠标逐次单击它，将在 5 种制表符之间切换。

图 3-26　5 种制表符

可以用标尺和菜单命令设置制表位。使用标尺设置制表位操作如下：

① 选定要设置制表符的段落；也可以是一个新的段落，设置好制表符后再输入。

② 单击“制表符”按钮，选择所需要的制表位方式。

③ 单击标尺的对应位置，此时在标尺上将显示你所选择的制表符。

使用“格式”菜单中“制表位”命令设置制表符的操作步骤，在此不再叙述。

**2. 项目符号和编号**

通过使用项目符号和编号来组织列表文档，使文档更有层次感，易于阅读和理解。在 Word 2010 中，可以通过“开始”菜单上的“编号”和“项目符号”按钮创建编号或项目符号；也可以使用菜单命令创建；还可以在输入时自动产生编号和项目符号的列表，这更方便了用户的使用。

① 选定要设置项目符号或编号的文本，缺省情况下是光标所在段落。

② 单击“格式”工具栏上的“项目符号”按钮或“编号”按钮。

这样，该文本的开头就加上了项目符号或编号。如果要改变项目符号或编号的形状，可选择“格式”菜单中的“项目符号和编号”命令，图 3-27 所示为项目符号。

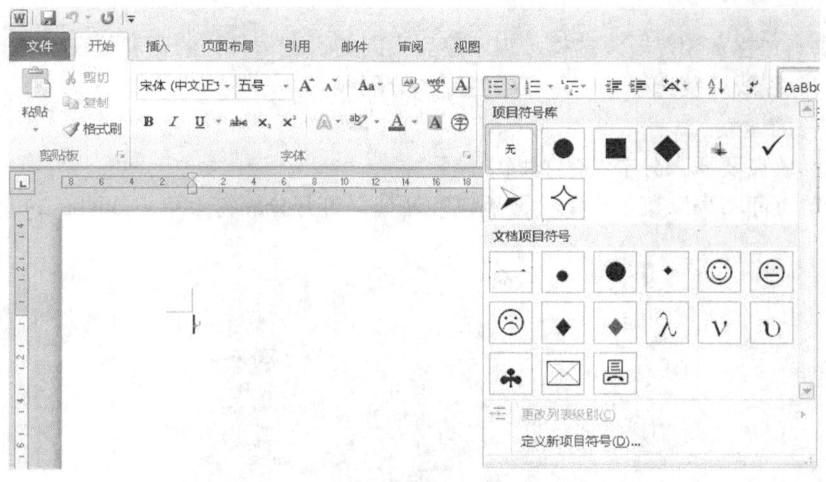


图 3-27　项目符号

## 3.4.4　分栏

在编辑报纸、杂志时，经常需要对文章进行各种复杂的分栏排版，使得版面更生动、更具有可读性。我们可将文档的全部内容排成分栏版式，也可以选择文档的部分内容排成分栏，而文档其余部分仍然使用普通的通栏式。还可选择将文档分成几个部分，每个部分采用不同的栏数以及设计不同的版面。

Word 的分栏版式是应用于节的。新建立文档时，整个文档只有一个节。如果用户要选择文档的部分内容排成分栏，就需要划分节。每个应用不同分栏版式的部分应建立各自的节。

内容不多的时候建立分栏，可首先使这部分文档处于选择状态，然后直接进行分栏排版，与此同时，Word 将自动把这部分内容划分为一个节。当内容较多时建立分栏，则可先把部分文档独立出来，建立节，然后对节进行分栏式排版。

### 1. 建立分栏的方法

① 根据需要选择下列操作：

- 如果文档只有一个节，且分栏版式用于整个文档，则只要光标在文档即可。
- 如果文档有多节，且分栏版式只作用于其中之一，则将光标移到指定节的任一位置即可。
- 如果只作用于部分文档，则使这部分文档处于选择状态。

② 执行“页面布局”菜单中的“分栏”命令，点选更多分栏，打开“分栏”对话框，如图 3-28 所示。

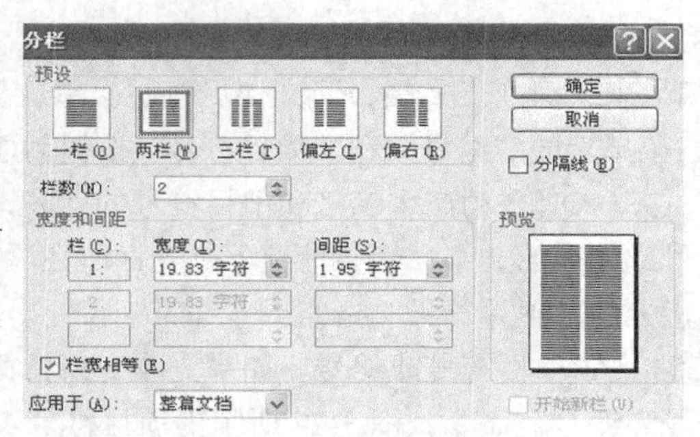


图 3-28 “分栏”对话框

其中：取消“栏宽相等”复选框，表示建立不同的栏宽；各栏的宽度可在“栏宽”框输入或选择；选中“分隔线”复选框，表示在各栏间加分隔线。

### 2. 分节符的建立

① 将光标放在要插入分节符的文档中。

② 执行“页面布局”菜单中的“分隔符”命令，打开分隔符菜单，如图 3-29 所示。

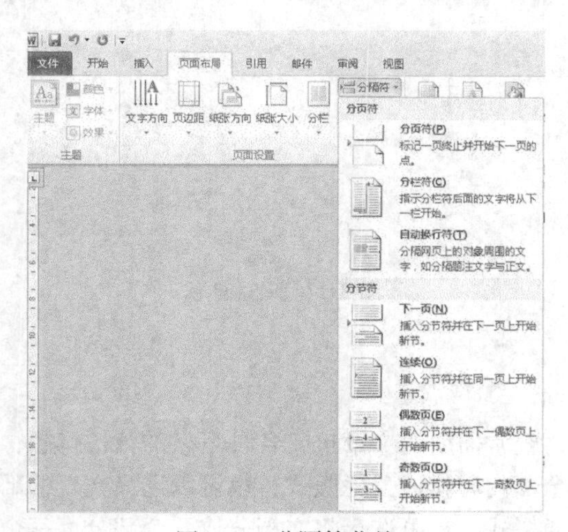


图 3-29 分隔符菜单

③ 根据需要选择下列分节符之一：

- “下一页”：分节符后的文档从新的一页开始显示。
- “偶数页”：分节符后的文档从偶数页开始显示。
- “连续”：分节符后的文档与分节符前的文档在同一页显示，一般选择该选项。

当要删除分节符时，光标定位在分节符处，按 Delete 键即可。这时上节的分栏设置被取消，文档与下节的分栏相同。

## 3.4.5　页面排版

页面排版是排版的最后工作，它包括页面设置、页眉、页脚和页码等。它的排版如何，直接影响到文档的打印效果。

**1．页面设置**

每当建立一个新的文档时，Word 提供了预定义的空文档模版，其页面设置适用于大部分文档，所以用户即使什么页面设置也没做，仍然能够打印文档。但默认值不一定符合实际情况，也不一定满足要求。因此，可以选择“文件”菜单中“页面设置”命令，进行所需的设置。“页面设置”对话框如图 3-30 所示，共有 4 个标签。

（1）设置页边距、打印方向

Word 设置的页边距与所用的纸张大小有关。页边距是指文本与纸张边缘的距离。Word 通常在页边距以内打印文本，而页码、页眉和页脚等都打印在页边距上。同一文档不同的节可以设置不同的页边距。在设置页边距的同时，还可以添加装订边，便于装订。

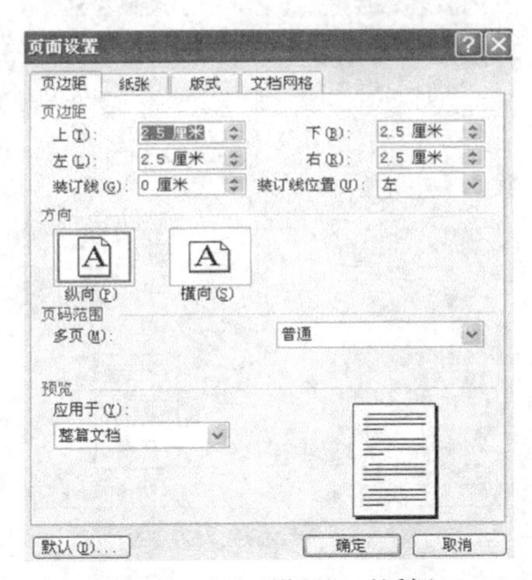


图 3-30　“页面设置”对话框 1

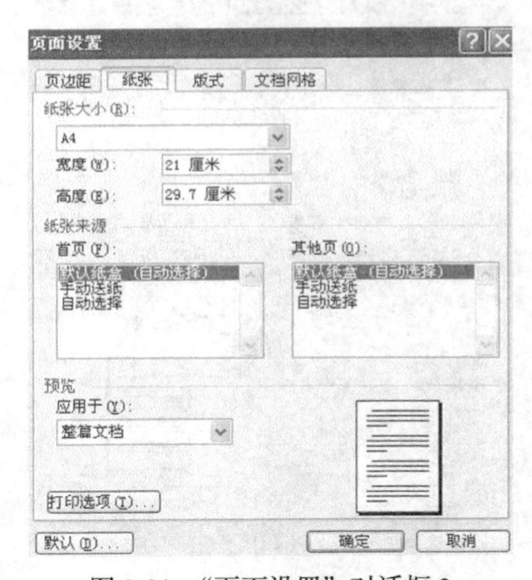


图 3-31　“页面设置”对话框 2

在页面视图和打印预览中，可直接拖曳页边距，进行页边距的设置。在页面视图或打印预览模式下，水平标尺有左、右页边距标志，垂直标尺有上、下页边距标志，页边距标志是标尺两端的一段灰色区域。改变页边距，只要把鼠标移到标尺的页边距标志区，使鼠标指针变为双向箭头，按住鼠标拖曳到所需的位置。

还可使用“页面布局”菜单中的“页面设置”命令的“页边距”标签进行页边距的设置，图 3-30 是“页面设置”对话框的“页边距”标签。

在“方向”框中，选定“纵向”或“横向”按钮，表示打印纸张的方向；在“应用于”选项给定应用范围；单击“确定”按钮。

（2）设置纸张大小

Word 默认的纸张大小为 A4，而这也是最常用的纸张。但有时为了某些特殊原因，如要打印特殊信件、信封等，就需要用到特殊规格的纸张。

在“页面设置”对话框选择“纸张”标签，如图 3-31 所示，其中：

① 单击“纸张大小”选项框的下拉箭头，然后在纸张大小列表中选择某一种特定规格纸张；或单击“自定义大小”，然后在下面的“宽度”和“高度”框中给定纸张宽度和高度。

② 在“应用于”选项给定应用范围。

③ 单击“确定”按钮。

（3）版式设置

版式设置可以设置奇偶页的页眉页脚不相同、垂直对齐方式等。

垂直对齐方式决定了段落文字相对于上页边距和下页边距的位置。在某些情况下，这项很有用处。例如，在创建标题页时，能够在页面顶部或中央精确定位文本，或者调整段落使其在页面的垂直方向上均匀分布。垂直对齐方式有：顶端对齐、居中对齐、两端对齐和底端对齐 4 种。

① 在“页面设置”对话框中单击“版式”标签，如图 3-32（a）所示。

② 在“垂直对齐方式”的下拉列表框中，单击所需对齐方式。

（4）设置页面字数与行数

在“页面设置”对话框中单击“文档网格”标签，如图 3-32（b）所示。

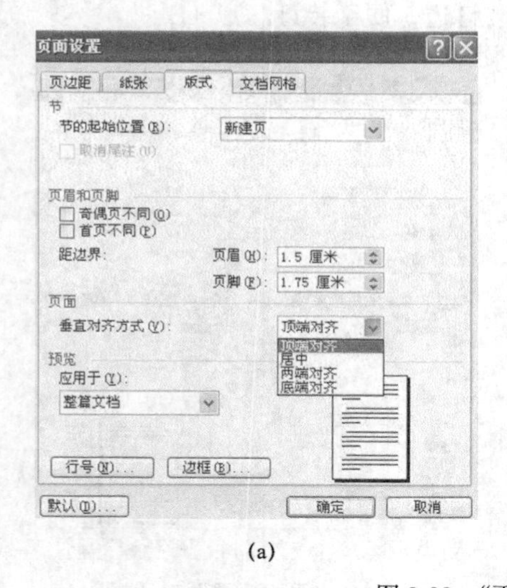


(a)

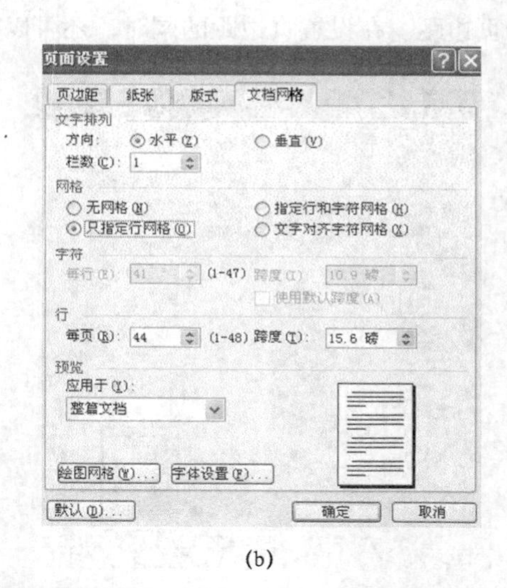


(b)

图 3-32 “页面设置”对话框 3

一般地，采用“使用默认字符数”，Word 会根据纸张大小、字体大小来决定每页的行数和每行的字数。当要改变时，选择“指定每页中行数和每行中的字符”或“每行中的字符数”选项；在“字体”“字号”“栏数”列表框可以更改文档的字体和进行分栏操作。

大多数打印机都有一个默认自动进纸盒和一个手动进纸盒，用户可以从“页面设置”对话框的“纸张来源”标签来查看和改变打印机送纸方式。

**2. 页眉、页脚和页码**

不知道读者在阅读书籍的时候，是否注意过页面的顶部和底部。那两个地方的空间虽小，但内容却是非常丰富。那里除了标有页码以外，还常常印有书名、作者和徽标等文字和图形信息。

这些标在页面顶部和底部的内容就是页眉和页脚。其中，标在页面顶部的称为页眉，标在底部的称为页脚。使用页眉和页脚，不仅可以使书的版面变得饶有趣味，而且可以为读者提供更多、更方便的信息。

（1）创建页眉和页脚

创建页眉和页脚的具体操作如下：

① 执行“插入”菜单中的“页眉”和“页脚”命令。

页眉和页脚只有在页面视图模式下才能显示，如果此时视图模式不是页面视图模式，Word 2010 会自动切换到页面视图模式下。此时，屏幕会显示“页眉/页脚”工具栏和页眉编辑区。

② 在页眉编辑区里输入所需要的内容，例如“中文 Word 2010”。

③ 单击“页眉/页脚”工具栏上的“在页眉和页脚间切换”按钮，切换到页脚编辑区。在页脚编辑区里输入所需要的内容。

这样就设置好了第一页的页眉和页脚，用户无需再去设置第二页、第三页的页眉和页脚，因为 Word 会自动地按第一页的内容设置其后各页的页眉和页脚。

④ 单击“页眉和页脚”工具栏上的“关闭”按钮，关闭页眉和页脚模式。

（2）分页和页码符

① 分页：

在用户输入文字时，当文字到达页面底部时，Word 会自动插入一个“软”分页符，并将以后输入的文字放到下一页。用户也可根据排版的需要在特定的位置插入“硬”分页符来强制分页。不管“软”或“硬”分页，分页符号为一条单虚线，只显示，不打印。

② 页码符：

插入页码可以通过两种方式：一种是如果页眉或页脚中只包含页码，可使用“插入”菜单中的“页码”命令。另一种是如果除页码外，还要加上文字或图形，则使用前面“页眉和页脚”中介绍的方法。

使用“页码”命令插入页码的操作如下：

执行“插入”菜单中的“页码”命令。显示“页码”菜单，如图 3-33 所示。选择页码的位置和对齐方式。

如果要对页码的格式进行进一步的设置，选择“设置页码格式”。

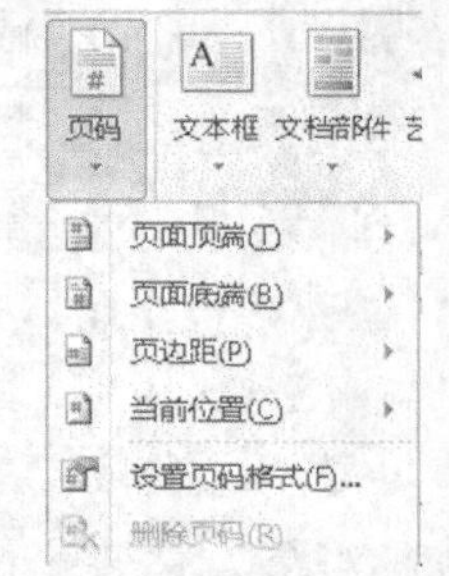

图 3-33 插入页码

单击“页码”对话框中的“格式”按钮，在“数字格式”中选择页码显示方式，可以是数字，也可以是文字；“起始页码”选项可输入页码的起始值，便于分布在几个文件内的长文档页码的设置。

# 3.5 表格

表格用于组织复杂的分栏信息。Word 的表格由水平行和垂直列组成，行和列交叉成的矩形部分称为单元格，如图 3-34 所示。表格的单元格可以输入文字、数字和图形。在 Word 中，调整表格单元的大小、底纹及外观，添加边框和底纹，插入及删除行和列等都很方便。在此，我们主要学习以下内容：

|  | 列 1 | 列 2 | 列 3 |
|---|---|---|---|
| 行1 |  |  |  |
| 行2 |  | 单元格 |  |
| 行3 |  |  |  |

图 3-34 表格的组成

- 如何创建表格

- 如何修改表格
- 如何格式化表格
- 如何在表格中编辑文本
- 如何在表格中插入图片等

## 3.5.1 创建表格

创建表格有 3 种方法：

- 用“插入”菜单中的“表格”按钮插入简单表格。
- 用“插入表格”菜单插入较复杂的表格。
- 用“绘制表格”菜单绘制表格。

### 1. 使用“插入表格”按钮创建表格

利用“插入表格”按钮创建表格是 3 种方法中最简单的，其操作如下：

① 将光标置于要插入表格的地方。

② 单击“插入”菜单，表格工具栏上的“表格”按钮，打开一个示意网格，如图 3-35 所示。

③ 在示意网格中向右下拖动鼠标指针，当所需的行数、列数满足要求时，释放鼠标左键。得到一张 4 行、4 列的表格，如图 3-35 所示。

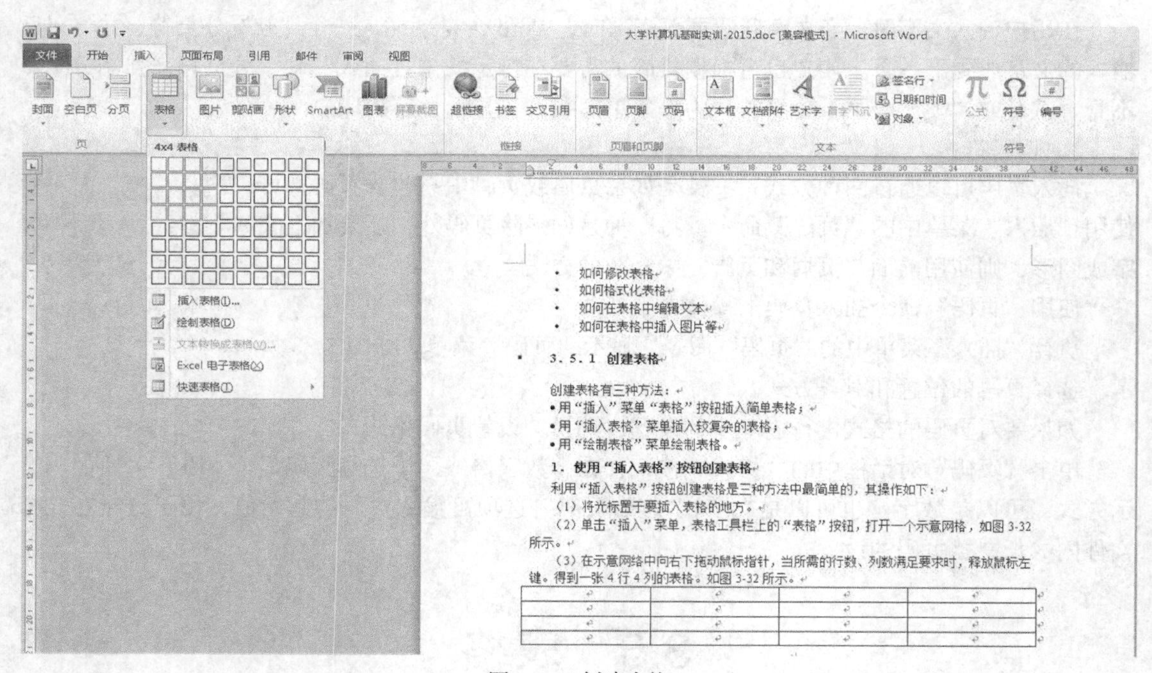


图 3-35 创建表格

### 2. 使用“表格”菜单创建表格

① 将光标置于要插入表格的地方。

② 单击“表格”菜单中的“插入表格”命令，打开“插入表格”对话框，如图 3-36 所示。

③ 设置表格参数，包括：行数、列数、列宽，“自动套用格式”按钮可套用 Word 提供的固有格式。

④ 单击“确定”按钮。

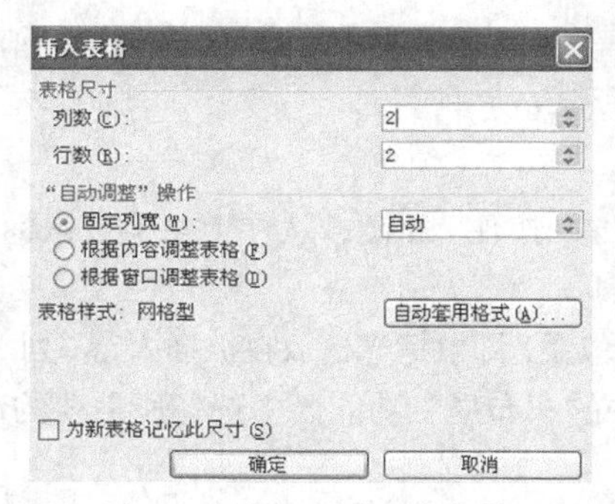


图 3-36　"插入表格"对话框

**3. 绘制自由表格**

对于非常不规则的表格，我们可以采用第三种方法来创建，使用"绘制表格"命令绘制的表格格式更加自由。

使用该工具栏，用户如同拿了"笔"和"橡皮"在屏幕上方便自如地绘制自由表格，见图 3-37。

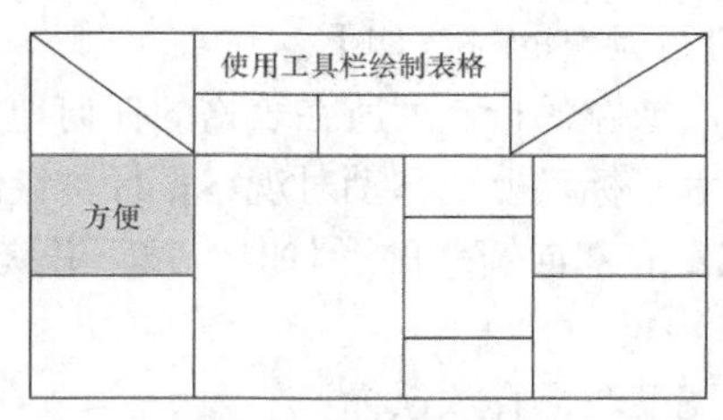


图 3-37　绘制自由表格示例

## 3.5.2　修改表格

修改表格是一项经常性的工作。表格创建完后，往往有一些不太满意的地方，要不断地修改和完善，最终得到满意的效果。表格的修改包括增加或删除表格中的行列、改变行高和列宽、合并和拆分表格或单元格等。

像对文档的操作一样，对表格的操作也必须"先选定，后操作"，所以在此首先讲述表格的选定操作。

**1. 表格选定操作**

在表格中，每一列的上边界、每个表格的左边沿（行或单元格）都有自己的一个不可见的选择条。

（1）选定单元格

移动鼠标到欲选的单元格中，当鼠标移到单元格的选择条时，鼠标指针变为黑色右上箭头，此时单击鼠标可以选定整个单元格的内容；双击鼠标可选定该行的内容。

（2）选定行

将鼠标移到行选择条上，此时鼠标指针变为黑色右上箭头，单击鼠标即可选定表格的行。

（3）选定列

将鼠标移到列选择条上，此时鼠标指针变为黑色的向下箭头，单击鼠标即可选定表格的列。

（4）选定相邻单元格组

要选定单元格组，有两种方法。

① 在要选择的单元格组中左上角按下鼠标，然后拖动鼠标到单元格组的右下角释放鼠标。

② 按住 Shift 键，依次选择各单元格。

（5）选定整个表格

将鼠标移到表格的任何地方，按住 Alt 键，从左上角拖曳鼠标到右下角。

**2. 增加行、列或单元格**

① 定位将要插入行或列的位置，即鼠标光标放在欲插入行（列）的上面（左边）或下面（右边）。

② 在“表格工具”菜单中的“布局”功能区中选择所需要的命令。如图 3-38 所示。

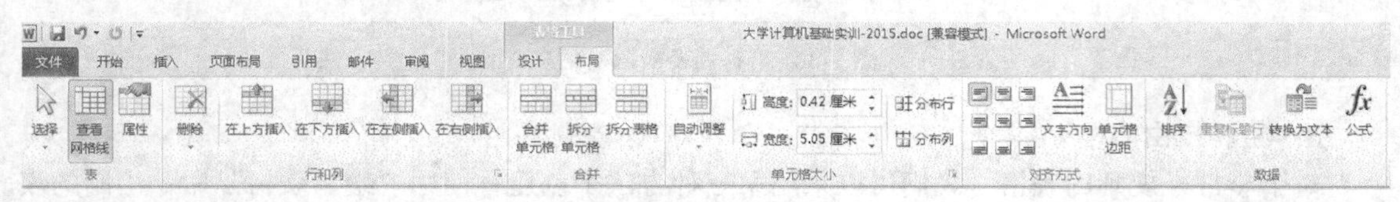


图 3-38　表格工具

**3. 行、列重调**

利用鼠标和标尺对行、列进行调整的方法如下。

① 将鼠标放到要重新设置高或宽的行、列所在表格的任何地方。

② 将鼠标指针移到垂直或水平标尺上，移动时观察鼠标指针的变化。

③ 当鼠标指针变为上下或左右双向箭头的形状时，按下并拖动鼠标，拖动时会显示一条虚线，表示行或列边界的新位置。

④ 拖动到所需要的高度或宽度时，释放鼠标。

如果在拖动标尺上标记的同时按住 Alt 键，会显示行高或列宽的数值。

利用菜单对行、列进行调整的方法：

执行表格菜单下的表格属性命令，打开“表格属性”对话框，如图 3-39 所示。选择上面的参数，可以对表格、行、列及单元格进行调整。

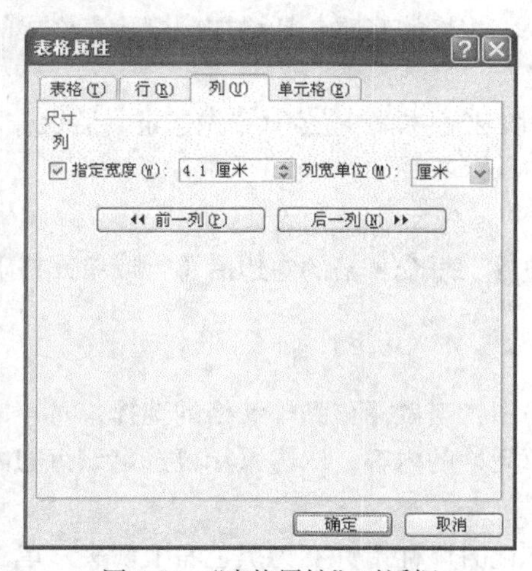


图 3-39　“表格属性”对话框

**4. 单元格的拆分与合并**

拆分单元格指的是将一个单元格分为多个单元格。而合并单元格指的是将多个单元格合成一个单元格。拆分和合并单元格在设计复杂格式的表格中经常使用。

拆分单元格操作如下：

① 选定要拆分的单元格。

② 在“表格工具”菜单中的“布局”功能区中选择拆分单元格命令。打开“拆分单元格”对话框，如图 3-40 所示。

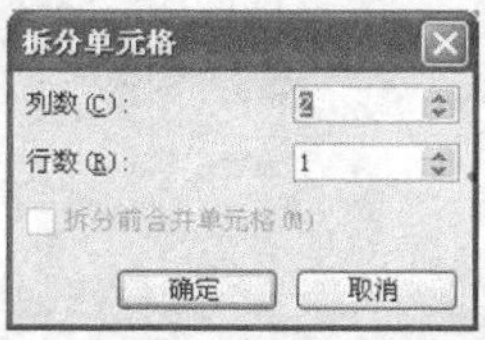

③ 如果选择“拆分前合并单元格”复选框，将在拆分前合并所选单元格，然后将“行”和“列”设置应用于整个所选内容，即列数和行数相乘为拆分后单元格的数目。如果未选择“拆分前合并单元格”复选框，指的是将“行数”和“列数”框中的值分别应用于每个所选单元格，即行数和列数相乘再和选定单元格数目相乘，才是拆分后的单元格数目。

图 3-40 “拆分单元格”对话框

④ 在“列数”编辑框中输入列数，列数不得超过允许的最大值 47。

⑤ 在“行数”编辑框中输入行数，行数不得超过允许的最大值 12。

⑥ 单击“确定”按钮。例如，对图 3-35 表格中左上角的单元格，按图 3-40 所设参数拆分得到如图 3-41 所示的表格。

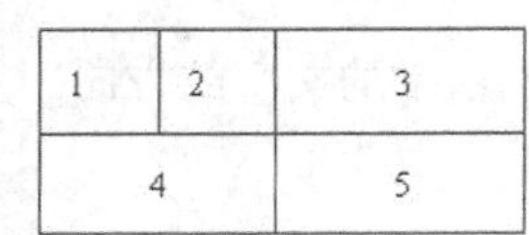


图 3-41　表格示例

合并单元格和拆分单元格是一对逆操作，Word 2010 允许将相邻的两个或多个单元格合并成一个单元格。合并单元格的操作如下：

① 选定要合并的单元格。

② 在“表格工具”菜单中的“布局”功能区中选择“合并单元格”命令。

执行上述操作后，Word 就删除选定单元格之间的边界，合并成一个新的单元格，并将原来单元格的宽度和作为当前单元格的列宽，将原来单元格的文本合并作为新单元格中单独的段。

**5. 拆分表格**

拆分表格，指的是在指定行的位置处，将表格分解为上下两个表格。操作如下：

① 将光标定位于要拆分表格的位置，也就是说放在要成为拆分后第二个表格第一行的任意单元格中。

② 在“表格工具”菜单中的“布局”功能区中选择“拆分表格”命令。

如果要使拆分后的表格放在两页上，可在拆分表格后，将光标放在两个表格中间的空行上，再按“Ctrl+Enter”组合键。这样拆分的表格就放在两页上，同时没有改变表格的边界和格式信息。

## 3.5.3 表格文本编辑

**1. 输入文本**

在表格中移动、输入和编辑文本，基本上同文档的其他正文一样：使用鼠标或方向键来定位光标，然后像普通文本那样输入。单元格的边界作为文本的边界，当输入的内容达到单元格的右边界时，文本将自动换行，行将自动调整行高，以容纳输入的内容。在表格中输入的内容可以是普通文本，也可以是图片。

**2. 单元格中的文本排列**

单元格中文本的方向可以不同（横排或竖排），根据不同的方向，还有相应的对齐操作。

（1）文字方向

单元格中的文字方向包括文字走向和字符方向，二者结合形成 5 种文字方向，分别为水平走向垂直字符、垂直走向垂直字符、下上垂直走向翻转字符、上下垂直走向翻转字符和水平走向翻转字符。图 3-42 显示了 5 种文字方向的效果。

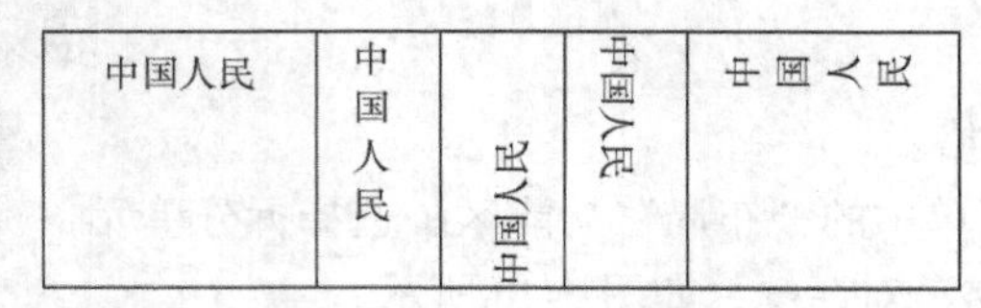

图 3-42　文字方向

要设置单元格中文字的方向，执行如下操作：

① 选定需要设置文字方向的单元格、行、列或整个表格。

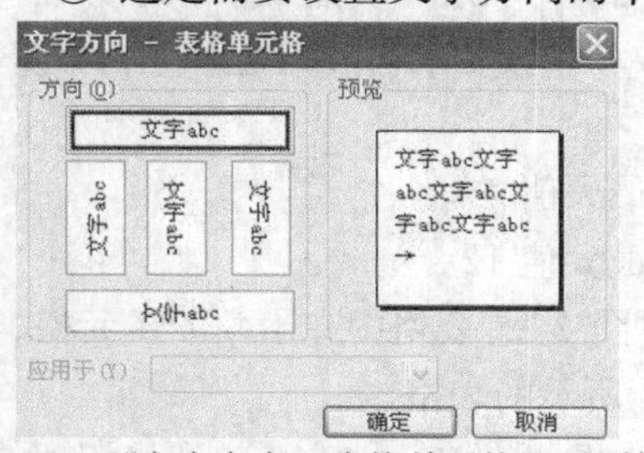


图 3-43　“文字方向—表格单元格”对话框

② 单击鼠标右键，打开一个快捷菜单。

③ 执行“文字方向”命令，打开“文字方向—表格单元格”对话框，如图 3-43 所示。或执行“格式”菜单中的“文字方向”命令。

④ 在“方向”选项组中选择单元格中的文字的方向。

⑤ 单击“确定”按钮。

（2）对齐方式

对齐方式是指单元格中文字相对单元格的位置。根据单元格中的文字走向，文字对齐方式自然也有两种情况。对水平走向的文字，提供垂直位置的对齐方式，即顶端对齐、垂直居中和底端对齐。而对垂直走向的文字，则提供水平位置的对齐方式，即左对齐、水平居中和右对齐。

要设置单元格中的文字对齐方式，执行如下操作：

① 选定要进行对齐操作的单元格。

② 单击鼠标右键，打开一个快捷菜单。

③ 选择“单元格对齐方式”命令，显示一个级联菜单，如图 3-44 所示。

④ 选择所需要的对齐命令。

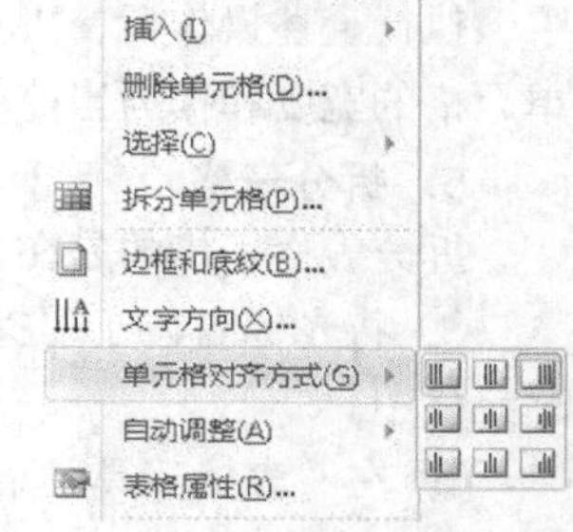


图 3-44　对齐方式菜单

# 3.6　图形

Word 之所以成为一个优秀的文字处理软件，最大的特点是能够在文档中插入图形，实现图文混排。

在 Word 2010 中使用的图形有：Windows 提供的大量图形文件，在剪辑库中包含的图片，通过“绘图”工具绘制的自选图形、艺术字等，这些可以直接插入到 Word 的文档中并进行编辑。

## 3.6.1　绘制图形

在 Word 文档中可以利用“插入”→“形状”工具栏绘制图形。单击“插入”菜单中的“形状”命令，再从级联菜单中选择各种图形进行绘制。如图 3-45 所示。

### 1. 绘制自选图形

Word 提供了一套现成的基本图形，可以在文档中方便地使用这些图形，并可对这些图形进行组合、编辑。

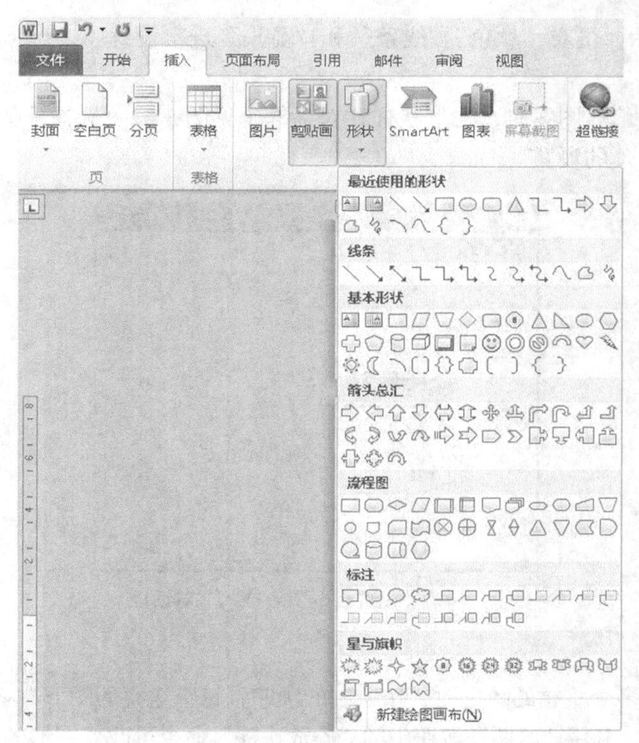


图 3-45　插入形状绘制图形

绘制自选图形的操作如下：

① 单击“形状”按钮，显示其菜单，如图 3-45 所示。

② 选择所需要的类型及该类型中所需的图形。

③ 将鼠标指针移到要插入图形的位置，此时，鼠标指针变成十字形，拖曳鼠标到所需的大小。如果要保持图形的高度和宽度成比例，在拖曳时按住 Shift 键。

**2. 在自选图形中加文字**

在自选图上（直线和任意多边形除外）添加的文字可以进行字符格式的设置，也随着图形的移动而移动。

操作方法：用鼠标右键单击要添加文字的图形对象，从快捷菜单中选择“添加文字”命令，Word 会自动在图形对象上显示文本框，然后进行文字的输入。

**3. 设置自选图形格式**

我们绘制的图形边线是黑色的，中间用白色填充。为了美化图形，可对图形进行填充、边线等格式的设置。选择绘制的图形，切换到绘图工具功能区，如图 3-46 所示。

图 3-46　绘图工具

（1）设置线型、虚线类型和箭头类型

对自选图形所用的线形、粗细和箭头的大小及形状，可通过绘图工具选择形状样式，弹出对话框，如图 3-47 所示，可对“颜色”“线条”和“箭头”进行设置。

（2）填充图案

要对绘制的图形填充图案时，在形状样式对话框（见图 3-47）选择“颜色和线条”标签，进行填充色、图案、纹理的设置。

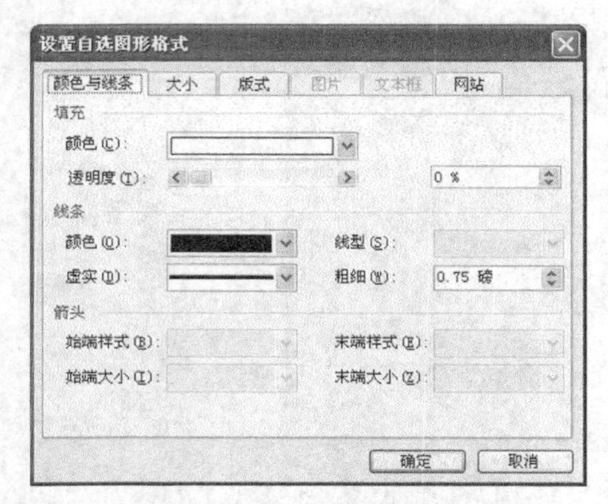


图 3-47 “设置自选图形格式”对话框

**4. 叠放次序**

当在文档中绘制多个重叠的图形时，按绘制的顺序，每个重叠的图形有叠放次序，最先插入的在最下面，见图 3-48。利用“绘图”按钮中的“叠放次序”命令可改变图形的叠放次序，见图 3-49。

要改变某个图形的叠放次序，只要选定该图形，选择“叠放次序”的级联菜单的某一项命令即可。

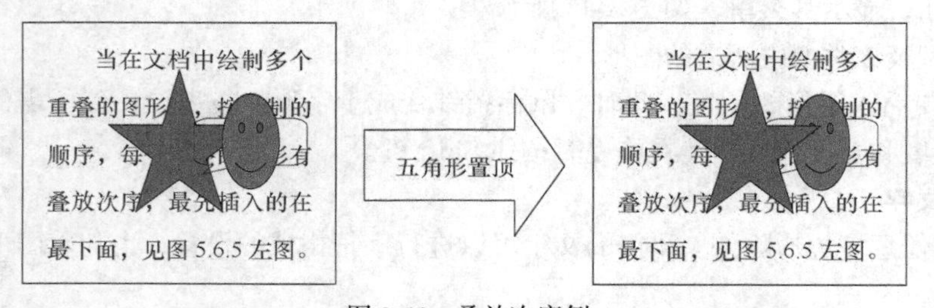


图 3-48 叠放次序例

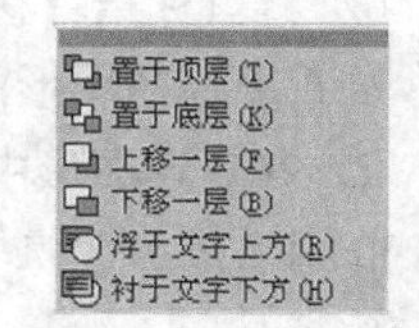


图 3-49 叠放次序菜单

## 3.6.2 插入图形

在 Word 的文档中，除了可以绘制图形外，还可以插入图片。图形插入在文档中的位置有两种：浮动式和嵌入式。

浮动式图片插入在图形层，可在页面上精确地定位，并可将其放在文本或其他对象的前面或后面；嵌入式图片直接放置在文本的插入点处，占据了文本处的位置。浮动图片和嵌入图片可相互转换。在默认情况下，Word 将插入的图片作为嵌入图片。

**1. 插入剪贴画**

Office 2010 提供了一个剪辑库，它包含大量的剪贴画、图片、声音和动画剪辑。用户在“剪贴画”对话框中搜索关键字，即可得到对应的剪贴画，或者直接单击搜索，会获得所有的剪贴画，如图 3-50 所示。

图 3-50　“剪贴画”对话框

插入剪贴画按以下操作进行：

① 将光标置于要插入图片的位置。

② 单击“插入”菜单中的“剪贴画”命令，打开“剪贴画”任务窗口，如图 3-50 所示。

③ 单击要插入的剪贴画。

执行上述操作后，选定的剪贴画就可以插入到文档中。

如果对剪贴画的大小不满意，可以选定该剪贴画后，将鼠标移至剪贴画的 8 个控点处，待鼠标变成两头都为箭头的形状，按住鼠标左键，拖动鼠标可以改变剪贴画的大小。

**2. 插入图形文件**

假设用户所需的图形已存储在文件中，就可以使用插入图形文件的方法将图形加入文档中。

图形文件的插入按以下操作进行：

① 将光标置于要插入图片的位置。

② 单击“插入”菜单中的“图片”命令，出现“插入图片”对话框，如图 3-51 所示。

图 3-51　“插入图片”对话框

③ 在所列图形中选择要插入的图形文件，或在“文件名”框中输入要插入的图形文件名。

④ 单击“插入”按钮。

## 3.6.3 设置图形的格式

一般情况下，很少能一次就可得到完全符合要求的图形，只有不断地修改才能得到满意的结果。对插入的图形可进行缩放、移动、裁剪、文字环绕等设置图片的格式。Word 还提供了设置图形格式的工具栏，如图 3-46 所示。

**1. 移动图形**

① 选定图形：在图形的任意位置单击鼠标，图形四周出现 8 个控点，该图形被选中。

② 当鼠标的指针为十字箭头形状时，拖动鼠标，可以看到一个虚线框，表示图形的位置，当到达满意的位置时，释放鼠标。

**2. 缩放图形**

① 选定图形。

② 将鼠标指针指向某一个控点时，鼠标指针变为双向箭头，拖曳鼠标就可改变图片的大小。鼠标指针指向 4 个角的某个控点时，拖动鼠标可按长宽比例缩放图形。

**3. 裁剪图形**

① 选定图形。

② 单击“图片”工具栏的“裁剪”按钮，鼠标指针变成裁剪形状。

③ 鼠标指向某一控点，按住鼠标左键，朝图片内部移动，剪裁掉相应的部分。

要对图片更精确地缩放和裁剪，可以通过菜单命令来设置。操作如下：

① 选定图形。

② 单击“图片工具”栏中的“大小”按钮，显示“设置图片格式”对话框，如图 3-52 所示。

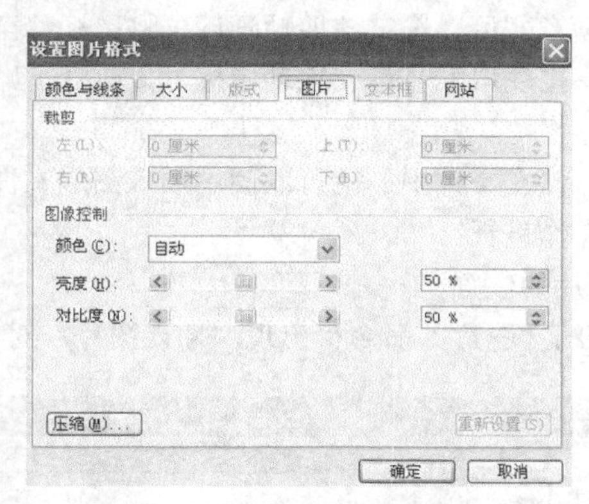


图 3-52 “设置图片格式”对话框 1

③ 在“图片”标签裁剪栏的上、下、左、右 4 个方向输入以厘米为单位的值进行裁剪。

同样，可在该对话框的“大小”标签“缩放”栏输入高度和宽度的百分比值进行图片的缩放。

图形的复制、删除操作，与文本的复制、删除操作方法相同，在此不再介绍。

**4. 改变图片位置和环绕方式**

① 选定图形。

② 单击“图片工具”栏的“大小”按钮，弹出“设置图片格式”对话框，如图 3-52 所示。

③ 在“版式”标签选择所需要的环绕形式，如图 3-53 所示。

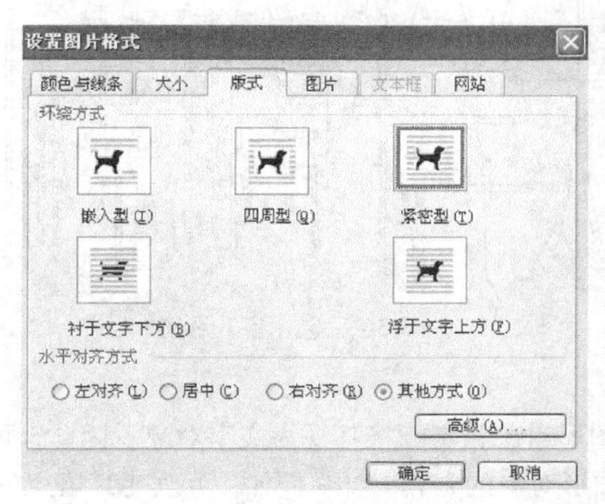


图 3-53　“设置图片格式”对话框 2

**5. 改变图片的颜色、亮度、对比度和背景**

利用“图片工具”栏，使用调整功能区，可以很方便地改变图片的这些特性。也可以通过“设置图片格式”对话框的有关标签来设置这些特性的值。

## 3.6.4　艺术字

恰当地使用艺术字，能弥补纯图形的不足，增强图形的可读性，渲染图形的表现效果。艺术字是一种特殊的图形，是以图形的方式来展现文字。所以，对图形的一些操作也适合于艺术字，如移动、缩放和裁剪等。

**1. 插入艺术字**

用“插入”工具栏的“艺术字”工具可生成具有特殊效果的文字，如阴影、斜体、旋转和拉伸等。然而，在大纲视图中无法显示艺术字对象，也不能对其进行拼写检查。

插入艺术字按如下的步骤操作。

① 单击“插入”工具栏上的“艺术字”按钮，出现“艺术字库”菜单，如图 3-54 所示。

② 选择所需的特殊效果，单击“确定”按钮，出现“编辑‘艺术字’文字”对话框，如图 3-55 所示。

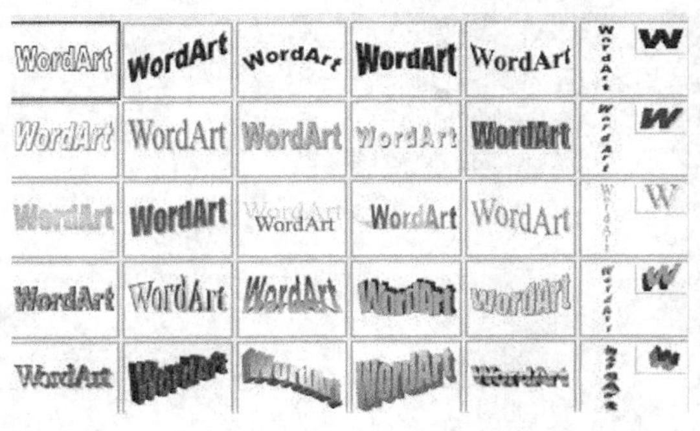

图 3-54　艺术字库

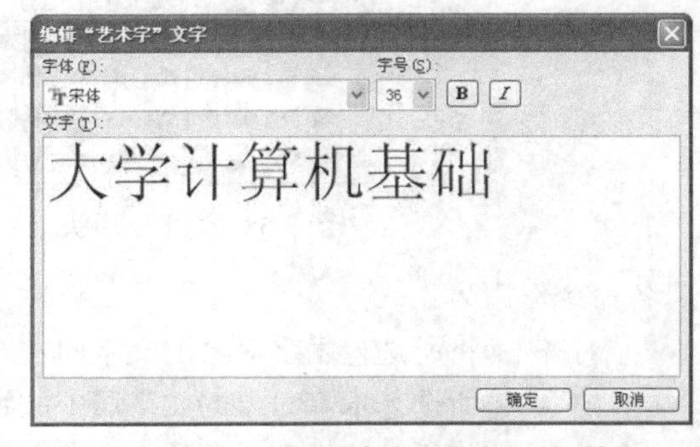


图 3-55　“编辑‘艺术字’文字”对话框

③ 在“编辑‘艺术字’文字”对话框中，输入要显示的文字，例如输入“大学计算机基础”，设置字体和字号，以及所需的其他选项，单击“确定”按钮。可看到图 3-56 所示的艺术字。

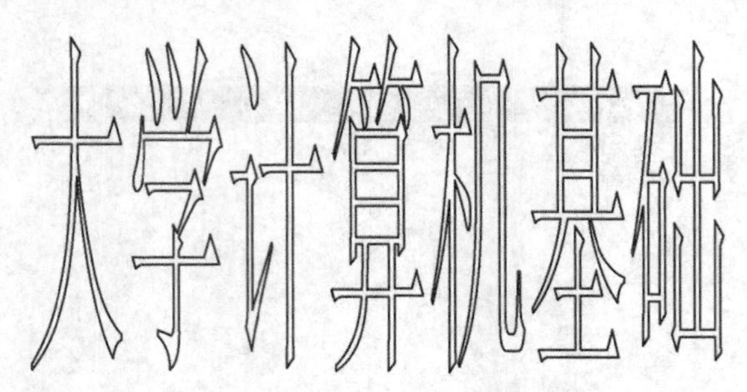


图 3-56 “艺术字”示例

### 2. 修改艺术字

艺术字对象实际上是图形对象，不能将其视为文字对象。因此，可以用“艺术字工具”改变一个艺术字对象，与改变图形对象的方式一样。例如，可改变其填充色、线型、阴影或三维效果。具体操作如下。

① 选中要更改的艺术字，打开“艺术字工具”菜单。如图 3-57 所示。

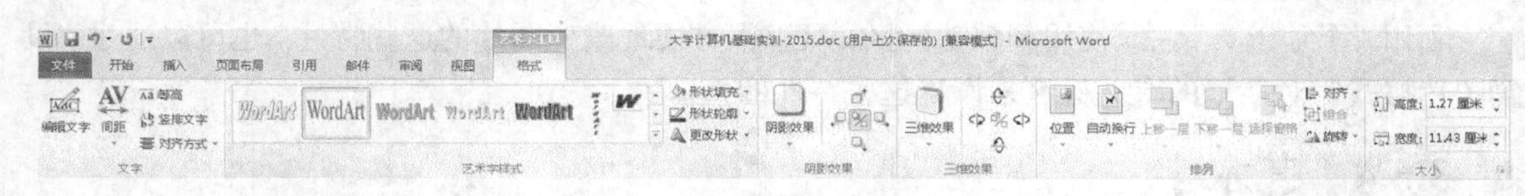


图 3-57 艺术字工具

② 利用“艺术字工具”格式功能区修改艺术字效果。

艺术字作为一种特殊的图形，除了可以像编辑普通图形那样修改外，还具有文字编辑的特殊点。限于篇幅，这里只对“艺术字工具”进行简单介绍：

“艺术字形状”按钮：使艺术字产生各种弯曲效果。单击该按钮，出现艺术字形状列表如图 3-58 所示，根据需要选择即可。

“艺术字字母高度相同”按钮：使当前艺术字对象中的所有字符都有相同的高度。

“艺术字竖排文字”按钮：竖直堆放所选艺术字对象中的文字（一个字符在另一个字符的上面）。

“艺术字对齐”按钮：单击出现级联菜单，如图 3-59 所示。

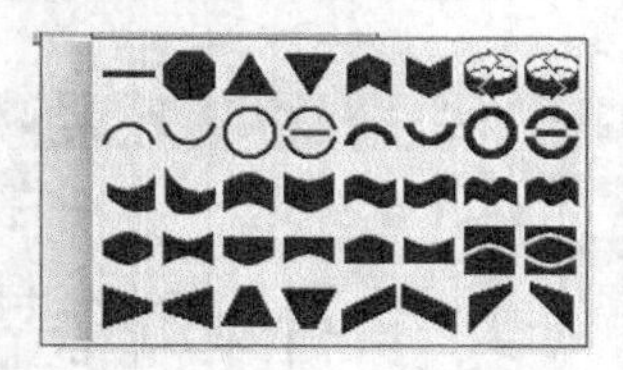

图 3-58 艺术字形状

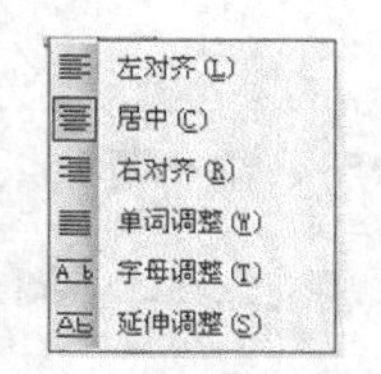


图 3-59 对齐菜单

各命令作用为：

“左对齐”：将所选艺术字对象的文字向左对齐。

“居中”：将所选艺术字对象的文字居中放置。

“右对齐”：将所选艺术字对象的文字向右对齐。

在该级联菜单中还有 3 种调整方式的命令：

“单词调整”：通过分布每个中文汉字或每个英文单词之间（而非每个单词的各个字母之间）的间距，向左右两边对齐或调整所选文字的效果。如果文字效果仅有一个字母，则用字母调整方式。

“字母调整”：只对英文有效。通过分布各个字母之间以及各个单词之间的间距，向左右两边对齐或调整所选文字的效果。

“延伸调整”：通过横向缩放文字，向左右两边对齐或调整所选文字效果。各个字母和单词之间并不添加空格。

“艺术字字符间距”按钮 AV：用以设置各字符间的距离，单击出现级联菜单，包括如下命令：

“很紧”：将文字效果中的字符非常紧密地放在一起。这是最紧凑的字符间距设置方式。

“紧密”：将文字效果中的字符紧密地放在一起。

“常规”：文字效果采用常规字符间距形式。

“稀疏”：文字效果中的字符之间添加额外的空格。

“自定义”：键入一个从 1～499 的百分数，此百分数用来调整所选艺术字对象中的字符间距。

“自动缩紧字符对”：自动调整字距或某些字符组合间的空格数，使全体单词看上去平等分配间距。字距调整仅对 True Type 或 Adobe Type Manager 字体有效。

### 3.6.5　文本框

文本框是将文字、表格、图形精确定位的有力工具。在前面图形的操作中，我们已看到图形周围可以环绕文字，也可以在页面上自由移动，但这只是以图形为对象的定位。如果要使图形和文字一起进行图文混排，就要用到文本框和绘图画布（图文框）。文本框和图文框如同容器，任何文档中的内容，不论是一段文字、一个表格、一幅图形或者它们的混合物，只要被装进这个方框，就如同被装进了容器，可以随时被鼠标带到页面的任何地方并占据地盘，还可以让正文从它的四周环绕。它们还可以很方便地进行缩小、放大等编辑操作。

同其他的图形对象一样，文本框也只有在页面显示模式下工作，才能看到效果。

**1. 插入文本框**

插入文本框的操作：

① 单击“插入”菜单中的“文本框”按钮。

② 在文本框中输入文本，将文本框移到要放置的地方。

**2. 编辑文本框**

文本框是图形对象，可以用图形的格式设置操作相似的方法对其进行操作，利用“文本框工具”菜单中的各种命令，对其进行颜色、线条、大小、版式、位置等设置。图 3-60 是设置文本框格式的功能区。

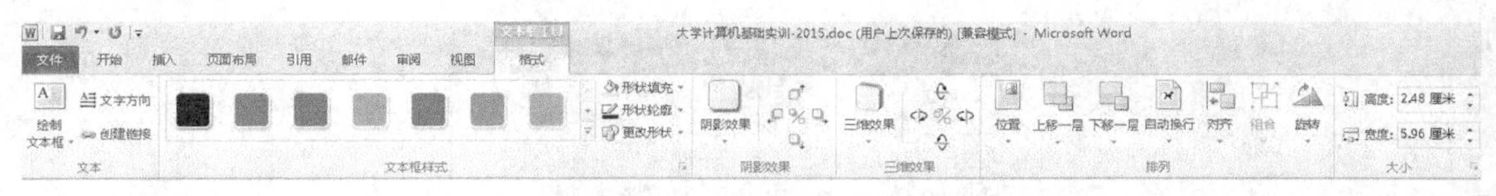


图 3-60　文本框工具

将两个以上的文本框链接起来，文档中可以有多个链接的文本框组，每个链接文本框组可以包括多个文本框。文本框链接起来后的效果是上一个文本框装不下的文字将出现在下一个文本框的顶部。文本框可以按任意的顺序链接，而不必按其页面或插入顺序。

创建链接文本框按以下操作进行：

① 先在文档中需要的地方分别插入独立的文本框，再选定第一个文本框。

② 单击鼠标右键，打开一个快捷菜单，选择“创建文本框链接”命令。鼠标变成一个向下

箭头的直立茶杯状。

③ 移动鼠标到链接顺序的第二个文本框上（该文本框必须是空框）并单击，则两个文本框之间建立了链接。

④ 要链接下一个文本框，可单击要链接的前一个文本框，然后重复①、②操作。直至所有需要链接的文本框全部链接起来形成一个文本框组。

注意　每个文本框仅有一个前向和后向的链接。可以断开两个文本框的链接，方法如下：选定第一个文本框，单击“断开前向链接”，则第二个文本框内容为空，原内容回到第一个文本框中。

### 3.6.6 水印

我们可以在某些文档的背景设置一些隐约的文字或图案，这称为“水印”。制作水印有 3 种方法：通过“页眉和页脚”和文本框结合制作，使文档的每一页都有水印；通过图形的层叠制作，使文档的某一页有水印；通过使用页面布局菜单的水印命令，使文档的每一页都有水印。

**1. 利用页眉和页脚与文本框制作水印的操作**

① 执行“插入”菜单中的“页眉”或“页脚”命令。

② 插入一个空的文本框。

③ 在文本框中输入作为水印的文字、图形等内容。

④ 单击“页眉和页脚”工具栏的“关闭”按钮，水印制作完毕。在文档的每一页将看到水印的效果。

**2. 利用图形的层叠制作水印的操作**

① 将作为水印的图形插入文档。

② 选中图形，选择“图片工具”栏的“重新着色”按钮的“冲蚀”命令，使图形呈暗色。

③ 选择“环绕”按钮的“无环绕”命令，正文穿越图形显示。

④ 选中图形，单击右键，选择快捷菜单的“叠放次序”命令，在其级联菜单中选择“置于文字下方”命令，水印制作完成。

**3. 利用页面布局菜单的水印命令制作水印的操作**

① 执行“页面布局”菜单的“水印”命令，在其级联菜单中选择水印样式，或者选择自定义水印，弹出“水印”对话框，如图 3-61 所示。

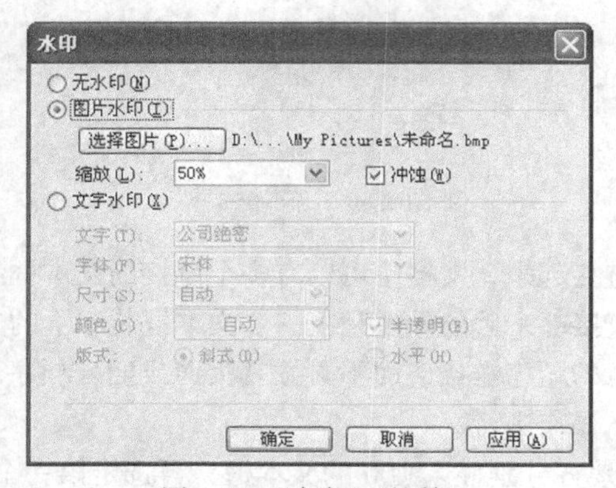


图 3-61 “水印”对话框

② 如果用图片作为水印，选择“图片水印”，选择图片，单击“应用”或“确定“按钮；如果用文字作为水印，选择文字水印，选择给出的文字，单击“确定”或“应用”按钮。

# 3.7 在Word文档中插入外部对象

对于Word的基本功能，我们已有所了解。Word是一个文字处理软件，它的功能也只能局限在一个范围内，而用户在Word文档中想要做的事情有可能不仅限于此，那么能否在Word文档中插入其他应用软件制作的数据呢？这就是本节中所要介绍的如何在应用程序间共享数据。例如，在Word文档中插入由其他软件制作的电子表格、图片、统计图形、数学公式、声音等，这样就能在Word中借助其他软件的功能，丰富Word文档的内容。

## 3.7.1 对象的链接与嵌入

用户可以利用对象链接与嵌入（Object Linking and Embedding，OLE）技术在Word文档中插入已由Office应用程序或其他任何支持OLE技术的应用软件创建的全部或部分数据，也可以创建新的对象，然后把它们插入Word文档中。提供插入的文档称为“源文档”，接受插入对象的文档称为“目标文档”。插入对象的方式有“链接”和“嵌入”两种方式。链接与嵌入的主要区别在于数据插入文件后存放的位置和更新的方式不同。如果采用链接方式，只在目标文档中插入源文档的指针（指向其所在位置），而不是源文档的内容。两者之间通过该指针建立起联系，即所谓的“链接”。因此，当更改源文档的内容时，目标文档的内容将随之更新。如果采用嵌入方式，是将源文档的副本插入到目标文档中，更改源文档内容后，目标文档的内容不会更改，嵌入的对象已成为目标文档自身的一部分。

如何使用OLE技术呢，常用的方法是在“插入”菜单中选取“对象”命令（即插入对象），在其对话框中（见图3-62）会出现所有支持OLE技术的应用程序列表。用户可以根据需要选取一个应用程序，这时会进入该程序的用户界面。接下来就可以利用它制作一个对象，对象制作完成后就可以退出该应用程序而回到Word文档窗口中，而创建的对象就会插入Word文档中。双击对象又可在相应的应用程序中打开并编辑它。

下面通过一个应用程序，即Microsoft公式来体会一下OLE的作用。

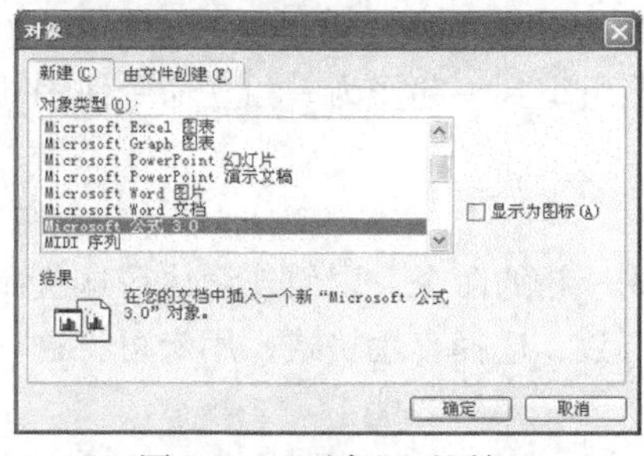


图3-62 “对象”对话框

## 3.7.2 Microsoft公式的使用

在编写论文或一些学术著作时，可能经常会输入一些数学公式，利用Microsoft公式可以在Word文档中加入分数、指数、积分及其他数学符号，而这些是Word功能中所没有的。利用公式编辑器（Microsoft 公式），只要选择工具栏上的符号并键入数字和变量就可以建立复杂的数学公式。当键入公式时，Microsoft 公式根据数字和排版格式的约定，自动调整。具体操作如下。

① 将光标定位于要插入数学公式的位置。

② 执行“插入”菜单中的“对象”命令，显示“对象”对话框。如图 3-62 所示。

③ 在对话框中选择“Microsoft 公式 3.0”选项，单击“确定”按钮，进入 Microsoft 公式工作环境，显示 Microsoft 公式的工具栏和菜单栏，如图 3-63 所示。

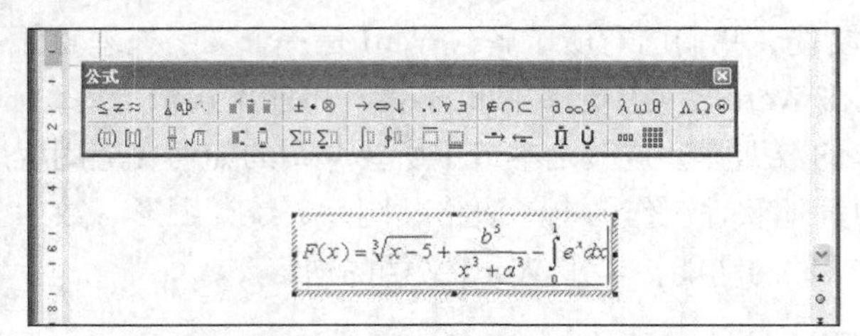


图 3-63 “Microsoft 公式 3.0”工具栏和菜单栏

其中，“公式”工具栏上一行是符号，可插入各种数学字符；下一行是样板，有一个或多个空插槽，可在其中插入一些数学符号，如开方、积分等。

我们可根据需要在工具栏的符号和样板中选择相应的内容，并输入数字和变量。数学公式建立结束后，在公式区的虚线框外单击鼠标就会返回到 Word。插入的公式成为文档中一个独立的对象，类似插入的一张图片。可以用前面介绍的图形处理方法对数学公式进行各种图形编辑操作。

下面就是通过上述步骤完成的数学公式：

$$F(x)=\sqrt[3]{x-5}+\frac{b^5}{x^3+a^3}-\int_0^1 e^x\,\mathrm{d}x$$

# 3.8 Word 的更高级使用

在这里介绍宏的作用及宏的使用技巧，包括录制宏，运行宏，编辑宏，利用宏创建按钮、快捷键或菜单，宏的保存复制删除及更名，用宏修改 Word 菜单命令，自动执行宏等。

## 3.8.1 宏的使用

什么是宏？所谓宏，就是能组织到一起作为一独立命令使用的一系列命令或操作。使用宏可以满足如下需求：

### 1. 组合命令

将 Word 的若干命令组合成一新的命令，以便连续执行这些命令。例如制作表格经常要如下操作：插入表格、选择列宽及行数、选择套用格式，用宏可将这一系列表格操作一次完成。

### 2. 创建按钮和快捷键

按钮或快捷键是快速操作的基础，可以简化菜单命令对话框的操作。例如“文件”菜单的“新建”命令与工具栏上的“新建”按钮。使用宏可以将菜单命令对话框的操作中经常使用的选项或命令操作变成一个按钮或快捷键。

### 3. 自动执行命令

在进入、退出 Word 时或者在打开、关闭文档时，可自动执行一系列的命令，例如进入 Word

时希望自动打开一个基于表单模板而不是通用模板的文档。

还有许多利用宏的地方，这里不再叙述。总之，使用宏可以扩展 Word 的功能。

尽管有了需求，可能有些人还是担心，我们又不会编制程序，怎样编制和使用宏呢？其实这丝毫不需担心，只要你会使用 Word 进行所需要功能的操作，就能编制出所需要功能的宏！并可以很方便地将其指定到按钮、快捷键及菜单上！

## 3.8.2 宏的录制、运行

### 1. 录制宏

尽管你可能不会编制程序，但 Word 提供了一个类似录音机的功能，使你可以将所进行的各种 Word 操作自动录制下来，而形成宏，这就是所谓的“宏录制器”。其使用方法非常简单，如下所述。

宏的录制方法如下。

① 双击状态栏上的“录制”二字；或者执行“工具”菜单的“宏”命令，然后单击“录制”按钮，进入录制宏对话框。

② 在录制宏对话框的“录制宏名”输入框中键入一个宏的名字。

每一个所编制的宏都应指定一个唯一的名字，名字中不要用空格、逗号或句号。开始时 Word 会推荐一个名字，可以使用也可以重新键入一个名字。

③ 如果想对编制的宏加一个说明性的信息，可在“说明”框中键入说明信息。如果将宏指定到菜单或工具栏按钮，而且当用鼠标指向该按钮或菜单时，该说明信息将出现在状态栏中。“说明”信息最多允许键入 255 个字符。

④ 如果编制的宏将要用按钮来执行，可选择“工具栏”按钮；如果希望该宏通过菜单或快捷键来执行，可选择“菜单”或“快捷键”；否则可直接执行下一步。

⑤ 如果当前文档选用了其他的非共用模板，在“宏有效范围”框中可选择将宏保存在哪个模板中。

⑥ 单击“确定”按钮。此时屏幕上出现了“宏录制”工具条，上面有两个按钮（停止录制和暂停录制）。并且当鼠标指针在文本编辑区时，鼠标指针伴随一个“磁带”图案，表明现在处于录制状态。此时在编辑区中不能用标鼠移动插入点，而只能用盘键移动，但可以用鼠标去执行任何 Word 操作命令（按钮、菜单以及对话框等）。

⑦ 像平时一样进行各种操作。此时执行的每一操作，Word 都会将其录制到宏中。你可以执行欲保留到宏中的一系列操作。

⑧ 如果录制过程中想暂时停止，可单击“暂停录制”按钮。如果暂停后希望接着录制，可再次单击该按钮，即可接着进行录制。

⑨ 选择下列某一操作结束录制状态：再次双击状态栏的“录制”按钮；或者单击“停止录制”按钮。

### 2. 运行宏

如果要经常使用某一个宏，可将其安排到某个按钮、某个菜单或为其指定一个快捷键，以后单击该按钮、菜单或按该快捷键，便可很容易地执行宏。

如果只是偶尔运行一下所编制的宏，可如下操作：

① 执行“工具”菜单的“宏”命令。

② 在“宏名”框中键入或在其下面的列表中选择要执行的宏的名字。

如果所要执行的宏的名字不存在，则可打开“有效范围”列表，选择保存该宏的模板。如果还是没有，可能是保存该宏的模板没有装入，可执行“文件”菜单的“模板”命令中的“选用”模板。

③ 单击“运行”按钮，Word 将自动执行该宏中所有已录制好的操作命令。

利用该方法，也可运行任何一个 Word 的内部命令，只要在“有效范围”列表中选择“Word 命令”选项。

# 习　题

1. 简述 Word 2010 的功能。
2. 如何建立一个 Word 文档？
3. 如果编辑文件是新建文件，则不管执行“文件”菜单的“保存”命令或“另存为”命令，都将出现——对话框。
4. 简述查找与替换的功能。
5. 如何打开查找对话框？
6. 简述“剪切”命令、“复制”命令和“粘贴”命令的作用。
7. 对所选文本，执行“剪切”命令和“复制”命令的区别是什么？
8. Word 有几种视图方式？各视图之间如何切换？
9. 简述对 Word 文档进行排版主要包括哪些内容。
10. 若想强行分页，执行——对话框的——命令。
11. 在一页的各个段落进行多种分栏，如何操作？
12. 文本框的作用是什么？
13. 在“草稿”视图模式下，能否看到文本框的实际情况？
14. 什么是水印？简述制作水印的方法。
15. 在 Word 文档中插入外部对象有几种方式？并简述它们之间的区别。

# 上机实验

## 实验一　文档的基本操作

**一、实验目的**

1. 掌握 Word 文档的建立、保存与打开。
2. 掌握一种汉字的输入方法。
3. 掌握选定文本内容的操作。
4. 掌握文本的编辑。
5. 掌握文本的查找、替换与英文校对。
6. 掌握文档不同的显示方式。

**二、实验内容**

1. 在 U 盘或某个硬盘（如 D:）建立一个文件夹（例如：文件夹的名字为“word 练习”），输入以下内容，并以“WT1.DOC”为文件名保存在这个新建的文件夹“word 练习”中，然后关闭该文档，后续内容中的当前文件夹都指这个新建的文件夹。

九十年代初期，计算机开始进入国内的家庭，它能对相关的文字 text、数据 data、表格 table、图形 picture 等进行处理。当时人们对计算机在家庭中的作用认识还比较肤浅，当时的厂家基本上都是通过牺牲计算机的性能来最大限度地降低产品价格，让一般的家庭能够承受。

计算机在家庭可以扮演家庭教师，利用计算机可以更好地教育子女，激发学习的兴趣、提高学习成绩。您可以将不同程度、不同学科的教学软件装入到计算机中，学习者可以根据自己的程度自由安排学习进度。

计算机应用最重要的变革就是实现了办公自动化。计算机进入家庭，使得办公室里的工作可以在家中完成。您可以将办公室里的一些文字工作拿回家中，利用计算机进行文书处理，利用计算机与异地计算机进行联网通信，您还可以利用您的计算机接受、发送传真……以获得更多的信息。

（1）打开所建立的文档“WT1.DOC”，在文本的最前面插入一行标题：家用电脑。

（2）将文中“扮演家庭教师”改为“充当家庭教师”，并将文本中最后一句话“以获得更多的信息，”移到“您还可以利用您的计算机接受、发送传真……”的前面。

（3）在文本的最后另起一段，输入以下内容，并以“WT11.DOC”保存文件。

多媒体进入家庭，使得利用家用计算机进行娱乐的种类更加多样化，比如：可以利用计算机建立家庭影院、家庭卡拉 OK 中心、家庭影蝶中心、利用家用计算机玩游戏等等。

计算机在家庭中还可以充当家庭秘书的角色，可以利用计算机来管理家庭的收入、支出，对家庭财产进行登记；计算机可以提供飞机航班、火车时刻表、重要城市的交通路线，以便家庭随时查询。

（4）将“WT11.DOC”文件中的最后两段复制到文件“WT1.DOC”中的相同位置。

（5）将文件“WT1.DOC”中最后两段的位置互换。

（6）将文件“WT1.DOC”中所有正文中的“计算机”替换为“电脑”，并利用拼写检查功能检查所输入的英文单词是否有拼写错误，请将其改正。

（7）以不同的显示方式显示文档。

（8）将文档以“W1”开头，后跟你的学号为文件名另存到U盘上。

保存好该文件，后面实验还用。以下各题相同。

2. 输入以下内容，并以“WT2.DOC”为文件名保存在当前文件夹中，然后关闭该文档。

键盘是我在操作电脑时最常用到的标准输入设备，虽然它只起到向计算机存储器输送字符和命令的作用，可它的学问还真不少。

键盘的内部有一块微处理器，它控制着全部工作，比如主机加电时键盘的自检、扫描、扫描码的缓冲以及与主机的通讯等等。当一个键被按下时，微处理器便根据其位置，将字符信号转换成二进制码，传给主机和显示器。如果操作人员的输入速度很快或 CPU 正在进行其它的工作，就先将键入的内容送往内存中的键盘缓冲区，等 CPU 空闲时再从缓冲区中取出暂存的指令分析并执行。

按照按键方式的不同键盘可分为接触式和无触点式两类。接触式键盘就是我们通常所说的机械式键盘，它又分为普通触点式和干簧式。普通触点式的两个触点直接接触，从而使电路闭合，产生信号；而干簧式键盘则是在触点间加装磁铁，当键按下时，依靠磁力使触点接触，电路闭合。与普通触点式键盘相比，干簧式键盘具有响应速度快，使用寿命长，触点不易氧化等优点。无触点式键盘又分为电容式、霍尔式和触模式三种。其中电容式是我们最常用到的键盘类型，它的触点之间并非直接接触，而是当按键按下时，在触点之间形成两个串联的平板电容，从而使脉冲信号通过，其效果与接触式是等同的。电容式键盘击键时无噪音，响应速度快，但要比机械式键盘重一些，而且价格也较高。

按照代码转换方式键盘可以分为编码式和非编码式两种。编码式键盘是通过数字电路直接产生对应于按键的 ASCII 码，这种方式目前很少使用。非编码式键盘将按键排列成矩阵的形式，由硬件或软件随时对矩阵扫描，一旦某一键被按下，该键的行列信息即被转换为位置码并送入主机，再由键盘驱动程序查表，从而得到按键的 ASCII 码，最后送入内存中的键盘缓冲区供主机分析执行。非编码式键盘由于其结构简单、按键重定义方便而成为目前最常用的键盘类型。

鼠标又名滑鼠、电子鼠，是 60 年代由史坝福研究所开发的产品。鼠标的使用使电脑操作显得更加灵活和便当。现在鼠标越来越重要，许多软件都支持它。

按其结构，可把鼠标分三类：机械式、光电式和机械光电式。机械式和机械光电式的原理相似：内有一个小滚球。机械式是由接触来得到信号的，而机械光电式是以光断续器来得到信号。光电式则配有一块反射板。由于它采用光反射原理，所以稳定、耐用，但那特殊垫板一失去，鼠标就不能动弹了。

鼠标有三个操作的动作：按一下，快速按两下和按住拖着走。现在市场上还出售无尾鼠标（遥控鼠标）以及一些鼠标的变种，如轨迹球、笔式鼠标等。

另外，购买鼠标时，还要注意插口问题，一般组装机是梯形插口，而原装机多使用的是 PS/2 的圆形插口。

（1）打开所建立的“WT2.DOC”文件，在文本的最前面插入一行标题：小键盘大学问；在“目前最常采用的键盘类型。”下面插入如下的内容，并保存：

关于键盘的学问还有很多，不过对于绝大多数电脑爱好者来说，掌握以上这些关于键盘的知识就足够了，这对于我们更好地选购、使用、修理和维护键盘是非常必要的。

（2）在上述插入内容的下面插入一行标题：鼠标浅谈。

（3）将文章“小键盘大学问”中所有的“电脑”替换为“计算机”。

（4）以不同的显示方式显示文档。

（5）将文件“WT2.DOC”以“W2”开头，后跟你的学号为文件名另存到文件夹“word 练习”中。

3. 输入以下内容，并以“WT3.DOC”为文件名保存在当前文件夹中，然后关闭该文档。

**Microsoft office**

世界最流行的办公集成应用软件 Microsoft office 首开办公集成软件之先河，深受广大用户的钟爱，至今青睐有加。它将极富特色的应用程序有机地集成到一起，浑然天成，而且更胜一筹。所有这一切归结为最根本的一点：Microsoft office 使您可以方便地极尽软件所能，集中精力处理事务。

两种不同版本的集成程序均荟萃了出色的工具，Microsoft Office for Windows 95 标准版包括 Microsoft Excel、Microsoft Word 和 Microsoft PowerPoint。Microsoft Office for Windows 95 专业版，除上述程序外还包括 Microsoft Visual FoxPro。

Microsoft Office 在智能感知技术领域划时代的创新，使您能够更多地参与软件的运作，充分发挥工具的强大功能。

由于 OfficeLinks 的卓越表现，您可以将与项目有关的所有信函、报告、电子表格及其他文档，放置与单独的“Office 活页夹”中，存取更为方便。体现了集成的显著功效。

Microsoft Word 97 具备了您撰文拟稿时所需要的一切功能，而且使用起来非常轻松便捷。您可以利用这些功能创建出外观颇具专业水准的文档，以书面形式或者通过 Internet 或 Internet 共享信息。从信函到 Web 页工具栏可在文档、文件和网络节点间闲庭信步般漫游。

利用新增的绘图工具可制作出三维效果、阴影、多色填充、纹理和曲线，使您的图形引人入胜。

审阅者可以在不修改原文档的情况下在适当位置添加批注。

“信函向导”可节省您的时间和精力。它会自动为您的信函设置格式并插入日期和地址,您还可以通过 Office 助手得到提示和快捷方式。

拼写检查和语法检查可在您撰写的过程中校对文档，用下划线标出错误并提出更正建议。

绘制表格就像您在纸上用铅笔画表一样简单，大小和形状各异的列、行和单元格可以恰到好处地容纳您的数据。

（1）打开“WT3.DOC”文件，将第二段文本中所有的“程序”替换为“软件”，并利用英语拼写检查功能检查所输入的英文单词有否拼写错误，如果存在拼写错误，请将其改正。

（2）以不同的显示方式显示文档。

（3）将文档的后五段在文档的最后复制一遍。

（4）将文件“WT3.DOC”以“W3”开头，后跟你的学号为文件名另存到 U 盘中。

4. 输入以下内容，并以“WT4.DOC”为文件名保存在当前文件夹中，然后关闭该文档。

WordStar（简称为 WS）是一个较早产生并已十分普及的文字处理系统，风行于 20 世纪 80 年代，汉化 WS 在我国曾非常流行。

1989 年香港金山电脑公司推出的 WPS（Word Processing System），是完全针对汉字处理重新开发设计的，在当时我国的软件市场上独占鳌头。

1990 年 Microsoft 推出的 Windows 3.0，是一种全新的图形化用户界面的操作环境，受到软件开发者的青睐，英文版的 Word for Windows 因此诞生。1993 年，Microsoft 推出 Word 5.0 的中文版，1995 年，Word 6.0 的中文版问世。

（1）打开所建立的“WT4.DOC”文件，在文本的最前面插入一行标题：文字处理软件的发展。然后在文本的最后另起一段，输入以下内容，并保存文件。

随着 Windows 95 中文版的问世，Office 95 中文版也同时发布，但 Word 95 存在着在其环境下保存的文件不能在 Word 6.0 下打开的问题，降低了人们对其使用的热情。新推出的 Word 97 不但很好地解决了这个问题，而且还适应信息时代的发展需要，增加了许多新功能。

（2）将正文第三段最后一句“……增加了许多新功能。”改为“……增加了许多全新的功能。”。

（3）在文本的最后另一段，复制标题以下的四段正文。

（4）将后四段正文中所有的“Microsoft”替换为“微软公司”，并利用拼写检查功能检查所输入的英文单词是否有拼写错误，如果有，请将其改正。

（5）以不同的显示方式显示文档。

（6）将文件“WT4.DOC”以“W4”开头，后跟你的学号为文件名另存到 U 盘中。

5. 输入以下内容，并以“WT5.DOC”为文件名保存在当前文件夹中，然后关闭该文档。

一　松鼠坐在山洞的洞口打字。狐狸跳到他的面前：“我要吃了你！”松鼠说：“别忙，等我把学士论文打完！”

狐狸很奇怪：“什么学时论文？”

“我的论文是《松鼠为什么比狐狸更强大》。”松鼠一本正经地说。

狐狸大笑起来：“这太可笑了，你怎么比我强大！”

松鼠仍然一本正经：“不信你跟我来，我证明给你看。”他把狐狸领进山洞，狐狸再也没出来。

松鼠继续在洞口打字。狼跳到他的面前：“我要吃了你！”松鼠说：“别忙，等我把学士论文打完！题目是《松鼠为什么比狼更强大》。”

狼大笑起来：“你怎么敢说自己比我强大！”

“真的，我可以证明给你！”松鼠领着狼走进山洞，狼再也没有出来。

松鼠继续在洞口把他的论文打完，然后拿着论文走进山洞，交给一头打着饱嗝狮子。

论文的标题是什么并不重要，论文的内容也不重要，重要是：论文的导师是谁。

二　一头狮子早上醒来，自我感觉好极了，力量和骄傲充满了他的身心。他开始在丛林里游荡。

狮子首先遇到一只兔子。他向兔子大吼：“谁是丛林之王？”兔子战战兢兢地说：“是你，狮子老爷！”

狮子又遇到一只猴子。他向猴子大吼：“谁是丛林之王？”猴子用颤抖的声音说：“是你，狮子老爷！”

然后狮子又遇到一只大象。狮子向大象狂吼："谁是丛林之王？"

大象没有回答，用长鼻卷起狮子，在大树的树干上敲打了十几次，又把狮子摔在地上，几乎把他踏成一张狮毛地毯，然后扬长而去。

灰头土脸的狮子跳起来，对着大象背影大吼："虽然你不知道答案，可也用不着恼羞成怒！"

（1）打开所建立的"WT5.DOC"文件，分别将文本中"一"、"二"后面的文本另起一行。

（2）在文本的最前面插入一行标题：丛林哲学（二则）。

（3）将"一"文本中所有的"松鼠"替换为"兔子"。

（4）检查并修改文本中的输入错误。

（5）以不同的显示方式显示文档。

（6）将文件"WT5.DOC"以"W5"开头，后跟你的学号为文件名另存到U盘。

6. 输入以下内容，并以"WT6.DOC"为文件名保存在当前文件夹中，然后关闭该文档。

**恒星演化**

研究恒星演化大都以研究恒星内部产生能量的过程为基础。因此，由于人们所能观测到的只是恒星表面发射出来的光，所以关于恒星演化的研究就释然多半是理论上的工作。

恒星目前状态（其实是恒星发出光时所处的状态，这些光只是现在才到达我们地面）的观测资料，使我们能够了解恒星的某些结构的特征。根据得到的这些信息，天文学家再运用有关物质和能量的普通知识，去推测恒星的内部情况：它们的温度、密度、压力和化学组成。尔后他必须从理论上对具有一定特征的恒星进行计算，以确定它们会如何使核能转变成热能和辐射能。他还要探索解释恒星形成的一些途径。

在解释恒星演化的假说中比较成功的都是假定整个恒星成气态。为能更好地认识恒星，我们应当先研究以下气体形状所遵循的规律。

（1）打开所建立的"WT6.DOC"文件，在文本的最后另起一段，输入以下内容，并保存文件。

当队恒星演化建立起好像是令人满意的假说之后，必须对它们用更多的观测结果加以检验。根据这些假说无疑能作出某些预见。若预见被观测事实所证实，那么这些驾驶就更会为人所接受。另外，观测资料也可以证明假说不正确，这时，天文学家则必须另寻新的假说。但是，由于在上述过程中每一步都会有所收益，故他就不要总从零开始了。

（2）将文本的第三段和第四段互换位置。

（3）对照原文检查和修改文本的输入错误（如果有）。

（4）用不同显示方式显示文档。

（5）将文件"WT6.DOC"以"W6"开头，后跟你的学号为文件名另存到U盘。

7. 输入以下内容，并以"WT7.DOC"为名保存在当前文件夹中，然后关闭该文档。

**21世纪人类信息世界的核心**

——电子商务（E-Business）

1. 电子商务的含义

电子商务顾名思义是指在Internet网上进行商务活动。其主要功能包括网上的广告、订货、付款、客户服务和货物递交等销售、售前和售后服务，以及市场调查分析、财务核计及生产安排等多项利用 Internet 开发的商业活动。

电子商务的一个重要的技术特征是利用 Web 的技术来传输和处理商业信息。因此有人称：电子商务=Web+IT。

电子商务有广义和狭义之分。狭义的电子商务也称作电子交易（e-commerce），主要是指利用 Web 提供的通信手段在网上进行的交易。而广义的电子商务包括电子交易在内的利用 Web 进行的全部商业活动，如市场分析、客户联系、物资调配等等，亦称作电子商业（e-business）。这些商务活动可以发生于公司内部、公司之间及公司与客户之间。

2. 电子商务的网络计算环境

目前，已有三种不同但又相互密切关联的网络计算模式：因特网（Internet）、企业内部网（Intranet）和企业外部网（Extranet）。对绝大多数人来说，首先进入的是因特网。企业为了在 Web 时代具有竞争力，必须利用因特网的技术和协议，建立主要用于企业内部管理和通信的应用网络，这就是“企业内部网”（Intranet）。而各个企业之间遵循同样的协议和标准，建立非常密切的交换信息和数据的联系，从而大大提高社会协同生产的能力和水平，就是“企业外部网”（Extranet）。这三种计算模式在电子商务中各有各的用途。

（1）打开所建立的文件“WT7.DOC”，将小标题的“1、2、”换成“●”。

（2）在最后输入“图 1.1 就充分说明了这一点。”，然后另起一行输入以下内容。

由图 1.1，我们不难发现电子商务不仅仅是买卖，也不仅仅是软硬件的信息，而是在 Internet、企业内部网（Intranet）和企业外部网（Extranet），将买家与卖家、厂商和和合作伙伴紧密结合在了一起，因而消除了时间与空间带来的障碍。

（3）以不同的显示方式显示文档。

（4）将文件“WT7.DOC”以“W7”开头，后跟你的学号为文件名另存到 U 盘。

8. 输入以下内容，并以“WT81.DOC”为文件名保存在当前文件夹中，然后关闭该文档。

据 Forrester 公司预计，今年美国网络成交的电脑相关产品、旅游、娱乐和礼品鲜花金额共计近 9 亿美元，占全部金额的 78%。其他市场调研公司的分析意见，与此也比较接近，各类电子产品在网络上的销路可能都看好，全美电子产品配销商协会的调查结果称，42%的电子配销商已在 Internet 上设置主页，开展发定单、议价、发货通知、追踪订货等商业活动。

（1）输入以下内容，并以“WT82.DOC”为文件名保存在当前文件夹中，然后关闭该文档。

网上商店应该与邮购商、电视购物商一样，要为消费者退货提供最大的方便。不同商店还根据自己的实力，确定上网商品。Wtelm 的网络店面可以专门销售高档商品，那时因为它是人人皆知和有口皆碑的大公司。而一家刚成立的小公司要想通过网络出售珠宝，就要掂量一下自己有没有足够的信誉度。有些网上商店以商品种类丰富齐全取胜，如一家网络书店经销的图书书目上百万条，这是实际书店无论如何也难以办到的。

网上商店经营的品种通常有：

① 计算机产品

② 旅游

③ 书刊及音像电子产品

④ 消费性产品

（2）打开所建立的“WT81.DOC”文件，在文本的最前面插入一行标题：网上商店。

（3）打开所建立的“WT82.DOC”文件，将“WT81.DOC”文件和“WT82.DOC”文件合并为一个文件，并以“WT8.DOC”为文件名保存，关闭该文档。

（4）打开“WT8.DOC”文件，将文档第一段和第二段互换位置，并将文档最后四行的编号“①②③④”更改为“◆λν♣”项目符号。

（5）以不同的显示方式显示文档。

（6）将文件“WT8.DOC”以“W8”开头，后跟你的学号为文件名另存到 U 盘。

9. 输入以下内容，并以“WTT.DOC”为文件名保存在当前文件夹中，然后关闭该文档。

我敢说，没有人注意过教室内的座位问题，我却令有己见。

先说前排座位。坐前排，在老师的眼皮下，你能自在得起来吗？小嘀咕、小动作，无遮无拦，“一览无余”。有的老师检查背诵，总爱从第一排开始，所以他们常常得第一个“实践”，后面的同学特别感激他们这种“造福后人”的精神。坐第一排的本是班级的小个子，如有见到个不小的坐在第一排，保证是班主任重点控制的对象。

靠窗的位子相当于“包厢”，听课累了可靠着墙，特舒畅，好惬意。他们掌握着电灯开关和窗户的使用权，你要招惹他，大热天开一个小通风口，自己“自得其乐”，却闷你一身汗，非得要你赔笑说好话不可。他们还肩负“望风”的重任，常常以一句“老师来了”，能让人声鼎沸的教室顿时“万籁俱寂”，这时他们就显示出异常得意的样子。

中间的座位是“风水宝地”。这里聚集了不少“四眼哥”、“四眼妹”。他们眼观六路、耳听八方，是班级的消息灵通人士。他们掀起一波又一波的热浪。这一阵是古龙、金庸，下一阵是黎明、林志颖。课桌下的地下通道常互通有无地传递着一盒磁带、一张画片、甚至一瓶可乐。他们里的某一堆儿常常莫名其妙地爆发出一阵笑，引得前排的人回头去看。

略逊色于“包厢”的是后两排座位。这里的人平均身高一米七，发育特别好。班级的“体育明星”、“脊梁”都在这里。也有犯了错误被“发配”到这里的，不过总是一坏搭一好，很符合生态平衡的原则。

说了那么多座位的事，其实还都是次要的。“只要是金子，在哪里都闪光”，朋友，你说是吗？

（1）打开所建立的文件“WTT.DOC”，在最前面插入一行插入标题：座位。并在文档的最后另起一行输入以下内容，然后关闭该文档。

**寻找乐趣**

在失败中寻找乐趣。失败是人生中经常遇到的，也是人生中必不可少的。人生就像五味瓶，有“甜”，也有“苦”。当“苦尽甘来”的时候，人们才感到世界的美好，因为他们已脱离了“黑暗”。因此，失败能让人懂得如何去珍惜和拥有。失败也是一个炼钢炉，铁多炼才能钢，人多经失败的磨炼，才能“居高临下”地面对困难，取得根本的优势，“失败”其实是在朦胧后的乐趣。

今天，老师给我们读了一篇文章。有一句话说：“一匹马断了腿，仍然能活着，但作为一匹马活在世上，还有什么意义呢？”而题目就是《你不能失败》。听后，我深感到世间的残酷。一个人如果他不是胜利的，那么他肯定是失败的。毕竟，“一山只容一虎”，何况我们这些五十多亿人呢？那些成功的伟人们，也只不过是“人海”里的一“滴”。那些失败的人们常苦笑说：“人出生以哭开始，死时以别人哭声结束，多么悲惨。”所以，你如果把胜利、失败看得比什么都重要，那你简直将无法生存。因此，你应当去寻找人生乐趣。

在努力中寻找乐趣。人们都希望成功，并定会为了理想而努力，虽然结果是不平衡的。但在人们努力中，每个人所盼望的、所在乎的、所凝聚的心血是一样的。所以，她给予人同样的机遇。在努力中，成功的希望在你脑海中回荡，你也在认真地做些事情，无愧我心，坚持到最后，不论胜与败，你是为自己而骄傲的，这种感觉是十分快乐的。“努力”其实是沉默的乐趣。

在大自然中寻找乐趣。生命，是大自然赐给生物最珍贵的礼物。在大自然中，那新鲜的空气，蓝色的天空，变幻的云彩，以及周围的绿树鲜花，使你感受到无忧的安逸和无比的自由。有时，大自然的大大小小的故事，也都蕴藏着哲理。如果你能把它们“拣”起来，留在心里，那它们便是生命的真谛。“大自然”其实是神圣的乐趣。

在友情中寻找乐趣。有人说：“人是为了情，才降生到这个世上”。而且我觉得，在这众“情”之中，最真挚无暇的便是友情了。朋友，人人都能做朋友，朋友对对方也是无所求的。但在关键时刻，友情则能使朋友们“有福同享，有难同当”，它还组成了我们的民族，我们的国家，甚至这个世界。它也使“团结”成为“力量”的重要标志。“友情”其实是透明的乐趣。

在生活中寻找乐趣。每天，人们都重复着复杂而有规律的生活。有些人大概已经厌倦了。但我们真该认真地想想，在这里，生活给我们带来了吃的、喝的、体育、舞蹈、电影、音乐、甚至成功、失败等我们所做的一切都包含在生活中。生活也许是走完我们一生的唯一途径，它也是一种精神与时间的奥妙。如果你能了解其中的奥妙，那么人生对你来说，就像是宇宙一样，是无限的。“生活”，就是乐趣。

朋友，笑一笑吧！哭是我们的本能，笑是我们学会的。

（2）打开文件“WTT.DOC”，将其分为两个文件：短文《座位》存入文件“WT9.DOC”；《寻找乐趣》存入文件“WT10.DOC”中。然后，关闭文件。

（3）打开文件“WT9.DOC”，将第三段和第四段互换位置，并将其以“W9”开头，后跟你的学号为文件名另存到U盘。

（4）打开文件“WT10.DOC”，将第一段和第二段互换位置，并将其以“W10”开头，后跟你的学号为文件名另存到U盘。

10. 输入以下内容，并以“WT11.DOC”为文件名保存在当前文件夹中，然后关闭该文档。

我不知道他们给了我多少日子；但我的手确乎是渐渐空虚了。在默默里算着，八千多日子已经从我手中溜去；像针尖上一滴水在大海里，我的日子滴在时间的流里，没有声音，也没有影子。我不禁头涔涔而泪潸潸了。

燕子去了，有再来的时候；杨柳枯了，有再青的时候；桃花谢了，有再开的时候。但是，聪明的，你告诉我，我们的日子为什么一去不复返呢？——是有人偷了他们吧：那是谁？又藏在何处呢？是他们自己逃走了吧：现在又到了哪里呢？

去的尽管去了，来的尽管来着；去来的中间，又怎样地匆匆呢？早上我起来的时候，小屋里射进两三方斜斜的太阳。太阳他有脚啊，轻轻悄悄地挪移了；我也茫茫然跟着旋转。于是——洗手的时候，日子从水盆里过去；吃饭的时候，日子从饭碗里过去；默默时，便从凝然的双眼前过去。我觉察他去的匆匆了，伸出手遮挽时，他又从遮挽的手边过去，天黑时，我躺在床上，他便伶伶俐俐地从我身上跨过，从我脚边飞去了。等我睁开眼和太阳再见，这算又溜走了一日。我掩着面叹息。但是新来的日子的影儿又开始在叹息里闪过了。

在逃去如飞的日子里，在千门万户的世界里我能做些什么呢？只有徘徊罢了，只有匆匆罢了；在八千多日的匆匆里，除徘徊外，又剩些什么呢？过去的日子如轻烟，被微风吹散了，如薄雾，被初阳蒸融了；我留着些什么痕迹呢？我赤裸裸来到这世界，转眼间也将赤裸裸的回去吧？但不能平的，为什么偏要白白走这一遭啊？

你聪明的，告诉我，我们的日子为什么一去不复返呢？

（1）打开“WT11.DOC“文件，在文本的最前面插入一行标题：匆匆；在插入一行副标题：朱自清。

（2）将文本的第一段和第二段互换位置。

（3）在文本的最后另起一段，复制文本的后两段。

（4）将其以“W11”开头，后跟你的学号为文件名另存到U盘。

11. 输入以下内容，并以“WT12.DOC”为文件名保存在当前文件夹中，然后关闭该文档。

**最后一锤**

有一个专打铜锣的铺子。那个工匠师傅已近七十岁了，还每天坚持掌锤。他的两个儿子虽然已干了十几年，但每当到了锣心的时候，他们就停止了。这个时候，他们把锤子交给父亲，由父亲完成最后的一锤。

我不明就里，问老者。老者说，这锣心的一锤与周边的锤法都不一样，锣心以外的每一锤都只是准备，最后的一锤才是定音的，或清脆悠扬，或雄浑洪亮，都因这一锤而定。这一锤打好了，就是好锣，要打得不轻不重，恰到好处。否则，这只锣就报废了。

我恍然大悟，难怪古语有“一锤定音”之说呢，原来出处在这里。

不论多么优质的铜材，不论剪裁的尺寸多么合理，也不论一开始打了多少锤这都不是最重要的，重要的是最后关头的断然一击。这分量深浅恰到好处的最后一锤，是一只锣成功的关键。

人生中最重要的，就是最后关头的断然一击啊。

生活中有很多人所缺少的，就是这断然一击的气魄和能力。遭受了很多磨难，吃了不少苦头，做了足够的准备，可是在跨出一步就成功的时候，却徘徊不决，于是就与成功擦肩而过了。

开始的准备是必要的但更重要的是学会把握最后一锤的本领，到了关键时刻，就毫不犹豫地断然一击，出手干净利落恰如其分，人生的成功便在其中了。

（1）打开“WT12.DOC”文件，检查并修改文本中的输入错误。

（2）以不同的显示方式显示文档。

（3）将其以“W12”开头，后跟你的学号为文件名另存到U盘。

12. 输入以下内容，并以“WT13.DOC”为文件名保存在当前文件夹中，然后关闭该文档。

书籍好比食品，有些只须浅尝，有些可以吞咽，只有少数需要仔细咀嚼，慢慢的品味。所以，读数只要读其中一部分，读数只须知其梗概，而对于少数好书，则要通读、细读，反复读。读数可以改进人性，而经验又可以改进知识本身。人的天性犹如野生的花草，求知学习好比修剪移栽。

记忆的目的是为了认识事物原理。为挑剔辩驳去读数是无聊的。但也不可过于迷信书本。读数的目的不是为了吹嘘炫耀，而应该是为了寻找真理，启迪智慧，有的书可以请人代读，然后看他的笔记摘要就行了。但这只应限于不太重要的议论和质量粗略的书。否则这本书将像已被蒸馏过的水，变的淡而无味了！读数使人充实，讨论使人机敏，写作则能使人精确。

因此，如果有人不读数又想冒充博学多知，他就必须很狡黠，才能掩饰无知。如果一个人懒于动笔，他的记忆力就必须强而可靠。如果一个人要孤独探索，他的头脑就必须格外锐利。读数使人明知，读数使人聪慧，演算使人精密，哲理使人深刻，道德使人高尚，逻辑修辞使人善辩。

（1）打开“WT13.DOC”文件，在文本的最前面插入一行标题：书籍。然后关闭文档。

（2）打开文件，将文本中所有的“读数”替换为“读书”。

（3）检查并修改文本中的输入错误。

（4）以不同的显示方式显示文档。

（5）将其以“W13”开头，后跟你的学号为文件名另存到U盘。

13. 输入以下内容，并以“WT14.DOC”为文件名保存在当前文件夹中，然后关闭该文档。

**数学思想漫谈**

数字素以精确严密而著称，可是在数字发展的历史中，仍然不断地出现矛盾以及解决矛盾的斗争，从某重意义上讲，数字就是解决一些问题，问题不过是矛盾的一种形式。

有些问题得到了解决，比如任何正整数都可以表示为四个平方数之和。有些问题至今没有得到解决，比如，哥德巴赫猜想，任何大偶数都可以表为两个素数之和。我们还很难说这个命题是对还是不对。因为随便给一个偶数，经过有限次实验总可以得出结论，但是偶数有无穷多，你用毕生精力也不会验证完。也许你能碰到一个很大的偶数，找不到两个素数之和等于它，不过即使这样，也难以断言这种例外的偶数是否有有限多个，也就是某一个大偶数之后，上述哥德巴赫猜想成立。这就需要证明。而证明则要用有限的步骤解决涉及无穷的问题，借助于计算机完成的四色定理的证明，首先也要把无穷多种可能的地图归结成有限的情形，没有有限，计算机也是无能为力的。因此看出数字永远回避不了有限与无穷这对矛盾。可以说这是数字矛盾的根源之一。

矛盾既然是固有的，它的激烈冲突，也就给数字带来许多新内容，新认识，有时也带来革命性的变化。把二十世纪的数字同以前整个数字相比，内容不知丰富了多少，认识也不知深入多少。在集合论的基础上，诞生了抽象代数学、拓扑学、泛函分析与测度论。数理逻辑也兴旺发达，成为数字有机整体的一部分。古代的代数几何、微分几何、复分析现在已经推广到高维，代数数论的面貌也多次改变，变得越来越优美而完整。

一系列经典问题圆满地得到解决，而新问题、新成果层出不穷，从未间断。数字呈现无比兴旺发达的景象，而这正是人们在同数字中的矛盾斗争的产物。

（1）打开“WT14.DOC”文件，将文本中所有的“数字”替换为“数学”。

（2）检查并修改文本中的输入错误。

（3）以不同的显示方式显示文档。

（4）将其以“W14”开头，后跟你的学号为文件名另存到U盘。

14. 输入以下内容，并以“WT15.DOC”为文件名保存在当前文件夹中，然后关闭该文档。

两个同龄的年轻人同时受雇于一家店铺，并且拿同样的薪水。可是叫呵诺德的小伙子青云直上，而那个叫布鲁诺的却仍在原地踏步。对此布鲁诺很不满意老板的不公正待遇。终于有一天他到老板那儿发牢骚了。老板一边耐心地听着他的抱怨，一边在心里盘算着怎样向他解释清楚他和呵诺德之间的差别。

“布鲁诺先生，”老板开口说话了，“您到集市上去一下，看看今天早上有什么卖的。”布鲁诺从集市上回来向老板汇报说，今早到现在集上只有一个农民拉了一车土豆在卖。

“有多少？”老板问。

布鲁诺赶快戴上帽子又跑到集市上，然后回来告诉老板一共有 40 袋土豆。

“价格是多少？”

布鲁诺又第三次跑到集上问来了价钱。

“好吧，”老板对他说，“现在请您坐到这把椅子上一句话也不要说，看看别人怎么做。”

老板让人叫来了呵诺德，也叫他去集市看看有什么卖的。呵诺德很快就从集市上回来了，并汇报说到现在为止只有一个农民在卖土豆，一共有 40 袋，价钱是多少多少；土豆质量很不错，他带回来一个让老板看看；这个农民一个钟头以后还会弄来几筐西红柿，据他看价格非常公道。昨天他们铺子的西红柿卖的很快，库存已经不多了。他想这么便宜的西红柿老板肯定会要进一些的，所以他不仅带回了一个西红柿做样品，而且把那个农民也带回来了，他现在正在外面等回话呢。

此时老板转向了布鲁诺，说：“现在您肯定知道为什么呵诺德的薪水比您高了吧？”

（1）打开“WT15.DOC”文件，在文本的最前面插入一行标题：差别。然后关闭文档。

（2）打开文件，检查并修改文本中的输入错误。

（3）以不同的显示方式显示文档。

（4）将其以“W15”开头，后跟你的学号为文件名另存到 U 盘。

15. 输入以下内容，并以“WT16.DOC”为文件名保存在当前文件夹中，然后关闭该文档。

一位住在山中茅屋修行的法师，有一天趁夜色到林中散步，在皎洁的月光下，突然自悟了不同寻常的感觉。

他喜悦地走回住处，眼见到自己的茅屋遭到小偷的光顾，找不到任何财物的小偷要离开的时候在门口遇见了法师。原来，法师怕惊动小偷，一直站在门口等待，他知道小偷一定找不到任何值钱的东西，早就把自己的外衣脱掉拿在手上。

小偷遇见法师，正感到错愕的时候，法师说：“你走老远的山路来探望我，总不能让你空手而回呀！夜凉了，你带着这件衣服走吧！”说着，就把衣服披在小偷身上，小偷不知所措，低着头溜走了。法师看着小偷的背影穿过明亮的月光，消失在山林之中，不禁感慨地说：“可怜的人呀！但愿我能送一轮明月给他。”法师目送小偷走了以后，回到茅屋赤身的打坐，他看着窗外的明月，进入室境。

（1）打开所建立的“WT16.DOC”文件，在文本的最前面插入一行标题：送一轮明月，然后在文本的最后另起一段，输入以下内容，并保存文件。

第二天，他在阳光温暖的抚触下，从极深禅室里睁开眼睛，看到他披在小偷身上的外衣被整齐地叠好，放在门口。法师非常高兴，喃喃地说：“我终于送了他一轮明月！”

（2）在文本的最后另起一段，复制文本的最后一段。将其以“W16”开头，后跟你的学号为文件名另存到 U 盘。

16. 输入以下内容，并以“WT17.DOC”为文件名保存在当前文件夹中，然后关闭该文档。

一种心情，我不知道你可有，什么话也不想说，什么事也不想做，没有激情。入定了！不，没修行啊！用科学俗语说，大约进入到零点，进入到无状态。

怎么办？你或许关心地问。可又想不出一个所以然，甚至一个解决办法。

要紧吗？当然不要紧，凡物成真空状态是最安全的时候，而且无阻于人。光在真空下速度更快，速度慢下来是因为受空气、受大气所阻。

人若有许多话要说，许多气要发，许多事要做，总是好的。但往往许多时候，你说的话等于没说，你发的脾气没用，你做的事是白做了。或很多事，兴致勃勃，兴高采烈，其实是算不得什么的，只不过是自己沾沾自喜罢了！

谁去注意蚂蚁找的东西有多重！

我只是说一种心情，一种你可能懂，但最好你不懂的心情。

可千万别去学这种心态，成事不足，颓废有余，要出于自然，况且有这等心态还得有一定的年龄与不凡的际遇，事事亨通也没这等心态了。

（1）打开“WT17.DOC”文件，在文本的最前面插入一行标题：心境。然后关闭文档。

（2）打开文件，检查并修改文本中的输入错误。

（3）以不同的显示方式显示文档。

（4）将其以“W17”开头，后跟你的学号为文件名另存到U盘。

17. 输入以下内容，并以“WT18.DOC”为文件名保存在当前文件夹中，然后关闭该文档。

**选择防病毒软件**

计算机病菌和防病菌软件总是笼罩在一层神秘色彩之中。他们究竟是什么东西，是怎么产生的，会起到什么破坏作用？

病菌实质上就是一种计算机程序，它们自身可以复制并进行扩散，经常会影响计算机性能或删除数据，从而造成破坏性后果。

☺ 病菌程序的编制者都是那种计算机迷，他们通常都比较年轻，迷失自我，以看到他们制作的病菌广泛传播，赢得骂名为乐。计算机病菌很危险，但它不能依赖自身传播——只有首先执行病菌程序，它才能起到破坏作用。

😐 防病菌软件可以用于检测和清除计算机病菌。它可以保证计算机中的数据不会遭到潜在的破坏，节省人们用于处理病菌侵害的时间。虽然绝大多数防病菌软件可以检测和清除普通的病菌，但却未得到普遍应用或未及时更新病菌特征值文件，导致了病菌的迅速传播。

☹ 在一些大公司的软件库中，管理防病菌软件的工具与实际的防范和清除病菌工作同样重要。绝大多数防病菌产品失败的原因不在于它们不能检测到病菌，而是因为它们非常难于使用和管理。

“国际计算机安全协会（NCSA）”于1996年4月调查了每个的300家大型企业，几乎每一家都报告发现了计算机病菌。同前一年相比已呈急剧上升趋势——而前一年因病菌原因给美国企业所造成的经济损失已高达20亿美元！

（1）打开“WT18.DOC”文件，将文本中所有的“病菌”替换为“病毒”。

（2）检查并修改文本中的输入错误。

（3）将项目符号“☺😐☹”分别用“●○■”替换。

（4）以不同的显示方式显示文档。

（5）将其以“W18”开头，后跟你的学号为文件名另存到U盘。

18. 输入以下内容，并以“WT19.DOC”为文件名保存在当前文件夹中，然后关闭该文档。

在人们的日常生活中，交流信息最常用的方式是信函，信函从发出到最终到达收信人手中，至少要经过六七个过程，这几个过程往往要耗费许多人力（如：邮递员）、物力（如：汽车），而且时间较长，尤其是发往国外的信件，一般要十天半个月。这就是大家熟悉的邮政信箱业务。

电子信箱业务与邮政信箱业务大体相同，但在实现的方法上却有着本质的区别，如果从写信到读信的整个过程完全用计算机来实现，就称为电子信箱业务，详细内容请翻看有电子工业出版社发行的《电子信箱手册》。

那么物理意义上信箱是怎样的一个概念呢？在计算机开辟一块块空间，当用来操作信息时，这一块块空间便被称为"信箱"。它由下面三个部分组成：信件存放区；工作区；归档存储区。

（1）打开"WT19.DOC"文件，在文本的最前面插入一行标题：中国公用电子信箱系统。然后关闭文档。

（2）检查并修改文本中的输入错误。

（3）在第一段和第二段的开始分别插入"✉"和"☎"符号。

（4）以不同的显示方式显示文档。

（5）将其以"W19"开头，后跟你的学号为文件名另存到U盘。

19. 输入以下内容，并以"WT20.DOC"为文件名保存在当前文件夹中，然后关闭该文档。

**网络的发展前景**

如今，我们经常谈论信息高速公路和异步传输模式（ATM）。正如Internet是世界范围内信息交流的一场革命一样，ATM也为高速网络的发展带来了新的途径。

ATM已经是指目可待。世界上许多宽带通讯专家选择ATM是因为它能适应未来通信服务的要求。选择ATM的主要原因是众所周知的，它包括集成化网络、可变带宽和可变距离等。

ATM是新一代的网络。它必将极大地推动网络在科学、医药和教育等领域的应用。例如：在医学图像应用中，允许您对X光片、CAT扫描以及MRI图像进行转换并用数字格式存储。这些图像经常要由几个医生在同一时刻访问。通过网络向这些医生传送数字图像需要很高的带宽，若要支持这些应用，网络必须能够提供高速可靠的数据传输服务。

对于大学来说，借助于ATM的帮助，将"教室"这一定义的外延扩展到远远超出了地理上的界限。通过"远程学习"等应用程序，即使您在千里之外，也可以成为班级的一部分。这样，您根本无需在那里就可以同其他人进行交流。

ATM技术的吸引力是它的广泛适应性——ATM适用于各种联网问题，从工作组到全球性网络，从针对客户服务器应用的简单点对点通信到复杂的多点广播业务。它能够对多协议终端系统、传统的数据服务以及多媒体业务提供支持。

信元交换（也称为信元中继）是和ATM相关的一般性说法，它兼有分组交换的可调带宽和高速度，以及电路和帧交换固有的低时延。类似于分组交换，ATM利用了将信息分成小段的观点，不过没有使用分组交换的差错校验功能。

不同于分组和帧交换中可变长度分组，ATM的固定程度（53字节）信元具有以下优点：

◆ 数据能够并行地在单一物理链路上传输，ATM业务具有固有的可复用性。

◆ 信元可以通过硬件交换，这将带来更高的吞吐量。而且以后随着处理器性能的提高和成本的大幅度下降，这种技术可以不断地提供更高的性能/价格比。

◆ 在传输 ATM 固定长度信元时，网络能够排定数据的优先顺序。ATM 可以提供确定的（即可预测的）响应时间，这对于时延敏感型业务（如动态视频和音频、或者关键性任务、交互式数据业务）是必需的。

（1）打开“WT20.DOC”文件，检查并修改文本中的输入错误。

（2）以不同的显示方式显示文档。

（3）将其以“W20”开头，后跟你的学号为文件名另存到 U 盘。

## 实验二 文档的排版

### 一、实验目的

1. 掌握字符的格式化。
2. 掌握段落的格式化。
3. 掌握项目符号和编号的使用。
4. 掌握分栏操作。
5. 掌握页面的排版。

### 二、实验内容

1. 将保存在 U 盘上的文档“W1XXXXXXXXX.DOC”（XXX……是你的学号，下同）复制到当前文件夹，按照样文进行如下的排版操作，并将排版后的文档以 WT1 后跟你的学号为文件名另存到 U 盘。

（1）按样文 3-1A，将标题设置为艺术字，式样为艺术字库中的第 1 行、第 4 列。

（2）按样文 3-1A，将正文设为宋体、5 号字，“电脑”二字带下划线。

（3）按样文 3-1A，将正文分为三栏格式。

（4）按样文 3-1A，将正文第一段首字下沉，下沉行数 3 行。

（5）按样文 3-1A，为正文第一段添加灰度为 30%的底纹。

（6）按样文 3-1B 所示位置，插入一个文本框并输入其中内容（该项可在实验四中完成）。

2. 将保存在 U 盘上的文档“W2XXXXXXXXX.DOC”复制到当前文件夹，按照样文进行如下的排版操作，并将排版后的文档以 WT2 后跟你的学号为文件名另存到 U 盘。

（1）按样文 3-2A，将上一篇文章的标题设置为标题 3 式样，小四号字，居中。

（2）按样文 3-2A，将正文设为楷体、小五号字，“键盘”二字加着重号。

（3）按样文 3-2A，将下一篇文章的标题设置为标题 3 式样，五号字，红色。

（4）按样文 3-2A，将下一篇文章的正文设为隶书、五号字，第一段首字下沉，下沉行数 2 行。

（5）按样文 3-2A，为下一篇文章的正文第一、二段添加灰度为 40%的底纹。

（6）按样文 3-2A，将最后一段分为两栏，并添加浅绿色的底纹及阴影边框。

3. 将保存在 U 盘上的文档“W3XXXXXXXXX.DOC”复制到当前文件夹，按照样文进行如下的排版操作，并将排版后的文档以 WT3 后跟你的学号为文件名另存到 U 盘。

（1）按样文 3-3A，设置页眉和页脚，在页眉左侧输入“办公软件精粹”，字体为斜体，右侧插入页码域，格式为“第 X 页 共 Y 页”或“Page X of Y”。

（2）按样文 3-3A，将标题设置为艺术字，式样为艺术字库中的第 1 行、第 2 列，环绕方式：上下型。

（3）按样文 3-3A，将副标题“世界最流行的办公集成应用软件”字体设为宋体、三号、加粗、右对齐。

（4）按样文 3-3A，将正文设为楷体、五号字，第一段首字下沉，下沉行数 3 行。

（5）按样文 3-3A，为正文第一段（除首字外）添加绿色的底纹。

（6）将后十段分为两栏，并添加蓝色的底纹。

（7）按样文 3-3A，将正文第六段首字下沉，下沉行数 2 行。

（8）按样文 3-3A，将正文第十一段首字下沉，下沉行数 2 行。

4．将保存在 U 盘的文档“W4XXXXXXXXX.DOC”复制到当前文件夹，按照样文进行如下的排版操作，并将排版后的文档以 WT4 后跟你的学号为文件名另存到 U 盘。

（1）按样文 3-4A，将标题设置为标题 3 式样、居中，并将标题中“文字处理”四个字设置为绿色，字符间距设置为加宽 5 磅、文字提升 7 磅、加上着重号；将标题中“软件的发展”设置为二号字，然后为标题添加灰度为 30%的底纹和 1/2 磅的双线边框。

（2）按样文 3-4A，将正文第一段设置为楷体、四号字，首字下沉，下沉行数 2 行；为该段中的“文字处理”几个字添加 3 磅的单线边框；然后设置该段的最后一句话“汉化的 WS 在我国曾非常的流行”为三号字、加粗，字符间距设置为加宽 3 磅，文字提升 7 磅，加上着重号。

（3）按样文 3-4A，将第二、第三、第四段设为宋体、五号字，英文字体设置为 Arial；将第四段中的所有英文字母设置为加粗倾斜、小四号、加下划波浪线；将二、三、四段分为两栏，栏宽 17.55 字符、栏间距 4.55 字符。

（4）按样文 3-4A，将正文第五、六、七段与前后的正文各空三行，并给这三段加上红色、五号的菱形项目符号，文字位置缩进 0.7 厘米。

（5）按样文 3-4A，将最后一段正文分成三栏，偏左，栏宽分别为 12.06 字符、间距 2.02 字符，中间加分隔线。

5. 将保存的文档“W5XXXXXXXXX.DOC”复制到当前文件夹，按照样文进行如下的排版操作，并将排版后的文档以 WT5 后跟你的学号为文件名另存到 U 盘。

（1）按样文 3-5A，设置页眉和页脚，在页眉左侧输入“丛林哲学（二则）”，右侧插入日期。

（2）按样文 3-5A，将标题设置为艺术字，式样为艺术字库中的第 3 行、第 2 列，环绕方式：上下型。

（3）按样文 3-5A，将小标题“一”、“二”设为宋体、三号、加粗、居中。

（4）按样文 3-5A，将正文一设为楷体、五号字，第一段首字下沉，下沉行数 2 行。

（5）按样文 3-5A，将正文一中所有“兔子”设置为小四号字，字符间距设置为加宽 6 磅，文字提升 7 磅，加粗，斜体，粉红色字体，加上着重号。

（6）按样文 3-5A，将正文二设为仿宋体、五号字，分为 3 栏、偏左，栏宽分别为 6.96 字符、15.1 字符、15.1 字符。

# 实验三　表格制作

## 一、实验目的

1. 掌握表格的建立。
2. 掌握表格的编辑。
3. 掌握表格的格式化。

4. 进一步掌握实验二的内容。

**二、实验内容**

1. 将保存的文档“W6XXXXXXXXX.DOC”复制到当前文件夹，按照样文进行如下的操作，并将整理后的文档以WT6后跟你的学号为文件名另存到U盘。

（1）按样文3-6A，标题设置为艺术字，式样为艺术字库中的第2行、第3列，竖排，环绕方式：四周型。

（2）按样文3-6A，将正文设为隶书、五号字。

（3）按样文3-6A，将正文最后一段分为两栏，并为其添加灰度为10%的底纹。

（4）按样文3-6B1所示位置绘制表格。

（5）按样文3-6B1，将表格第一行的行高设置为20磅最小值，该行文字为粗体、小四，并水平、垂直居中；其余各行的行高设置为16磅最小值，文字垂直底端对齐；姓名水平居中，各科成绩及平均分靠右对齐、且加粗。

（6）按样文3-6B2，将表格各列的宽度设置为最合适的列宽，并按每人的平均分从高到低排序。

（7）按样文3-6B2，将表格的外框线设置为1.5磅的粗线，内框线为0.75磅。

（8）按样文3-6B2，为表格的第一行添加灰度为10%的底纹；为表格的最后一行和最后一列添加紫色的底纹。

2. 将保存的文档“W7XXXXXXXX.DOC”复制到当前文件夹，按照样文进行如下的操作，并将整理后的文档以WT7后跟你的学号为文件名另存到U盘。

（1）按样文3-7A，标题设置为艺术字，式样为艺术字库中的第1行、第2列，环绕方式：上下型。

（2）按样文3-7A，副标题设为宋体、四号字、加粗、右对齐。

（3）按样文3-7A，小标题设为楷体、五号字、加粗，并为其添加1磅单线边框及灰度为25%的底纹。

（4）按样文3-7A，将正文设为楷体、五号字。

（5）按样文3-7A，将正文的第一部分分为两栏，并将第一段首字下沉，下沉行数2行。

（6）按样文3-7A，将正文的第二部分的第一段首字下沉，下沉行数3行。

（7）按样文3-6B1所示位置绘制表格。

# 实验四　图形的绘制及插入图片

**一、实验目的**

1. 掌握插入图片及设置图片的格式。

2. 掌握绘制图形的操作。

3. 掌握公式编辑起的使用。

4. 进一步掌握实验二的内容。

**二、实验内容**

1. 将保存的文档“W8XXXXXXXXX.DOC”复制到当前文件夹，按照样文进行如下的操作，并将整理后的文档以WT8后跟你的学号为文件名另存到U盘。

（1）按样文3-8A，设置页眉和页脚，在页眉左侧输入“网络购物”，右侧输入“日期”，字号、字体为小五号、宋体。

（2）按样文 3-8A，标题设置为艺术字，式样为艺术字库中的第 1 行、第 4 列，环绕方式：上下型。

（3）按样文 3-8A，将正文设为楷体，并将正文第二段分为两栏。

（4）按样文 3-8A，将正文所有的“网上商店”设置为“波浪”下划线，且字体设为蓝色；将正文各段落首行缩进 2 字符。

（5）按样文 3-8A 所示位置插入一图片，图片从剪贴库中导入，设置图片高 3.72 厘米、宽 4.13 厘米，环绕方式：四周型。

（6）按样文 3-8B 所示位置插入一张表格，表头“表 1 网络适销商品状况”设为宋体、四号字、加粗，将表格设置为自动套用格式中的“立体型 1”。

（7）按样文 3-8C 所示位置插入一个数学公式。

2. 将保存的文档“W9XXXXXXXXX.DOC”复制到当前文件夹，按照样文进行如下的排版操作，并将整理后的文档以 WT9 后跟你的学号为文件名另存到 U 盘。

（1）按样文 3-9A，设置页眉和页脚，在页眉左侧输入“一个中学生的日记”，右侧输入“座位”，设为小五号、宋体，倾斜。

（2）按样文 3-9A，将标题设置为艺术字，式样为艺术字库中的第 4 行、第 5 列，环绕方式：上下型。设置艺术字高 2.48 厘米、宽 9.12 厘米。

（3）按样文 3-9A，将正文设置为楷体、五号字，第一段首字下沉，下沉行数 3 行。

（4）按样文 3-9A，将正文第四、第五、第六段分为两栏，并添加灰度为 10%的底纹。

（5）按样文 3-9A，将正文中所有的“座位”设置为“单线”下划线，且字体设为蓝色、加粗。

（6）按样文 3-9A 所示位置插入一张图片，图片从剪贴库中导入，设置图片高 3.04 厘米、宽 2.67 厘米，环绕方式：四周型。

（7）按样文 3-9B 所示位置插入一张表格，在表格中插入一张剪贴画。

3. 将保存的文档“W10XXXXXXXXX.DOC”复制到当前文件夹，按照样文进行如下的排版操作，并将整理后的文档以 WT10 后跟你的学号为文件名另存到 U 盘。

（1）按样文 3-10A，设置页眉和页脚，在页眉左侧输入“一个中学生的日记”，右侧输入“寻找乐趣”，设字体为小五号、宋体，倾斜。

（2）按样文 3-10A，将标题设置为艺术字，式样为艺术字库中的第 3 行、第 2 列，环绕方式：上下型。设置艺术字高 2.48 厘米、宽 9.12 厘米。

（3）按样文 3-10A，将正文设置为楷体、五号字。

（4）按样文 3-10A，将正文第二、第三、第四、第五、第六、第七段分为两栏，并添加灰度为 10%的底纹。

（5）按样文 3-10A，将正文中所有“乐趣”设置为“波浪”下划线，且选择红色、加粗、斜体。

（6）按样文 3-10A，将将正文的最后一段设为宋体、五号字，蓝色字体，加着重号，并将“笑一笑”三个字设为小四号、红色、加粗、倾斜。

（7）按样文 3-10A 所示位置插入两张图片，图片从剪贴库中导入，分别设置图片高 1.6 厘米、宽 1.5 厘米，环绕方式：浮于文字上方。

# 实验五　综合练习

## 一、实验目的

1. 掌握文档的编辑。
2. 掌握文档的排版。
3. 掌握表格的绘制、编辑、排版。
4. 掌握艺术字、图片的插入以及绘图。
5. 掌握公式编辑器的使用。
6. 了解图文框和文本框的使用。

## 二、实验内容

1. 将保存的文档“W11XXXXXXXXX.DOC”复制到当前文件夹，按照样文进行如下的操作，并将整理后的文档以 WT11 后跟你的学号为文件名另存到 U 盘。

（1）按样文 3-11A，将图片“D:\TT\T1”插入在样文所示位置，设置图片高度 4.47 厘米，宽 9.53 厘米；按样文位置设置标题为艺术字，式样为艺术字库中的第 1 行、第 1 列，副标题设置为艺术字，式样为艺术字库中的第 2 行、第 4 列。

（2）按样文 3-11A，将正文设为楷体、五号字，并将正文倒数第一、第二段分为两栏，且添加灰度为 10%的底纹。

（3）按样文 3-11A，将正文所有的“日子”设置“波浪”下划线，且选择蓝色。

（4）按样文 3-11B 所示位置插入一张表格，按样文输入文字，字号、字体从左到右依次是隶书、四号字、加粗，隶书、五号字、蓝色、加粗并添加绿色的底纹，将文字竖排，水平对齐。

（5）按样文 3-11B，在表格的最后两列插入图片，图片从剪贴库中导入。

2. 将保存的文档“W12XXXXXXXXX.DOC”复制到当前文件夹，按照样文进行如下的排版操作，并将整理后的文档以 WT12 后跟你的学号为文件名另存到 U 盘。

（1）按样文 3-12A，设置页眉和页脚，在页眉左侧输入“精品选择”，中间输入“最后一锤”，右侧输入“日期”，字号、字体为小五号、宋体。

（2）按样文 3-12A，将标题设置为艺术字，式样为艺术字库中的第 2 行、第 2 列，环绕方式：上下型，大小适中。

（3）按样文 3-12A，将正文设置为楷体、五号字，并将正文第一段首字下沉，下沉行数 2 行，并为其添加蓝色底纹。

（4）按样文 3-12A，将正文第三、第四、第五、第六段分为三栏，并加分隔线。

（5）按样文 3-12A 所示位置插入一图片，图片从剪贴库中导入，设置图片高 4.75 厘米、宽 6.04 厘米，环绕方式：四周型。

（6）按样文 3-12B 所示位置插入一张三行、四列的表格。

（7）按样文 3-12B，将表格中的单元格（1，1）拆分成两个单元格；将表格中的单元格（2，2）、单元格（2，3）和单元格（2，4）合并成一个单元格。

（8）按样文 3-12C，插入一个数学公式。

3. 将保存的文档“W13XXXXXXXXX.DOC”复制到当前文件夹，按照样文进行如下的排版操作，并将整理后的文档以 WT13 后跟你的学号为文件名另存到 U 盘。

（1）按样文 3-13A，设置页眉和页脚，在页眉左侧输入“书籍——人类的灵魂”，右侧输入“日期”，字号、字体为小五号、宋体。

（2）按样文 3-13A，将标题设置为艺术字，式样为艺术字库中的第 5 行、第 1 列，竖排，环绕方式：四周型，大小适中，加阴影。

（3）按样文 3-13A，将正文设置为宋体、五号字。

（4）按样文 3-13A，将正文第三段分为两栏，并添加灰度为 10%的底纹。

（5）按样文 3-13A，将图片“D:\TT\T2”插入文档指定位置，环绕方式：四周型。

（6）按样文 3-13A，将正文中所有“读书”两字设为鲜绿色、加粗、倾斜、加着重号。

（7）按样文 3-13B，绘制一张 2 行、6 列的表格。

（8）按样文 3-13B，绘制表格的框线。

4. 将保存的文档“W14XXXXXXXXX.DOC”复制到当前文件夹，按照样文进行如下的排版操作，并将整理后的文档以 WT14 后跟你的学号为文件名另存到 U 盘。

（1）按样文 3-14A，设置页眉和页脚，在页眉左侧输入“数学中的矛盾”，右侧插入页码，格式为“第 X 页 共 Y 页”，字号、字体为小五号、楷体。

（2）按样文 3-14A，将标题设置为艺术字，式样为艺术字库中的第 3 行、第 5 列，环绕方式：上下型，大小适中。

（3）按样文 3-14A，将正文首行缩进 3 字符，利用格式刷将其他段落的首行缩进同样的距离。

（4）按样文 3-14A，将正文第一段设置为隶书、五号字、加粗，并将正文的最后一段也设为同样的格式。

（5）按样文 3-14A，第二段分为两栏，并将其首字下沉，下沉行数 3 行。

（6）按样文 3-14A，将正文第三段添加绿色的底纹。

（7）按样文 3-14A 所示位置插入一张图片，图片从剪贴库中导入，环绕方式：四周型。

（8）利用“自选图形”绘制按样文 3-14B 所示的基本图形，并按样文为图填充底色、添加文字。

5. 将保存的文档“W15XXXXXXXXX.DOC”复制到当前文件夹，按照样文进行如下的排版操作，并将整理后的文档以 WT15 后跟你的学号为文件名另存到 U 盘。

（1）按样文 3-15A，设置页眉和页脚，在页眉左侧输入“精品选择”，右侧输入“差别”，字号、字体为小五号、楷体。

（2）按样文 3-15A，将标题设置为艺术字，式样为艺术字库中的第 5 行、第 6 列，环绕方式：四周型，大小适中。

（3）按样文 3-15A，将正文设置为楷体、五号字，并将第一段首字下沉，下沉行数 3 行。

（4）按样文 3-15A，最后两段分为两栏，并为其添加灰度为 10%的底纹。

（5）按样文 3-15A，将正文所有的“老板”两字设置为加粗、倾斜、加下划线、并加黄色底纹。

（6）按样文 3-15A 所示位置插入一张图片，图片从剪贴库中导入，环绕方式：四周型。

（7）绘制样文 3-15B 所示的课程表。

6. 将保存的文档“W16XXXXXXXXX.DOC”复制到当前文件夹，按照样文进行如下的排版操作，并将整理后的文档以 WT16 后跟你的学号为文件名另存到 U 盘。

（1）按样文 3-16A，设置页眉和页脚，在页眉左侧输入“一轮明月”，右侧输入“第一页”，在页脚的中间输入“哲理故事”，字号、字体为小五号、宋体，倾斜。

（2）按样文 3-16A，将图片“D:\TT\T3”插入文档指定位置，设置图片高 4.75 厘米，宽 10.48 厘米，环绕方式：上下型。

（3）按样文 3-16A，将标题设置为隶书、艺术字，式样为艺术字库中的第 2 行、第 4 列，并将图片和艺术字组合为一体。

（4）按样文 3-16A，将正文前三段设置为隶书、五号字，并将它们分为三栏。

（5）按样文 3-16A，将正文第四、第五段设置为楷体、五号字，并为其添项目符号、符号颜色设为红色。

（6）按样文 3-16A 所示为正文的最后一段添加边框及黄色底纹。

（7）按样文 3-16B，插入一张 3 行、5 列使用自动套用格式“竖列 4”的表格。

7. 将保存的文档“W17XXXXXXXXX.DOC”复制到当前文件夹，按照样文进行如下的排版操作，并将整理后的文档以 WT17 后跟你的学号为文件名另存到 U 盘。

（1）按样文 3-17A，设置页眉和页脚，在页眉左侧输入“一种心境”，右侧插入日期，字号、字体为小五号、宋体，倾斜。

（2）按样文 3-17A，将图片“D:\TT\T4”插入文档指定位置，设置图片高 4.75 厘米，宽 10.16 厘米，环绕方式：上下型。

（3）按样文 3-17A，将标题设置为隶书、艺术字，式样为艺术字库中的第 2 行、第 1 列，并将图片和艺术字组合为一体。

（4）按样文 3-17A，将正文前四段设置为楷体、五号字、加粗，并将它们分为两栏。

（5）按样文 3-17A，将正文后三段设置为楷体、五号字，特殊效果：阳文，并为其添加蓝色底纹及三维的双线边框。

（6）按样文 3-17B，插入一张 4 行、8 列表格。

（7）按样文 3-17B，合并首行除第一个单元格以外的单元格，以及首列 2、3、4 单元格。

（8）按样文 3-17B，填充表格边框和网格线。

8. 将保存的文档“W18XXXXXXXXX.DOC”复制到当前文件夹，按照样文进行如下的操作，并将整理后的文档以 WT18 后跟你的学号为文件名另存到 U 盘。

（1）按样文 3-18A，设置页眉和页脚，在页眉左侧输入“病毒”，右侧输入“软件”，字号、字体为小五号、宋体，倾斜。

（2）按样文 3-18A，标题设置为隶书、艺术字，式样为艺术字库中的第 2 行、第 5 列，环绕方式：上下型。

（3）按样文 3-18A，将正文设置为楷体、五号字，并将前两段分为三栏。

（4）按样文 3-18A，将正文第三、第四、第五段之间各加一个空行。

（5）按样文 3-18A，将正文的最后一段添加黄色底纹，并将字体设置为隶书。

（6）按样文 3-18A，将正文中所有的“病毒”两字字体设置为红色，加下划波浪线。

（7）按样文 3-18A 所示位置插入“D:\TT\T4”。

（8）按样文 3-18B 所示插入一张表格，并设置为样文 5-18B 的形式。

9. 将保存的文档“W19XXXXXXXXX.DOC”复制到当前文件夹，按照样文进行如下的操作，并将整理后的文档以 WT19 后跟你的学号为文件名另存到 U 盘。

（1）按样文 3-19A，设置页眉和页脚，在页眉左侧输入“电子信箱”，右侧插入页码，格式为“第 X 页 共 Y 页”，字号、字体为小五号、宋体。

（2）按样文 3-19A，标题设置为隶书、艺术字，式样为艺术字库中的第 3 行、第 1 列，环绕方式：上下型，并为其加上阴影式样中 5 行、第 4 列所示的阴影。

（3）按样文 3-19A，将正文设置为楷体、五号字，并将前两段分为两栏。

（4）按样文 3-19A，将正文第三段段前加一个空行，并将该段添加黄色的底纹及三维双线边框。

（5）按样文 3-19A，将正文中所有的“电子信箱”加着重号。

（6）按样文 3-19B 所示插入 8 行、第 2 列的表格，编辑表格：第一列文字居中、第二列数字右对齐，并使用自动套用格式“列表型 3”。

（7）插入样文 3-19C 所示的数学公式，并为其添加绿色的底纹。

10. 将保存的文档“W20XXXXXXXXX.DOC”复制到当前文件夹，按照样文进行如下的操作，并将整理后的文档以 WT20 后跟你的学号为文件名另存到 U 盘。

（1）按样文 3-20A，设置页眉和页脚，在页眉左侧输入“网络”，右侧插入日期，字号、字体为小五号、隶书，倾斜。

（2）按样文 3-20A，将图片“D:\TT\T6”插入文档指定位置，设置图片高 9.08 厘米，宽 5.21 厘米，环绕方式：四周型。

（3）按样文 3-20A，标题设置为隶书、艺术字，式样为艺术字库中的第 5 行、第 6 列，并将图片和艺术字组合为一体。

（4）按样文 3-20A，将正文设置为楷体、五号字，并将第二段添加双线的删除线。

（5）按样文 3-20A，将正文中所有的“ATM”设置为 Arial 字体、加粗、倾斜。

（6）按样文 3-20A，将正文第五段分为两栏，并添加青色的底纹。

（7）按样文 3-20A，为文档添加一水印效果，水印内容：网络。

## 实验六　选做实验

### 一、实验目的

1. 进一步掌握文档的编辑、排版，表格制作，绘制图形及插入操作。

2. 本实验充分发挥学生自己的设计能力和想象力，利用所学的知识编排出图文并茂、精美、漂亮的文档。

3. 本实验还可检查学生掌握所学内容的程度。

### 二、实验内容

1. 编排一份报纸

要求：

（1）报纸的名称自定。

（2）报纸至少有 4 个版面；每版用 16 开纸；每个版面有若干个小栏目，栏目的名称自己设计，其内容自定。

（3）设计的报纸至少包括：中、英文文章；表格、插图、艺术字及自绘图形；分栏、花边、竖写的标题和漂亮的报头等。

2. 制作一张精美的贺年卡。要求有图形、艺术字及丰富的色彩。

3. 建立一份自荐信（你将要大学毕业，到某公式司求职）。其中包括你的简历；对自己爱好、特长的文字说明；成绩单等。这封图文并茂、布局合理、版面漂亮的自荐信，要充分反映出作者应用计算机的能力，使它成为你被聘用的有力助手。

4. 建立一张表格，表头是“数学公式”。表格的式样、表格的内容自定（至少包括 20 个数学公式）。

以下各样文是按照本章实验内容做出的效果，同学们可以参考。

样文 3-1A

# 家用电脑

九十年代初期，电脑开始进入国内的家庭，它能对相关的文字 text、数据 data、表格 table、图形 picture 等进行处理。当时人们对电脑在家庭中的作用认识还比较肤浅，当时的厂家基本上都是通过牺牲电脑的性能来最大限度地降低产品价格，让一般的家庭能够承受。

电脑在家庭可以充当家庭教师，利用电脑可以更好地教育子女，激发学习的兴趣、提高学习成绩。您可以将不同程度、不同学科的教学软件装入到电脑中，学习者可以根据自己的程度自由安排学习进度。

电脑应用最重要的变革就是实现了办公自动化。电脑进入家庭，使得办公室里的工作可以在家中完成。您可以将办公室里的一些文字工作拿回家中，利用电脑进行文书处理，利用电脑与异地电脑进行联网通信，以获得更多的信息，您还可以利用您的电脑接受、发送传真等……

电脑在家庭中还可以充当家庭秘书的角色，可以利用电脑来管理家庭的收入、支出，对家庭财产进行登记；电脑可以提供飞机航班、火车时刻表、重要城市的交通路线，以便家庭随时查询。

多媒体进入家庭，使得利用家用电脑进行娱乐的种类更加多样化，比如：可以利用电脑建立家庭影院、家庭卡拉 OK 中心、家庭影蝶中心、利用家用电脑玩游戏等。

样文 3-1B

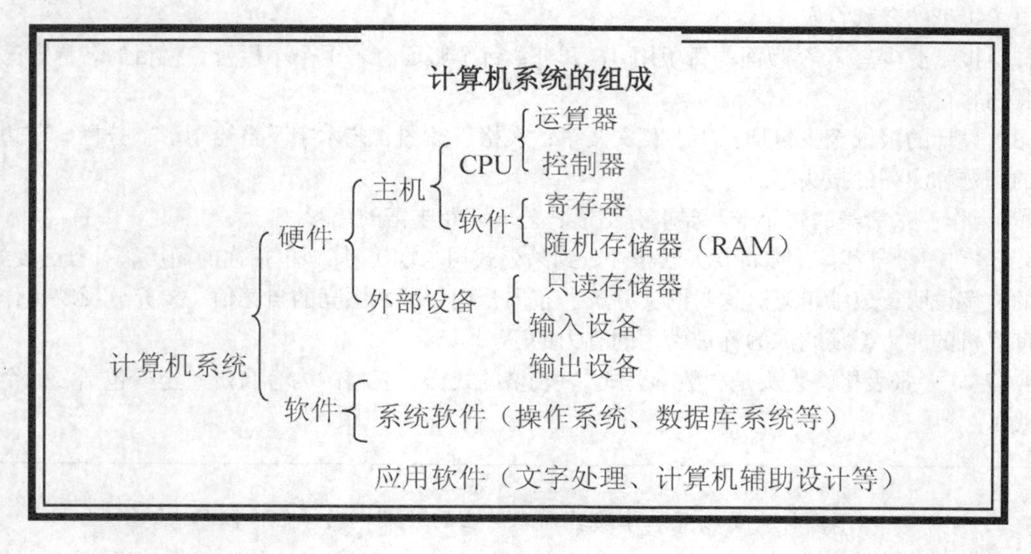

样文 3-2A

## 小键盘大学问

键盘是我们在操作计算机时最常用到的标准输入设备，虽然它只起到向计算机存储器输送字符和命令的作用，可它的学问还真不少。键盘的内部有一块微处理器，它控制着全部工作，比如主机加电时键盘的自检、扫描、扫描码的缓冲以及与主机的通讯等等。当一个键被按下时，微处理器便根据其位置，将字符信号转换成二进制码，传给主机和显示器。如果操作人员的输入速度很快或CPU正在进行其它的工作，就先将键入的内容送往内存中的键盘缓冲区，等CPU空闲时再从缓冲区中取出暂存的指令分析并执行。

按照按键方式的不同键盘可分为接触式和无触点式两类。接触式键盘就是我们通常所说的机械式键盘，它又分为普通触点式和干簧式。普通触点式的两个触点直接接触，从而使电路闭合，产生信号；而干簧式键盘则是在触点间加装磁铁，当键按下时，依靠磁力使触点接触，电路闭合。与普通触点式键盘相比，干簧式键盘具有响应速度快，使用寿命长，触点不易氧化等优点。无触点式键盘又分为电容式、霍尔式和触模式三种。其中电容式是我们最常用到的键盘类型，它的触点之间并非直接接触，而是当按键按下时，在触点之间形成两个串联的平板电容，从而使脉冲信号通过，其效果与接触式是等同的。电容式键盘击键时无噪音，响应速度快，但要比机械式键盘重一些，而且价格也较高。

按照代码转换方式键盘可以分为编码式和非编码式两种。编码式键盘是通过数字电路直接产生对应于按键的ASCII码，这种方式目前很少使用。非编码式键盘将按键排列成矩阵的形式，由硬件或软件随时对矩阵扫描，一旦某一键被按下，该键的行列信息即被转换为位置码并送入主机，再由键盘驱动程序查表，从而得到按键的ASCII码，最后送入内存中的键盘缓冲区供主机分析执行。非编码式键盘由于其结构简单、按键重定义方便而成为目前最常用的键盘类型。

关于键盘的学问还有很多，不过对于绝大多数计算机爱好者来说，掌握以上这些关于键盘的知识就足够了，这对于我们更好地选购、使用、修理和维护键盘是非常必要的。

**鼠　　标**

鼠标又名滑鼠、电子鼠，是60年代由史坝福研究所开发的产品。鼠标的使用使计算机操作显得更加灵活和便当。现在鼠标越来越重要，许多软件都支持它。

按其结构，可把鼠标分三类：机械式、光电式和机械光电式。机械式和机械光电式的原理相似：内有一个小滚球。机械式是由接触来得到信号的，而机械光电式是以光断续器来得到信号。光电式则配有一块反射板。由于它采用光反射原理，所以稳定、耐用，但那特殊垫板一失去，鼠标就不能动弹

鼠标有三个操作的动作：按一下，快速按两下和按住拖着走。现在市场上还出售无尾鼠标（遥控鼠标）以及一些鼠标的变种，如轨迹球、笔式鼠标等。

另外，购买鼠标时，还要注意插口问题，一般组装机是梯形插口，而原装机多使用的是PS/2的圆形插口。

样文 3-3A

*办公软件精粹* *第 1 页 共 1 页*

# Microsoft office

## 世界最流行的办公集成应用软件

Microsoft office 首开办公集成软件之先河，深受广大用户的钟爱，至今青睐有加。它将极富特色的应用软件有机地集成到一起，浑然天成，而且更胜一筹。所有这一切归结为最根本的一点：Microsoft office 使您可以方便地极尽软件所能，集中精力处理事务。

两种不同版本的集成软件均荟萃了出色的工具，Microsoft Office for Windows 95 标准版包括 Microsoft Excel、Microsoft Word 和 Microsoft PowerPoint。Microsoft Office for Windows 95 专业版，除上述软件外还包括 Microsoft Visual FoxPro。

Microsoft Office 在智能感知技术领域划时代的创新，使您能够更多地参与软件的运作，充分发挥工具的强大功能。

由于 OfficeLinks 的卓越表现，您可以将与项目有关的所有信函、报告、电子表格及其他文档，放置与单独的“Office 活页夹”中，存取更为方便。体现了集成的显著功效。

Microsoft Word 97 具备了您撰文拟稿时所需要的一切功能，而且使用起来非常轻松便捷。您可以利用这些功能创建出外观颇具专业水准的文档，以书面形式或者通过 Internet 或 Internet 共享信息。从信函到 Web 页工具栏可在文档、文件和网络节点间闲庭信步般漫游。

利用新增的绘图工具可制作出三维效果、阴影、多色填充、纹理和曲线，使您的图形引人入胜。

审阅者可以在不修改原文档的情况下在适当位置添加批注。

“信函向导”可节省您的时间和精力。它会自动为您的信函设置格式并插入日期和地址，您还可以通过 Office 助手得到提示和快捷方式。

拼写检查和语法检查可在您撰写的过程中校对文档，用下划线标出错误并提出更正建议。

绘制表格就像您在纸上用铅笔画表一样简单，大小和形状各异的列、行和单元格可以恰到好处地容纳您的数据。

利用新增的绘图工具可制作出三维效果、阴影、多色填充、纹理和曲线，使您的图形引人入胜。

审阅者可以在不修改原文档的情况下在适当位置添加批注。

“信函向导”可节省您的时间和精力。它会自动为您的信函设置格式并插入日期和地址，您还可以通过 Office 助手得到提示和快捷方式。

拼写检查和语法检查可在您撰写的过程中校对文档，用下划线标出错误并提出更正建议。

样文 3-4A

# 文字处理软件的发展

WordStar（简称为 WS）是一个较早产生并已十分普及的文字处理系统，风行于 20 世纪 80 年代，汉化 WS 在我国曾非常流行。

1989 年香港金山电脑公司推出的 WPS（Word Processing System），是完全针对汉字处理重新开发设计的，在当时我国的软件市场上独占鳌头。

1990 年 Microsoft 推出的 Windows 3.0，是一种全新的图形化用户界面的操作环境，受到软件开发者的青睐，英文版的 Word for Windows 因此诞生。1993 年，Microsoft 推出 Word 5.0 的中文版，1995 年，Word 6.0 的中文版问世。

随着 *Windows* 95 中文版的问世，*Office* 95 中文版也同时发布，但 *Word* 95 存在着在其环境下保存的文件不能在 *Word* 6.0 下打开的问题，降低了人们对其使用的热情。新推出的 *Word* 97 不但很好地解决了这个问题，而且还适应信息时代的发展需要，增加了许多全新的功能。

◆ WordStar（简称为 WS）是一个较早产生并已十分普及的文字处理系统，风行于 20 世纪 80 年代，汉化 WS 在我国曾非常流行。

◆ 1989 年香港金山电脑公司推出的 WPS（Word Processing System），是完全针对汉字处理重新开发设计的，在当时我国的软件市场上独占鳌头。

◆ 1990 年微软公司推出的 Windows 3.0，是一种全新的图形化用户界面的操作环境，受到软件开发者的青睐，英文版的 Word for Windows 因此诞生。1993 年，微软公司推出 Word 5.0 的中文版，1995 年，Word 6.0 的中文版问世。

随着 Windows 95 中文版的问世，Office 95 中文版也同时发布，

但 Word 95 存在着在其环境下保存的文件不能在 Word 6.0 下打开的问题，降低了人们对其使用的热情。新推出的 Word 97 不但很好地解决了这个问题，而且还适应信息时代的发展需要，增加了许多全新的功能。

样文 3-5A

*丛林哲学（二则）* *9/10/2015*

# 丛林哲学（二则）

## 一

兔子坐在山洞的洞口打字。狐狸跳到他的面前："我要吃了你！"兔子说："别忙，等我把学士论文打完！"

狐狸很奇怪："什么学士论文？"

"我的论文是《兔子为什么比狐狸更强大》。"兔子一本正经地说。

狐狸大笑起来："这太可笑了，你怎么比我强大！"

兔子仍然一本正经："不信你跟我来，我证明给你看。"他把狐狸领进山洞，狐狸再也没出来。

兔子继续在洞口打字。狼跳到他的面前："我要吃了你！"兔子说："别忙，等我把学士论文打完！题目是《兔子为什么比狼更强大》。"

狼大笑起来："你怎么敢说自己比我强大！"

"真的，我可以证明给你！"兔子领着狼走进山洞，狼再也没有出来。

兔子继续在洞口把他的论文打完，然后拿着论文走进山洞，交给一头打着饱嗝狮子。

论文的标题是什么并不重要，论文的内容也不重要，重要是：论文的导师是谁。

## 二

一头狮子早上醒来，自我感觉好极了，力量和骄傲充满了他的身心。他开始在丛林里游荡。

狮子首先遇到一只兔子。他向兔子大吼："谁是丛林之王？"兔子战战兢兢地说："是你，狮子老爷！"

狮子又遇到一只猴子。他向猴子大吼："谁是丛林之王？"猴子用颤抖的声音说："是你，狮子老爷！"

然后狮子又遇到一只大象。狮子向大象狂吼："谁是丛林之王？"

大象没有回答，用长鼻卷起狮子，在大树的树干上敲打了十几次，又把狮子摔在地上，几乎把他踏成一张狮毛地毯，然后扬长而去。

灰头土脸的狮子跳起来，对着大象背影大吼："虽然你不知道答案，可也用不着恼羞成怒！

样文 3-6A

恒星演化

研究恒星演化大都以研究恒星内部产生能量的过程为基础。因此，由于人们所能观测到的只是恒星表面发射出来的光，所以关于恒星演化的研究就必然多半是理论上的工作。

恒星目前状态（其实是恒星发出光时所处的状态，这些光只是现在才到达我们地面）的观测资料，使我们能够了解恒星的某些结构的特征。根据得到的这些信息，天文学家再运用有关物质和能量的普通知识，去推测恒星的内部情况：它们的温度、密度、压力和化学组成。尔后他必须从理论上对具有一定特征的恒星进行计算，以确定它们会如何使核能转变成热能和辐射能。他还要探索解释恒星形成的一些途径。

当对恒星演化建立起好像是令人满意的假说之后，必须对它们用更多的观测结果加以检验。根据这些假说无疑能作出某些预见。若预见被观测事实所证实，那么这些驾驶就更会为人所接受。另一方面，观测资料也可以证明假说不正确，这时，天文学家则必须另寻新的假说。但是，由于在上述过程中每一步都会有所收益，故他就不要总从零开始了。

在解释恒星演化的假说中比较成功的都是假定整个恒星成气态。为能更好地认识恒星，我们应当先研究以下气体形状所遵循的规律。

样文 3-6B1

| 姓名 | 高等数学 | 大学英语 | 计算机文化基础 | 平均分 |
|---|---|---|---|---|
| 张晓莉 | 89 | 94 | 90 | 91 |
| 张　影 | 89 | 76 | 88 | 84.33 |
| 李胜利 | 67 | 89 | 85 | 80.33 |
| 苏靖程 | 78 | 66 | 89 | 77.67 |
| 王　敏 | 88 | 66 | 78 | 77.33 |
| 吴汉生 | 65 | 78 | 90 | 77.67 |
| 黄　慧 | 80 | 90 | 90 | 86.67 |
| 各科平均 | 78 | 75.57 | 87.14 | |

样文 3-6B2

## 成 绩 表

| 姓　名 | 高等数学 | 大学英语 | 计算机文化基础 | 平均分 |
|---|---|---|---|---|
| 张晓莉 | 89 | 94 | 90 | 91 |
| 黄　慧 | 80 | 90 | 90 | 86.67 |
| 张　影 | 89 | 76 | 88 | 84.33 |
| 李胜利 | 67 | 89 | 85 | 80.33 |
| 苏靖程 | 78 | 66 | 89 | 77.67 |
| 吴汉生 | 65 | 78 | 90 | 77.67 |
| 王　敏 | 88 | 66 | 78 | 77.33 |
| 各科平均 | 78 | 75.57 | 87.14 | |

样文 3-7A

# 21 世纪人类信息世界的核心

## ——电子商务（E-Business）

● 电子商务的含义

电子商务顾名思义是指在Internet网上进行商务活动。其主要功能包括网上的广告、订货、付款、客户服务和货物递交等销售、售前和售后服务，以及市场调查分析、财务核计及生产安排等多项利用Internet开发的商业活动。

电子商务的一个重要的技术特征是利用Web的技术来传输和处理商业信息。因此有人称：电子商务=Web+IT。

电子商务有广义和狭义之分。狭义的电子商务也称作电子交易（e-commerce），主要是指利用Web提供的通信手段在网上进行的交易。而广义的电子商务包括电子交易在内的利用Web进行的全部商业活动，如市场分析、客户联系、物资调配等，也称作电子商业（e-business）。这些商务活动可以发生于公司内部、公司之间及公司与客户之间。

● 电子商务的网络计算环境

目前，已有三种不同但又相互密切关联的网络计算模式：因特网（Internet）、企业内部网（Intranet）和企业外部网（Extranet）。对绝大多数人来说，首先进入的是因特网。企业为了在Web时代具有竞争力，必须利用因特网的技术和协议，建立主要用于企业内部管理和通信的应用网络，这就是“企业内部网”（Intranet）。而各个企业之间遵循同样的协议和标准，建立非常密切的交换信息和数据的联系，从而大大提高社会协同生产的能力和水平，就是“企业外部网”（Extranet）。这三种计算模式在电子商务中各有各的用途。图 1.1 就充分说明了这一点。

由图 1.1，我们不难发现电子商务不仅仅是买卖，也不仅仅是软硬件的信息，而是在Internet、企业内部网（Intranet）和企业外部网（Extranet），将买家与卖家、厂商和和合作伙伴紧密结合在了一起，因而消除了时间与空间带来的障碍。

样文 3-7B

| | 使用工具栏绘制表格 | | | |
|---|---|---|---|---|
| | | | | |
| 方便 | | | | |
| | | | | |

样文 3-8A

网络购物　　　　　　　　　　　　　　　　　　　　　　　　9/10/2015

# 网上商店

一

网上商店应该与邮购商、电视购物商一样，要为消费者退货提供最大的方便。不同商店还根据自己的实力，确定上网商品。Wtelm 的网络店面可以专门销售高档商品，那时因为它是人人皆知和有口皆碑的大公司。而一家刚成立的小公司要想通过网络出售珠宝，就要掂量一下自己有没有足够的信誉度。有些网上商店以商品种类丰富齐全取胜，如一家网络书店经销的图书书目上百万条，这是实际书店无论如何也难以办到的。

样文 3-8B

据 Forrester 公司预计，今年美国网络成交的电脑相关产品、旅游、娱乐和礼品鲜花金额共计近 9 亿美元，占全部金额的 78%。其他市场调研公司的分析意见，与此也比较接近，各类电子产品在网络上的销路可能都看好，全美电子产品配销商协会的调查结果称，42%的电子配销商以在 Internet 上设置主页，开展发定单、议价、发货通知、追踪订货等商业活动。

## 表 1 网络适销商品情况

| | GVU | Active Media | | Forrester |
|---|---|---|---|---|
| | 选购率 | 数量 | 金额 | 金额 |
| 软件 | 1 | 1 | 3 | 1 |
| 硬件、电脑外围产品 | 1 | 3 | 2 | 1 |
| 旅游 | 2 | 5 | 4 | 2 |
| 书刊 | 3 | | | |
| 音像电子产品 | | 2 | 5 | |
| **注：数字表示适销程度，1 为最好，依次递减，数字越大，表示越差** | | | | |

网上商店经营的品种通常有：

λ　计算机产品

v　旅游

υ　书刊及音像电子产品

♣消费性产品

样文 3-8C

$$e^x = 1 + x + \frac{x^2}{2!} + \frac{x^3}{3!} + \cdots + \frac{x^n}{n!}$$

样文 3-9A

*一个中学生的日记* *座位*

我敢说，没有人注意过教室内的**座位**问题，我却令有己见。

先说前排**座位**。坐前排，在老师的眼皮下，你能自在得起来吗？小嘀咕、小动作，无遮无拦，“一览无余”。有的老师检查背诵，总爱从第一排开始，所以他们常常得第一个“实践”，后面的同学特别感激他们这种“造福后人”的精神。坐第一排的本是班级的小个子，如有见到个不小的坐在第一排，保证是班主任重点控制的对象。

中间的**座位**是“风水宝地”。这里聚集了不少“四眼哥”、“四眼妹”。他们眼观六路、耳听八方，是班级的消息灵通人士。他们掀起一波又一波的热浪。这一阵是古龙、金庸，下一阵是黎明、林志颖。课桌下的地下通道常互通有无地传递着一盒磁带、一张画片、甚至一瓶可乐。他们里的某一堆儿常常莫名其妙地爆发出一阵笑，引得前排的人回头去看。

靠窗的位子相当于“包厢”，听课累了可靠着墙，特舒畅，好惬意。他们掌握着电灯开关和窗户的使用权，你要招惹他，大热天开一个小通风口，自己“自得其乐”，却闷你一身汗，非得要你赔笑说好话不可。他们还肩负“望风”的重任，常常以一句“老师来了”，能让人声鼎沸的教室顿时“万籁俱寂”，这时他们就显示出异常得意的样子。

略逊色于“包厢”的是后两排座位。这里的人平均身高一米七，发育特别好。班级的“体育明星”、“脊梁”都在这里。也有犯了错误被“发配”到这里的，不过总是一坏搭一好，很符合生态平衡的原则。

说了那么多座位的事，其实还都是次要的。“只要是金子，在哪里都闪光”，朋友，你说是吗？

样文 3-9B

| | | | | |
|---|---|---|---|---|
| | | | | |
| | | | | |

样文 3-10A

*一个中学生日记* *寻找乐趣*

# 寻找乐趣

今天，老师给我们读了一篇文章。有一句话说："一匹马断了腿，仍然能活着，但作为一匹马活在世上，还有什么意义呢？"而题目就是《你不能失败》。听后，我深感到世间的残酷。一个人如果他不是胜利的，那么他肯定是失败的。毕竟，"一山只容一虎"，何况我们这些五十多亿人呢？那些成功的伟人们，也只不过是"人海"里的一"滴"。那些失败的人们常苦笑说："人出生以哭开始，死时以别人哭声结束，多么悲惨。"所以，你如果把胜利、失败看得比什么都重要，那你简直将无法生存。因此，你应当去寻找人生***乐趣***。

在失败中寻找***乐趣***。失败是人生中经常遇到的，也是人生中必不可少的。人生就像五味瓶，有"甜"，也有"苦"。当"苦尽甘来"的时候，人们才感到世界的美好，因为他们已脱离了"黑暗"。因此，失败能让人懂得如何去珍惜和拥有。失败也是一个炼钢炉，铁多炼才能钢，人多经失败的磨练，才能"居高临下"地面对困难，取得根本的优势，"失败"其实是在朦胧后的***乐趣***。

在努力中寻找***乐趣***。人们都希望成功，并定会为了理想而努力，虽然结果是不平衡的。但在人们努力中，每个人所盼望的、所在乎的、所凝聚的心血是一样的。所以，她给予人同样的机遇。在努力中，成功的希望在你脑海中回荡，你也在认真地做些事情，无愧我心，坚持到最后，不论胜与败，你是为自己而骄傲的，这种感觉是十分快乐的。"努力"其实是沉默的***乐趣***。

在大自然中寻找***乐趣***。生命，是大自然赐给生物最珍贵的礼物。在大自然中，那新鲜的空气，蓝色的天空，变幻的云彩，以及周围的绿树鲜花，使你感受到无忧的安逸和无比的自由。有时，大自然的大大小小的故事，也都蕴藏着哲理。如果你能把它们"拣"起来，留在心里，那它们便是生命的真谛。"大自然"其实是神圣的***乐趣***。

在友情中寻找***乐趣***。有人说："人是为了情，才降生到这个世上"。而且我觉得，在这众"情"之中，最真挚无瑕的便是友情了。朋友，人人都能做朋友，朋友对对方也是无所求的。但在关键时刻，友情则能使朋友们"有福同享，有难同当"，它还组成了我们的民族，我们的国家，甚至这个世界。它也使"团结"成为"力量"的重要标志。"友情"其实是透明的***乐趣***。

在生活中寻找***乐趣***。每天，人们都重复着复杂而有规律的生活。有些人大概已经厌倦了。但我们真该认真地想想，在这里，生活给我们带来了吃的、喝的、体育、舞蹈、电影、音乐、甚至成功、失败等我们所做的一切都包含在生活中。生活也许是走完我们一生的唯一途径，它也是一种精神与时间的奥妙。如果你能了解其中的奥妙，那么人生对你来说，就像是宇宙一样，是无限的。"生活"，就是***乐趣***。

朋友，**笑一笑**吧！哭是我们的本能，笑是我们学会的。

样文 3-11A

燕子去了，有再来的时候；杨柳枯了，有再青的时候；桃花谢了，有再开的时候。但是，聪明的，你告诉我，我们的日子为什么一去不复返呢？——是有人偷了他们吧：那是谁？又藏在何处呢？是他们自己逃走了吧：现在又到了哪里呢？

我不知道他们给了我多少日子；但我的手确乎是渐渐空虚了。在默默算着，八千多日子已经从我手中溜去；像针尖上一滴水滴在大海里，我的日子滴在时间的流里，没有声音，也没有影子。我不禁流泪了。

去的尽管去了，来的尽管来着；去来的中间，又怎样的匆匆呢？早上我起来的时候，小屋里射进两三方斜斜的太阳。太阳他有脚啊，轻轻悄悄地挪移了；我也茫茫然跟着旋转。于是——洗手的时候，日子从水盆里过去；吃饭的时候，日子从饭碗里过去；默默时，便从凝然的双眼前过去。我觉察他去的匆匆了，伸出手遮挽时，他又从遮挽的手边过去，天黑时，我躺在床上，他便伶伶俐俐地从我身边跨过，从我脚边飞去了。等我睁开眼和太阳再见，这算又溜走了一日。我掩着面叹息。但是新来的日子的影儿又开始在叹息里闪过了。

在逃去如飞的日子里，在千门万户的世界里我能做些什么呢？只有徘徊罢了，只有匆匆罢了；在八千多日的匆匆里，除徘徊外，又剩些什么呢？过去的日子如轻烟，被微风吹散了，如薄雾，被初阳蒸融了；我留着些什么痕迹呢？我赤裸裸来到这世界，转眼间也将赤裸裸地回去吧？但不能平的，为什么偏要白白走这一遭啊？

你聪明的，告诉我，我们的日子为什么一去不复返呢？

样文 3-11B

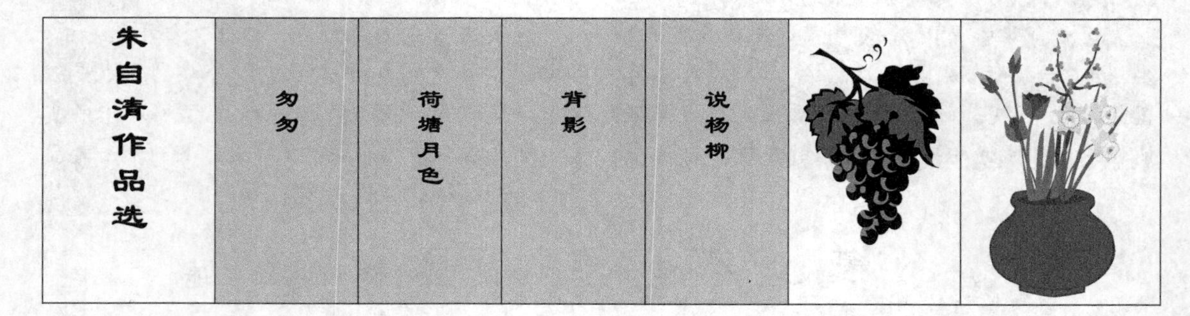

样文 3-12A

*精品选择*　　　　　　　　　　　　*最后一锤*　　　　　　　　　　　　*9/10/2015*

# 最后一锤

有一个专打铜锣的铺子。那个工匠师傅已近七十岁了，还每天坚持掌锤。他的两个儿子虽然已干了十几年，但每当到了锣心的时候，他们就停止了。这个时候，他们把锤子交给父亲，由父亲完成最后的一锤。

我不明就里，问老者。老者说，这锣心的一锤与周边的锤法都不一样，锣心以外的每一锤都只是准备，最后的一锤才是定音的，或清脆悠扬，或雄浑洪亮，都因这一锤而定。这一锤打好了，就是好锣，要打得不轻不重，恰到好处。否则，这只锣就报废了。

我恍然大悟，难怪古语有“一锤定音”之说呢，原来出处在这里。

不论多么优质的铜材，不论剪裁的尺寸多么合理，也不论一开始打了多少锤这都不是最重要的，重要的是最后关头的断然一击。这分量深浅恰到好处的最后一锤，是一只锣成功的关键。

人生中最重要的，就是最后关头的断然一击啊。

生活中有很多人所缺少的，就是这断然一击的气魄和能力。遭受了很多磨难，吃了不少苦头，做了足够的准备，可是在跨出一步就成功的时候，却徘徊不决，于是就与成功擦肩而过了。

开始的准备是必要的但更重要的是学会把握最后一锤的本领，到了关键时刻，就毫不犹豫地断然一击，出手干净利落恰如其分，人生的成功便在其中了。

样文 3-12B

<table>
<tr><td>单元格 1，1</td><td></td><td></td><td></td></tr>
<tr><td></td><td>单元格 2，2</td><td>单元格 2，3</td><td>单元格 2，4</td></tr>
<tr><td></td><td></td><td></td><td></td></tr>
</table>

<table>
<tr><td>单元格 1</td><td>单元格 2</td><td></td><td></td><td></td></tr>
<tr><td colspan="2"></td><td colspan="3">三个单元格合并为一个单元格</td></tr>
<tr><td colspan="2"></td><td></td><td></td><td></td></tr>
</table>

样文 3-12C

$$F(x)=\sqrt[3]{x-5}+\frac{b^5}{x^3+a^3}-\int_0^1 e^x \mathrm{d}x$$

样文 3-13A

书籍——人类的灵魂　　8/7/2015

书籍

书籍好比食品，有些只须浅尝，有些可以吞咽，只有少数需要仔细咀嚼，慢慢的品味。所以，***读书***只要读其中一部分，***读书***只须知其梗概，而对于少数好书，则要通读、细读，反复读。***读书***可以改进人性，而经验又可以改进知识本身。人的天性犹如野生的花草，求知学习好比修剪移栽。

记忆的目的是为了认识事物原理。为挑剔辩驳去***读书***是无聊的。但也不可过于迷信书本。***读书***的目的不是为了吹嘘炫耀，而应该是为了寻找真理，启迪智慧，有的书可以请人代读，然后看他的笔记摘要就行了。但这只应限于不太重要的议论和质量粗略的书。否则这本书将像已被蒸馏过的水，变的淡而无味了！***读书***使人充实，讨论使人机敏，写作则能使人精确。

因此，如果有人不***读书***又想冒充博学多知，他就必须很狡黠，才能掩饰无知。如果一个人懒于动笔，他的记忆力就必须强而可靠。如果一个人要孤独探索，他的头脑就必须格外锐利。***读书***使人明知，***读书***使人聪慧，演算使人精密，哲理使人深刻，道德使人高尚，逻辑修辞使人善辩。

| | | | | | |
|---|---|---|---|---|---|
| | | | | | |

样文 3-14A



# 数学思想漫谈

**数学素以精确严密而著称，可是在数学发展的历史中，仍然不断地出现矛盾以及解决矛盾的斗争，从某重意义上讲，数学就是解决一些问题，问题不过是矛盾的一种形式。**

有些问题得到了解决，比如任何正整数都可以表示为四个平数之和。有些问题至今没有得到解决，比如，哥德巴赫猜想，任何大偶数都可以表为两个素数之和。我们还很难说这个命题是对还是不对。因为随便给一个偶数，经过有限次实验总可以得出结论，但是偶数有无穷多，你用毕生精力也不会验证完。也许你能碰到一个很大的偶数，找不到两个素数之和等于它，不过即使这样，也难以断言这种例外的偶数是否有有限多个，也就是某一个大偶数之后，上述哥德巴赫猜想成立。这就需要证明。而证明则要用有限的步骤解决涉及无穷的问题，借助于计算机完成的四色定理的证明，首先也要把无穷多种可能的地图归结成有限的情形，没有有限，计算机也是无能为力的。因此看出数学永远回避不了有限与无穷这对矛盾。可以说这是数学矛盾的根源之一。

矛盾既然是固有的，它的激烈冲突，也就给数学带来许多新内容，新认识，有时也带来革命性的变化。把二十世纪的数学同以前整个数学相比，内容不知丰富了多少，认识也不知深入多少。在集合论的基础上，诞生了抽象代数学、拓扑学、泛函分析与测度论。数理逻辑也兴旺发达，成为数学有机整体的一部分。古代的代数几何、微分几何、复分析现在已经推广到高维，代数数论的面貌也多次改变，变得越来越优美而完整。

**一系列经典问题圆满地得到解决，而新问题、新成果层出不穷，从未间断。数学呈现无比兴旺发达的景象，而这正是人们在同数学中的矛盾斗争的产物。**

样文 3-14B

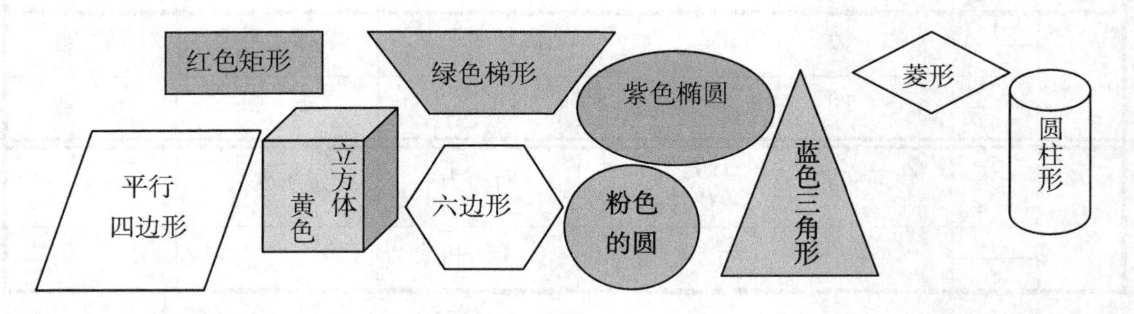

样文 3-15A

精品选择　　　　差别

两个同龄的年轻人同时受雇于一家店铺，并且拿同样的薪水。可是叫呵诺德的小伙子青云直上，而那个叫布鲁诺的却仍在原地踏步。对此布鲁诺很不满意***老板***的不公正待遇。终于有一天他到***老板***那儿发牢骚了。***老板***一边耐心地听着他的抱怨，一边在心里盘算着怎样向他解释清楚他和呵诺德之间的差别。

“布鲁诺先生，”老板开口说话了，“您到集市上去一下，看看今天早上有什么卖的。”

布鲁诺从集市上回来向***老板***汇报说，今早到现在集上只有一个农民拉了一车土豆在卖。

“有多少？”***老板***问。

布鲁诺赶快戴上帽子又跑到集市上，然后回来告诉***老板***一共有 40 袋土豆。

“价格是多少？”

布鲁诺又第三次跑到集上问来了价钱。

“好吧，”***老板***对他说，“现在请您坐到这把椅子上一句话也不要说，看看别人怎么做。”

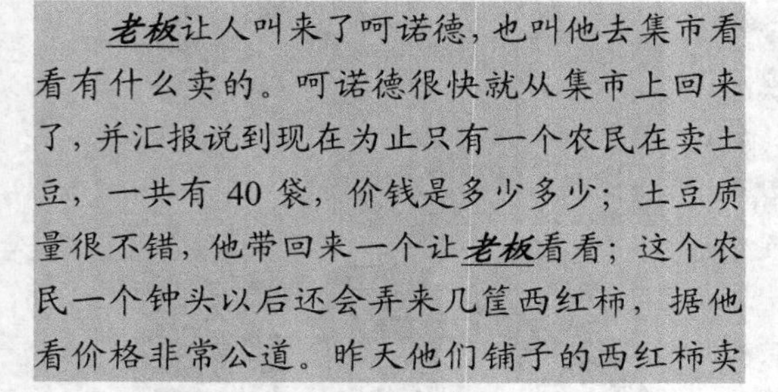

***老板***让人叫来了呵诺德，也叫他去集市看看有什么卖的。呵诺德很快就从集市上回来了，并汇报说到现在为止只有一个农民在卖土豆，一共有 40 袋，价钱是多少多少；土豆质量很不错，他带回来一个让***老板***看看；这个农民一个钟头以后还会弄来几筐西红柿，据他看价格非常公道。昨天他们铺子的西红柿卖的很快，库存已经不多了。他想这么便宜的西红柿***老板***肯定会要进一些的，所以他不仅带回了一个西红柿做样品，而且把那个农民也带回来了，他现在正在外面等回话呢。

此时***老板***转向了布鲁诺，说：“现在您肯定知道为什么呵诺德的薪水比您高了吧？”

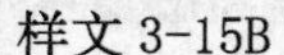

样文 3-15B

# 课　程　表

| 时间 \ 星期 | | 一 | 二 | 三 | 四 | 五 |
|---|---|---|---|---|---|---|
| 上午 | 1、2 | 高　数 | 英　语 | 高数（单） | 体　育 | 马　哲 |
| | 3、4 | 制　图 | 物　理 | 制图（双） | 英　语 | 高　数 |
| 下午 | 5、6 | 物理实验 | 计算机文化基础 | 听　力 | 音乐欣赏 | |
| | 7、8 | | | 上　机 | | |

样文 3-16A

*送一轮明月*　　　　　　　　　　　　　　　　　　　　　　　　*第一页*

一位住在山中茅屋修行的法师，有一天趁夜色到林中散步，在皎洁的月光下，突然自悟了不同寻常的感觉。

他喜悦地走回住处，眼见到自己的茅屋遭到小偷的光顾，找不到任何财物的小偷要离开的时候在门口遇见了法师。原来，法师怕惊动小偷，一直站在门口等待，他知道小偷一定找不到任何值钱的东西，早就把自己的外衣脱掉拿在手上。

小偷遇见法师，正感到错愕的时候，法师说："你走老远的山路来探望我，总不能让你空手而回呀！夜凉了，你带着这件衣服走吧！"说着，就把衣服披在小偷身上，小偷不知所措，低着头溜走了。法师看着小偷的背影穿过明亮的月光，消失在山林之中，不禁感慨地说："可怜的人呀！但愿我能送一轮明月给他。"法师目送小偷走了以后，回到茅屋赤身的打坐，他看着窗外的明月，进入室境。

第二天，他在阳光温暖的抚触下，从极深禅室里睁开眼睛，看到他披在小偷身上的外衣被整齐地叠好，放在门口。法师非常高兴，喃喃地说："我终于送了他一轮明月！"

第二天，他在阳光温暖的抚触下，从极深禅室里睁开眼睛，看到他披在小偷身上的外衣被整齐地叠好，放在门口。法师非常高兴，喃喃地说："我终于送了他一轮明月！"

样文 3-16B

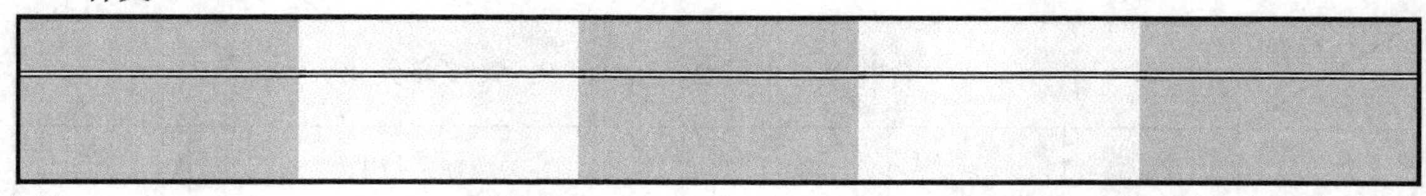

*哲理故事*

样文 3-17A

一种心境　　　　　　　　　　　　　　　　　　　　　　　　　　*9/10/2015*

一种心情，我不知道你可有，什么话也不想说，什么事也不想做，没有激情。入定了！不，没修行啊！用科学俗语说，大约进入到零点，进入到无状态。

怎么办？你或许关心地问。可又想不出一个所以然，甚至一个解决办法。

要紧吗？当然不要紧，凡物成真空状态是最安全的时候，而且无阻于人。光

在真空下速度更快，速度慢下来是因为受空气、受大气所阻。

人若有许多话要说，许多气要发，许多事要做，总是好的。但往往许多时候，你说的话等于没说，你发的脾气没用，你做的事是白做了。或很多事，兴致勃勃，兴高采烈，其实是算不得什么的，只不过是自己沾沾自喜罢了！

谁去注意蚂蚁找的东西有多重！

我只是说一种心情，一种你可能懂，但最好你不懂的心情。

可千万别去学这种心态，成事不足，颓废有余，要出于自然，况且有这等心态还得有一定的年龄与不凡的际遇，事事亨通也没这等心态了。

样文 3-17B

| 行合 / 列合 | 合并首行中的 2、3、4、5、6、7 单元格 | | | | | |
|---|---|---|---|---|---|---|
| 合并列 2、3、4 单元格 | | | | | | |
| | | | | | | |
| | | | | | | |

样文 3-18A

*病毒*　　　　*软件*

# 选择防病毒软件

计算机病毒和防病毒软件总是笼罩在一层神秘色彩之中。他们究竟是什么东西，是怎么产生的，会起到什么破坏作用？

病毒实质上就是一种计算机程序，它们自身可以复制并进行扩散，经常会影响计算机性能或删除数据，从而造成破坏性后果。

病毒程序的编制者都是那种计算机迷，他们通常都比较年轻，迷失自我，以看到他们制作的病毒广泛传播，赢得骂名为乐。计算机病毒很危险，但它不能依赖自身传播——只有首先执行病毒程序，它才能起到破坏作用。

✉ 防病毒软件可以用于检测和清除计算机病毒。它可以保证计算机中的数据不会遭到潜在的破坏，节省人们用于处理病毒侵害的时间。虽然绝大多数防病毒软件可以检测和清除普通的病毒，但却未得到普遍应用或未及时更新病毒特征值文件，导致了病毒的迅速传播。

🖶 在一些大公司的软件库中，管理防病毒软件的工具与实际的防范和清除病毒工作同样重要。绝大多数防病毒产品失败的原因不在于它们不能检测到病毒，而是因为它们非常难于使用和管理。

“国际计算机安全协会（NCSA）”于 1996 年 4 月调查了每个的 300 家大型企业，几乎每一家都报告发现了计算机病毒。同前一年相比已呈急剧上升趋势——而前一年因病毒原因给美国企业所造成的经济损失已高达 20 亿美元！

样文 3-18B

**计算机病毒发展史**

| 1986 | Brain（大麻）病毒 |
|---|---|
| 1988 | PingPang（小球） |
| 1990 | 多形性病毒 1260 病毒（在中国称幽灵病毒） |
| 1991 | 出现病毒编写小组和俱乐部及病毒杂志 |
| 1992 | 开始出售病毒软件包（黑色星期五） |
| 1994 | 病毒的主要特点是多形性病毒越来越多、越来越容易编写 |
| 1995 | 幽灵病毒流行于中国 |
| 1998 | 出现第一例破坏计算机硬件的CIH病毒 |
| 1998 | 八月在我国也发现CIH病毒 |

样文 3-19A



# 中国公用电子信箱系统

中国公用电子信箱系统

✉在人们的日常生活中，交流信息最常用的方式是信函，信函从发出到最终到达收信人手中，至少要经过六七个过程，这几个过程往往要耗费许多人力（如：邮递员）、物力（如：汽车），而且时间较长，尤其是发往国外的信件，一般要十天半个月。这就是大家熟悉的邮政信箱业务。

☎电子信箱业务与邮政信箱业务大体相同，但在实现的方法上却有着本质的区别，如果从写信到读信的整个过程完全用计算机来实现，就称为电子信箱业务，详细内容请翻看有电子工业出版社发行的《电子信箱手册》。

那么物理意义上信箱是怎样的一个概念呢？在计算机开辟一块块空间，当用来操作信息时，这一块块空间便被称为“信箱“。它由下面三个部分组成：信件存放区；工作区；归档存储区。

样文 3-19B

**CHINAMAIL 收费标准**

| 项目 | 收费标准 |
|---|---|
| 开户费（一次性收取） | 400.0 |
| 不是分组的用户 | 240.00 |
| 已是分组网的用户 | 140.00 |
| 信箱使用费（每月） | 40.00 |
| 信息传送费（进出信箱均收费） | 1.00 |
| 通信费 | 按地区 |
| 其他费用 | 另算 |

样文 3-19C

$$f(x,y)=\frac{x+y}{x-y}+\sqrt{x+y}+\sum_{i=1}^{n}(x+y)+\int_{1}^{n}(x+y)\mathrm{d}x$$

样文 3-20A

*网络* 8/7/2015

如今，我们经常谈论信息高速公路和异步传输模式（**ATM**）。正如 Internet 是世界范围内信息交流的一场革命一样，ATM 也为高速网络的发展带来了新的途径。

~~**ATM** 已经是指日可待。世界上许多宽带通讯专家选择 **ATM** 是因为它能适应未来通讯服务的要求。选择 **ATM** 的主要原因是众所周知的，它包括集成化网络、可变带宽和可变距离等。~~

**ATM** 是新一代的网络。它必将极大地推动网络在科学、医药和教育等领域的应用。例如：在医学图像应用中，允许您对 X 光片、CAT 扫描以及 MRI 图像进行转换并用数字格式存储。这些图像经常要由几个医生在同一时刻访问。通过网络向这些医生传送数字图像需要很高的带宽，若要支持这些应用，网络必须能够提供高速可靠的数据传输服务。

对于大学来说，借助于 ATM 的帮助，将“教室”这一定义的外延扩展到远远超出了地理上的界限。通过“远程学习”等应用程序，即使您在千里之外，也可以成为班级的一部分。这样，您根本无需在那里就可以同其他人进行交流。

**ATM** 技术的吸引力是它的广泛适应性—**ATM** 适用于各种联网问题，从工作组到全球性网络，从针对客户服务器应用的简单点对点通信到复杂的多点广播业务。它能够对多协议终端系统、传统的数据服务以及多媒体业务提供支持。

信元交换（也称为信元中继）是和 **ATM** 相关的一般性说法，它兼有分组交换的可调带宽和高速度，以及电路和帧交换固有的低时延。类似于分组交换，**ATM** 利用了将信息分成小段的观点，不过没有使用分组交换的差错校验功能。不同于分组和帧交换中可变长度分组，**ATM** 的固定程度（53 字节）信元具有以下优点：

◆ 数据能够并行地在单一物理链路上传输，ATM 业务具有固有的可复用性。

◆ 信元可以通过硬件交换，这将带来更高的吞吐量。而且以后随着处理器性能的提高和成本的大幅度下降，这种技术可以不断地提供更高的性能/价格比。

在传输 **ATM** 固定长度信元时，网络能够排定数据的优先顺序。**ATM** 可以提供确定的（即可预测的）响应时间，这对于时延敏感型业务（如动态视频和音频、或者关键性任务、交互式数据业务）是必需的。

# 第4章 电子表系统

Excel 是微软办公套装软件的一个重要组成部分，它经过了 Excel 5.0、Excel 95、Excel 97、Excel 2000 和 Excel 2003、Excel 2007 几个版本的发展，具有强大的数据存储和管理功能，支持文本和图形编辑，具有功能丰富、用户界面良好等特点。利用 Excel 提供的函数计算功能，用户不用编程就可以完成日常办公的数据计算、排序、分类汇总及报表等。尤其是相对、绝对和混合技术的引入，使对大量数据的操作变得更加简单直观；自动筛选技术使数据库的操作变得更加方便，为普通用户提供了便利条件，是实施办公自动化理想的工具软件之一，被广泛应用于财务、行政、金融、统计、经济和审计等方面。

## 4.1 Excel 2010 工作界面

Excel 的启动可以从“开始”菜单中找到 Microsoft Office，选择 Excel 2010 即可。启动 Excel 2010 后，Excel 将显示一个空白工作表，如图 4-1 所示。这个窗口中的界面与之前的 Word 最大的不同在于编辑区，整个编辑区是被表格覆盖的，这也可以看出 Excel 是以处理表格数据见长的。

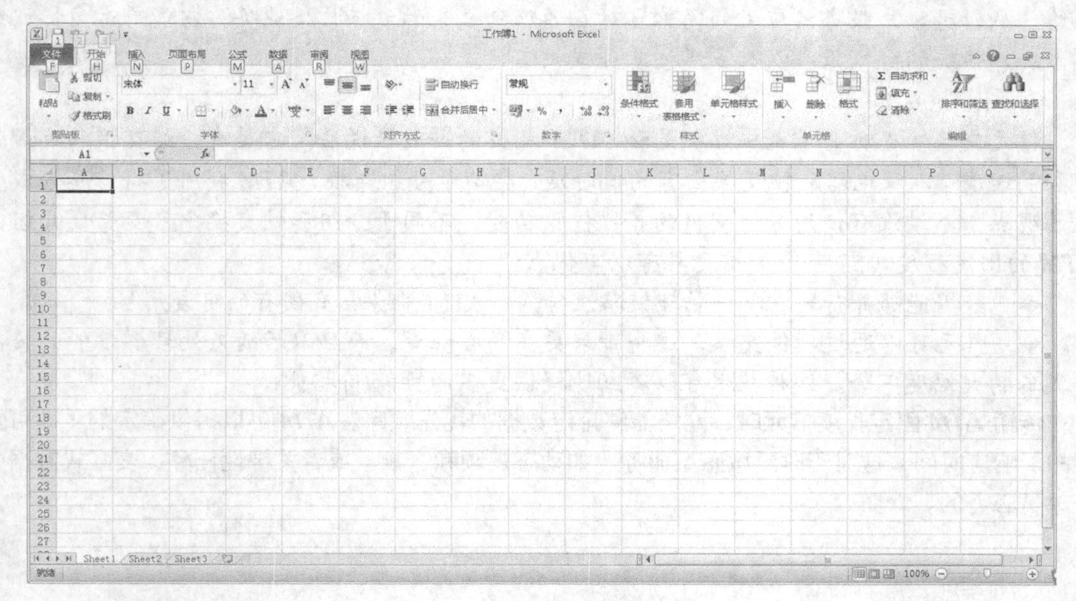


图 4-1 Excel 2010 用户界面

在学习 Excel 之前，首先需要了解工作簿、工作表和单元格等基本概念，以及它们之间的关系。

### 1. 工作簿

工作簿是 Excel 用来计算和存储数据的文件，其扩展名为“.xls”或者“.xlsx”，我们可以把它看作是一个账本，每个文件可以含有一个或多个工作表，工作表可以看作账页。在启动 Excel 2010 后，系统会自动创建一个空白工作簿，默认名称为“工作簿 1.xlsx”，这个文件名可以在保存工作簿时重新命名。

### 2. 工作表

在 Excel 2010 中，每个工作簿就像一个大的活页夹，工作表就像其中一张张的活页纸。工作表是工作簿的组成部分，用户可以在一个工作簿文件中管理各种类型的相关信息。例如，在一个工作表中存放“一月销售”的销售数据，在另一个工作表中存放“二月销售”的销售数据等，而这些工作表都可以包含在一个工作簿中。

默认情况下，一个新的工作簿中只含有 3 个工作表，其名字是 Sheet1、Sheet2 和 Sheet3，分别显示在工作表标签中。在实际工作中，可以根据需要添加更多的工作表。一个工作簿可以包含多少工作表呢？Excel 2003 及之前的版本，可以允许建最多 256 张工作表，而之后版本的最大工作表个数取决于内存大小。

要编辑某个工作表，可以单击该工作表标签。这时，编辑区中的表格是用户选定的工作表，称为活动工作表或当前工作表，其工作表标签反白显示，名称下方有单下划线。工作表标签左侧有 4 个按钮，用于管理工作表标签。在工作簿中添加了许多工作表之后，有许多工作表标签将无法看到，就可以利用这 4 个按钮来显示工作表标签。

### 3. 单元格

一张工作表由行和列构成，在 Excel 2010 中，每张工作表包括 16,384 列和 1,048,576 行。每一列的名称用 A、B、C 等字母表示；每一行的行号则用 1、2、3 等数字表示。行与列的交叉处形成一个单元格，它是 Excel 进行工作的基本单位。在 Excel 中，单元格是按照单元格所在的行和列位置来命名的，例如单元格 D4，就是指位于第 D 列、第 4 行交叉点上的单元格。要表示一个连续的单元格区域，可以用该区域左上角和右下角单元格表示，中间用冒号（:）分隔，例如，“C1:F3”表示从单元格 C1 到 F3 的区域，如图 4-2 所示。

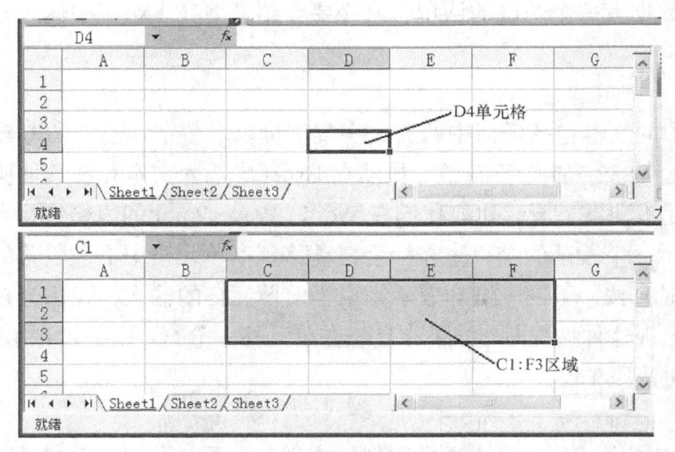


图 4-2　单元格和单元格区域

每张工作表只有一个单元格是活动单元格。活动单元格的四周有粗线黑框，其名称显示在编辑栏左侧的名称框中。

**4. 单元格内容**

每个单元格能够包含的内容是文本、数字、日期、时间或公式，最多可以容纳 32,767 个字符。

# 4.2 数据录入与编辑

## 4.2.1 单元格选定

Excel 2010 在执行大多数命令或任务之前，必须选定要进行操作的单元格或区域。

选定一个单元格，可以用鼠标单击该单元格，这时该单元格的周围出现粗边框，表明它是活动单元格。另外，也可以同时选定多个单元格，称为单元格区域。学会选定单元格区域可以节省许多时间。例如，选定一个区域后，可以一次格式化区域内的所有单元格或者按 Delete 键删除区域内所有单元格的内容。

选定多个单元格，可以采用如下的方法。

选定一个单元格区域，请先单击该区域的左上角单元格，然后按住鼠标左键拖到该区域的右下角即可。

选定一行，请单击该行前面的行号。

选定一列，请单击该列上方的列标。

选定不相邻的单元格区域，可以先单击并拖动鼠标选定第一个单元格区域，然后按住 Ctrl 键选定另一个单元格区域。

## 4.2.2 数据录入技巧

**1. 数据输入**

在 Excel 工作表的单元格中，可以使用两种最基本的数据格式：常数和公式。常数是指文字、数字、日期和时间等数据，还可以包括逻辑值和错误值。每种数据都有它特定的格式和输入方法，为了使用户对输入数据有一个明确的认识，有必要介绍一下在 Excel 中输入各种类型数据的方法和技巧。

（1）输入文本

Excel 单元格中的文本包括任何中西文文字或字母以及数字、空格和非数字字符的组合，每个单元格中最多可容纳 32,767 个字符数。虽然在 Excel 中输入文本和在其他应用程序中没有什么本质区别，但是还是有一些差异，比如我们在 Word、PowerPoint 的表格中，当在单元格中输入文本后，按回车键表示一个段落的结束，光标会自动移到本单元格中下一段落的开头。在 Excel 的单元格中输入文本时，按一下回车键却表示结束当前单元格的输入，光标会自动移到当前单元格的下一个单元格。出现这种情况时，如果你是想在单元格中分行，则必须在单元格中输入硬回车，即按住 Alt 键的同时按回车键。

（2）输入分数

几乎在所有的文档中，分数格式通常用斜杠来划分分子与分母，其格式为“分子/分母”。在 Excel 中日期的输入方法也是用斜杠来区分年、月、日的，比如在单元格中输入“3/4”，按回车键则显示“3 月 4 日”。为了避免将输入的分数与日期混淆，我们在单元格中输入分数时，要在分数前输入“0”（零）以示区别，并且在“0”和分子之间要有一个空格隔开，比如我们在输入“1/2”时，则应该输入“0 1/2”。如果在单元格中输入“8 1/2”，则在单元格中显示“8 1/2”，而在编辑栏中显示“8.5”。

（3）输入负数

在单元格中输入负数时，可在负数前输入“-”作标识，也可将数字置在“( )”括号内来标识，比如在单元格中输入“( 88 )”，按一下回车键，则会自动显示为“-88”。

（4）输入小数

在输入小数时，用户可以像平常一样使用小数点，还可以利用逗号分隔千位、百万位等。当输入带有逗号的数字时，在编辑栏并不显示出来，而只在单元格中显示。当你需要输入大量带有固定小数位的数字或带有固定位数的以“0”字符串结尾的数字时，可以采用下面的方法：选择“文件”→“选项”命令，打开“选项”对话框，单击“高级”选项，选中“自动输入小数点”复选框，并在“位数”微调框中输入或选择要显示在小数点右面的位数。如果要在输入比较大的数字后自动添零，可指定一个负数值作为要添加的零的个数。比如要在单元格中输入“88”后自动添加 3 个零，变成“88 000”，就在“位数”微调框中输入“-3”；相反，如果要在输入“88”前自动添加 3 位小数，变成“0.088”，则要在“位数”微调框中输入“3”。另外，在完成输入带有小数位或结尾零字符串的数字后，应清除对“自动设置小数点”符选框的选定，以免影响后边的输入；如果只是要暂时取消在“自动设置小数点”中设置的选项，可以在输入数据时自带小数点，如图 4-3 所示。

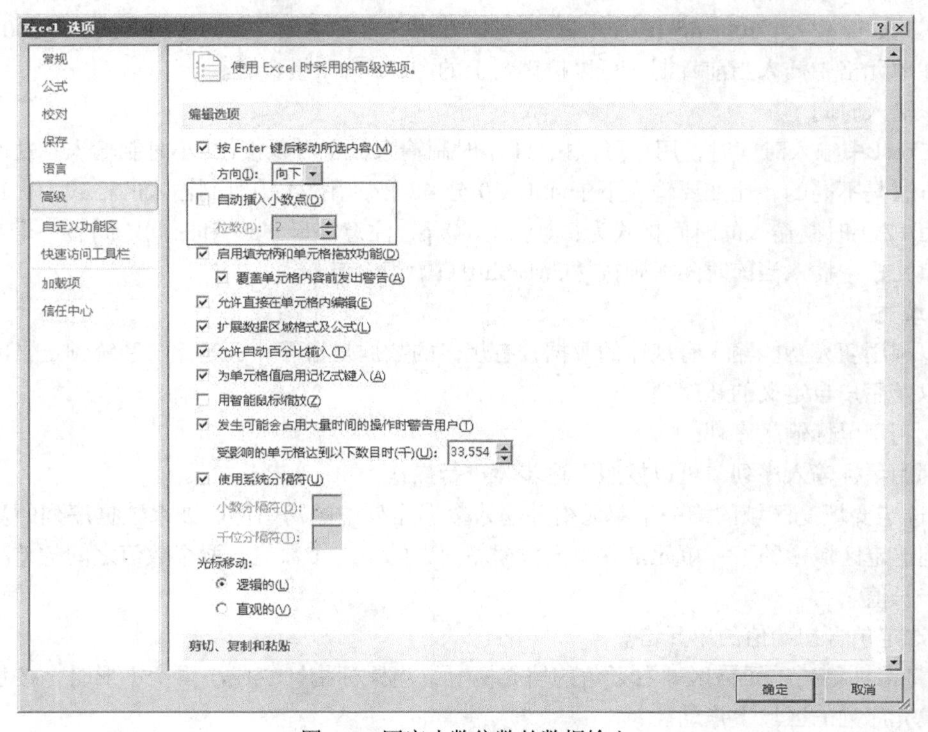


图 4-3　固定小数位数的数据输入

（5）输入货币值

Excel 几乎支持所有的货币值，如人民币（￥）、英镑（￡）等。欧元出台以后，Excel 2003

完全支持显示、输入和打印欧元货币符号。用户可以很方便地在单元格中输入各种货币值，Excel会自动套用货币格式，在单元格中显示出来。如图 4-4 所示，把“b2:d4”区域单元格的数值设置成人民币的货币值。

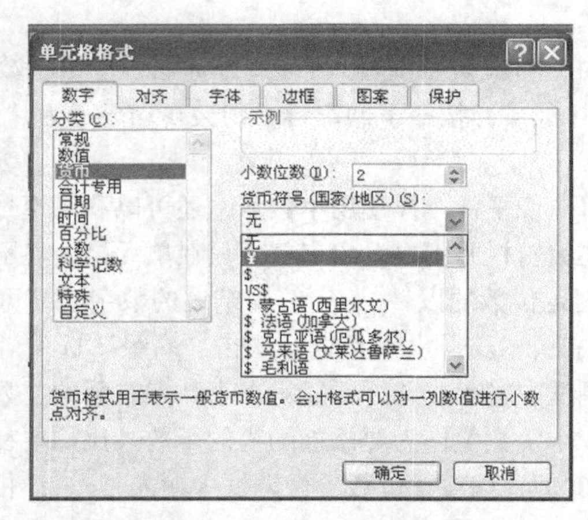


图 4-4 单元格中各国货币值的设定

（6）输入日期

Excel 是将日期和时间视为数字处理的，它能够识别出大部分用普通表示方法输入的日期和时间格式。用户可以用多种格式来输入一个日期，可以用“/”或者“-”来分隔日期中的年、月、日部分。比如要输入“2008 年 10 月 1 日”，可以在单元各种输入“2008/10/1”或者“2008-10-1”。如果要在单元格中插入当前日期，可以按键盘上的“Ctrl+;”组合键。

（7）输入时间

在 Excel 中输入时间时，用户可以按 24 小时制输入，也可以按 12 小时制输入。这两种输入的表示方法是不同的，比如要输入下午 4 时 30 分 48 秒，用 24 小时制输入的格式为：16：30：48，而用 12 小时制输入的时间格式为：4：30：48 p，注意字母“p”和时间之间有一个空格。如果要在单元格中插入当前时间，则按“Ctrl+Shift+;”组合键。

**2. 填充**

可以利用填充功能输入有规律的数据，有规律的数据是指等差、等比、系统预定义的数据填充序列以及用户自定义的新序列。

（1）利用鼠标输入序列

要利用鼠标输入序列，可以按照下述步骤进行操作。

① 选定要填充区域的第一个单元格并输入数据序列中的初始值。如果数据序列的步长值不是 1，则选定区域中的下一单元格并输入数据序列中的第二个数值，两个数值之间的差决定数据序列的步长值。

② 选定包含初始值的单元格。

③ 将鼠标移到单元格区域右下角的填充柄上，当鼠标指针变成小黑十字形时，按住鼠标左键在要填充序列的区域上拖动。

④ 释放鼠标左键时，Excel 将在这个区域完成填充工作。如图 4-5 所示。

（2）利用“序列”对话框输入序列

要利用“序列”对话框来输入序列，可以按照下述步骤进行操作：

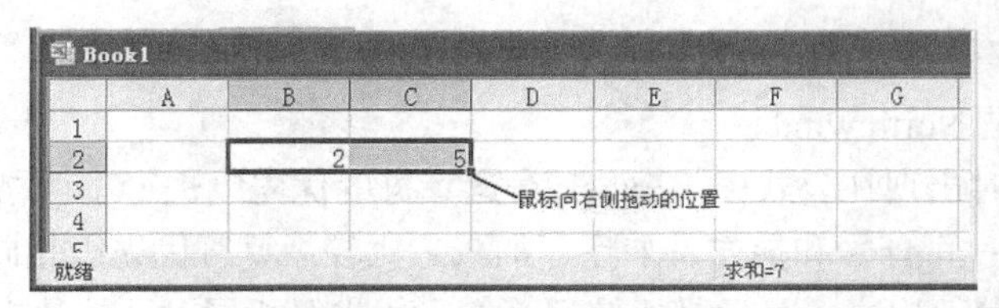


图 4-5　利用鼠标填充序列

① 选定要填充区域的第一个单元格并输入数据序列中的初始值。

② 选定含有初始值的单元格区域。

③ 选择“编辑”工具栏中的“填充”命令中“系列”命令。

④ 在“序列产生在”选项组内，选中“行”或“列”单选按钮，告诉 Excel 是按行方向进行填充，还是按列方向进行填充。

⑤ 在“类型”选项组内，选择序列的类型。要选择“日期”，还可以在“日期单位”选项组中选择所需的单位，如“日”、“工作日”、“月”或“年”。

⑥ 要指定序列增加或减少的数量，请在“步长值”文本框中输入一个正数或负数。另外，在“终止值”文本框中可以限定序列的最后一个值。

⑦ 单击“确定”按钮，即可在选定的单元格区域中填充序列，如图 4-6 所示。

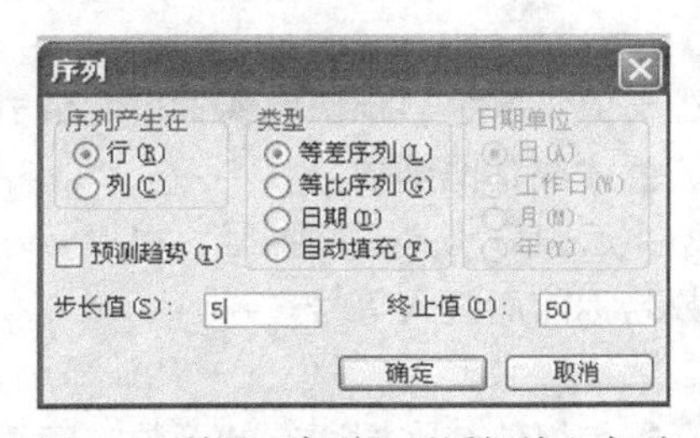


图 4-6　利用“序列”对话框输入序列

### 4.2.3　公式与函数

如果电子表格只是用于输入一些数值和文本，文字处理软件完全可以取代它。在大型数据报表中，计算、统计工作是不可避免的，Excel 的强大功能正是体现在计算上。通过在单元格中输入公式和函数，可以对表中数据进行总计、平均、汇总以及其他更为复杂的运算，从而避免手工计算的烦琐和容易出现的错误，数据修改后公式的计算结果也会自动更新，这更是手工计算无法企及的。

**1．使用公式**

Excel 中的公式遵循一个特定的语法，即最前面是等号（=），后面是参与计算的元素（运算数）和运算符。每个运算数可以是不改变的数值（常量）、单元格或区域的引用、标志、名称或函数。一般在编辑栏中输入。表 4-1 列出了可用的运算符。

表 4-1　Excel 运算符

| 运算符名称 | 表示形式 |
|---|---|
| 算术运算符 | +（加）、-（减）、*（乘）、/（除）、%（百分号）、^（乘方） |
| 关系运算符 | =、>、<、>=、<=、<> |
| 文字连接符 | & |

其中，文字连接符——&，用于加入或连接一个或更多字符串来产生一大段文本。如“North”&“wind”，结果将是 North wind。

当多个运算符同时出现在公式中，Excel 对运算符的优先级进行了严格规定。数学运算符中从高到低分 3 个级别：百分号和乘方、乘除、加减。比较运算符优先级相同。3 类运算符以数学运算符最高，文字运算符次之，最后是比较运算符。优先级相同时，按从左到右的顺序计算。

公式一般包括数字和对其他单元格的引用，引用方式不同，处理方式也不同。

单元格引用的 3 种方式：

相对引用：默认为相对引用，使用单元格的相对引用能确保公式在被复制、移动后会根据移动的位置自动调节公式中引用单元格的地址。

绝对引用：在行号和列号前加上“$”符号，如$A$1、$C$2 代表绝对引用。当公式在被复制、移动时，绝对引用单元格地址将不会随着公式位置变化而变化。

混合引用：指在单元格地址的行号或列号前加上“$”符号，如$A1 或 A$1。当公式在被复制、移动时，混合引用对单元格地址的处理方法是上述两者的结合。

**2. 使用函数**

函数是预定义的内置公式。它使用被称为参数的特定数值，按照被称为语法的特定顺序进行计算。例如，SUM 函数用于对单元格或单元格区域执行相加运算，AVERAGE 用于对单元格或单元格区域执行算术平均值运算。

参数可以是数字、文本、逻辑值、数组、正误值或者单元格引用。给定的参数必须能够产生有效的值。参数也可以是常量、公式或其他函数。

函数的语法以函数名称开始，后面分别是左圆括号、以逗号隔开的参数和右圆括号。如果函数以公式的形式出现，则在函数名称前面键入等号“=”。

如何插入函数？

Excel 2010 提供了几百个函数，想熟练掌握所有的函数难度很大，这时，可以使用工具栏上的“公式”标签。例如，想求出每位学生的平均分，可以按照下述步骤进行操作。

① 选定要插入函数的单元格。

② 单击工具栏上的“公式”标签，选择“插入函数”命令，出现“插入函数”对话框。

③ 在“选择类别”下拉列表框中选择要插入的函数类型，然后从“选择函数”列表框中选择要使用的函数。

④ 单击“确定”按钮，出现“函数参数”对话框。

⑤ 在参数框中输入数值、单元格引用或区域，或者用鼠标在工作表中选定区域。

⑥ 单击“确定”按钮，在单元格中显示公式的结果。用户可以单击“格式”工具栏上的“减少小数位数”按钮，减少计算结果中的小数位数，如图 4-7 所示。

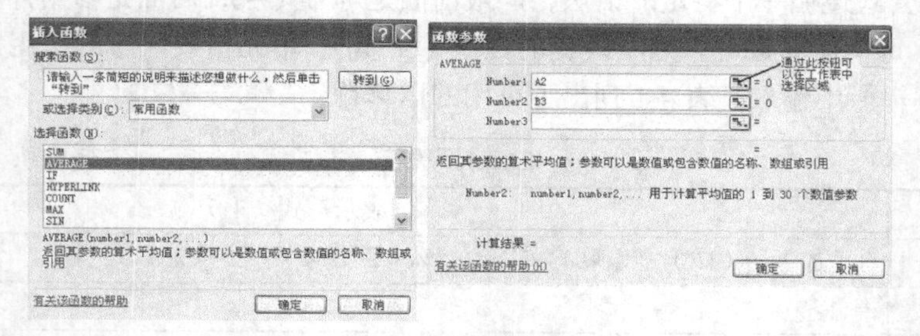


图 4-7 插入函数

Excel 还有一项推荐函数功能。当我们不知道计算的数据要使用什么函数时，可以在“搜索函数”文本框中输入一条自然语言，例如，“如何求平均值”，并单击“转到”按钮，将显示一个用于完成该任务的推荐函数列表。

## 4.3　格式化工作表

工作表格式化实质是对单元格数据进行格式化。单击工具栏中的“字体”或“对齐方式”或“数字”，均可打开“单元格格式”对话框，如图 4-8 所示。它有 6 个选项卡，用于进行数字格式、对齐方式、字体、边框线、图案和列宽行高的设置等。数据的格式化一般由用户根据上述 6 个方面进行相应的格式设置。

格式化工作较直观和简单，下面对一些典型的设置进行介绍。

### 1. 设置对齐格式

设置单元格的水平对齐方式、垂直对齐方式以及数据在单元格的旋转角度等，具体操作步骤如下：

① 选定要设置对齐方式的单元格。

② 选择“格式→单元格”命令，出现“单元格格式”对话框。

③ 单击“对齐”标签，如图 4-8（a）所示。

④ 在“水平对齐”或“垂直对齐”下拉列表框中，选择数据在单元格中的水平对齐、垂直对齐方式。

⑤ 在“方向”选项组中，可拖动“文本”指针来确定字符旋转的角度，也可以在“度”微调框中输入文本旋转的度数。

⑥ 如果在单元格中输入了较长的文本，则可以选中“自动换行”复选框，使文本在单元格中换行。

⑦ 设置完毕后，单击“确定”按钮。

### 2. 添加单元格边框

为了打印出有边框线的表格，可以为表格添加不同线型的边框；为了突出显示某些重要的数据，可以为某些单元格添加底纹。

① 选定要添加边框的单元格或单元格区域。

② 选择“格式→单元格”命令，出现“单元格格式”对话框。

③ 在“单元格格式”对话框中，单击“边框”标签，如图 4-8（b）所示。

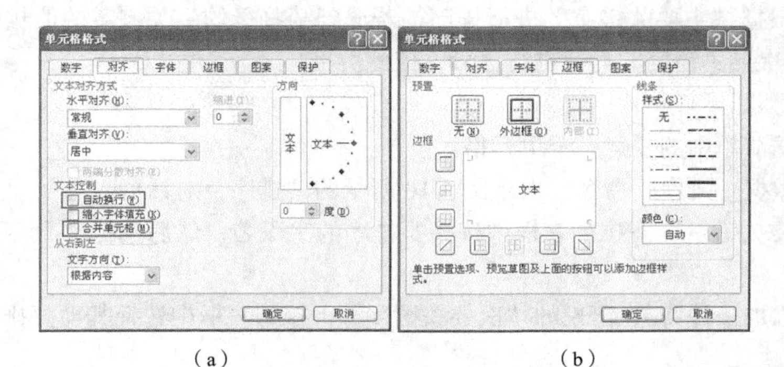


（a）　　　　　　　　（b）

图 4-8　“单元格格式”对话框

④ 要给单元格的某一边添加不同的边框，请从“样式”列表框中选择一种线型，然后直接在“预置”和“边框”中单击相应的按钮即可完成设置。

为了看清添加的边框，请选择“文件”菜单中的“选项”命令，在出现的“选项”对话框中单击“高级”标签，撤选“网格线”复选框，然后单击“确定”按钮，如图 4-9 所示。

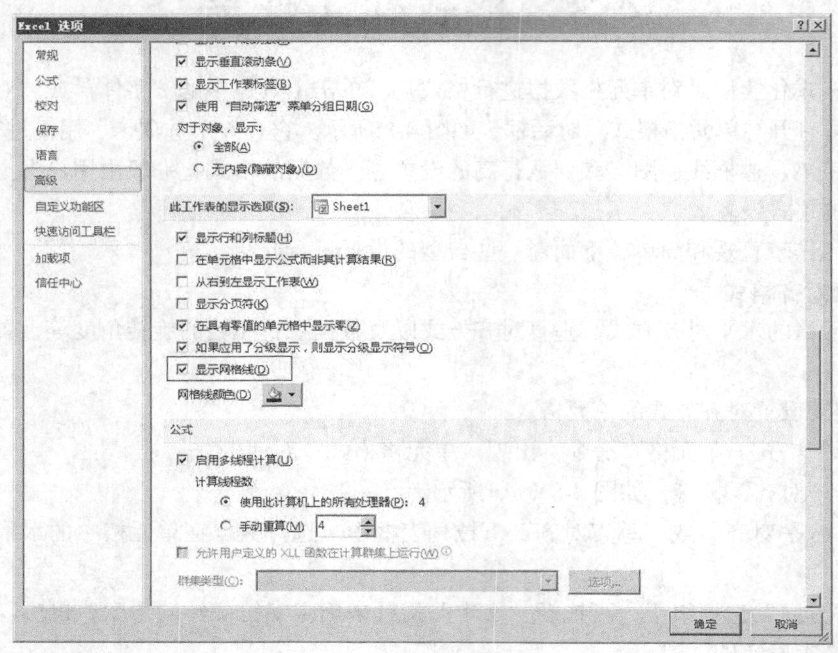


图 4-9　撤选“网格线”

# 4.4　数据管理

## 4.4.1　排序

排序就是根据某个特征值，将相近或类似的数据排在一起。排序所依据的特征值称为“关键字”，可以选择多个关键字进行排序，第一个选择的被称为“主要关键字”，其余的都被作为“次要关键字”。先根据“主要关键字”进行排序，若遇到某些行的主关键字的值相同，而无法区分时，应根据其“次要关键字”的值进行区分，依此类推。

具体操作步骤如下。

① 选定数据清单中的任意一个单元格。

② 选择“数据→排序”命令，出现图 4-10 所示的“排序”对话框。

③ 在“主要关键字”下拉列表框中选择要排序的字段名，然后选择“升序”或“降序”的排序方式。

④ 单击“添加条件”，在出现的“次要关键字”下拉列表框中选择其他要排序的字段名，然后选择排序的方式。

⑤ 单击“确定”按钮。

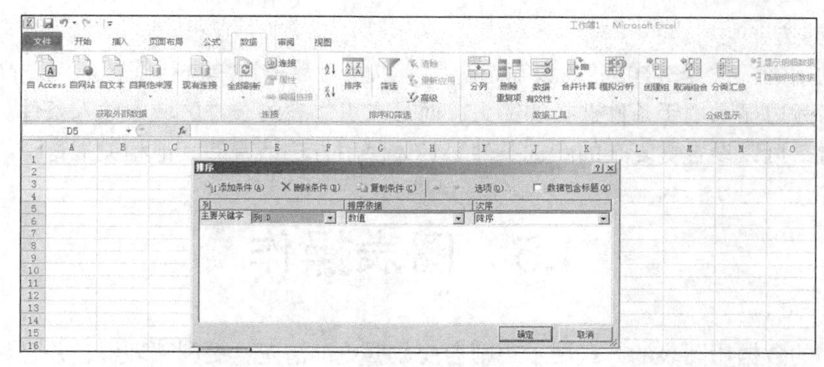

图 4-10 排序

## 4.4.2 筛选

从大量数据中选出最感兴趣的数据（例如，前几名、后几名、前百分之几、后百分之几、等于某个值、满足某个条件的数据），称为“筛选”。Excel 提供了自动筛选和高级筛选两种筛选数据清单的方法。

**1. 自动筛选**

自动筛选给用户提供了快速访问大量数据清单的管理功能。通过对一个数据清单进行筛选，可将不满足条件的记录暂时隐藏起来，仅显示满足条件的记录。

使用自动筛选的具体操作步骤如下。

① 选定数据清单中的任意一个单元格。

② 选择“数据”菜单中的“筛选”命令。此时，在每个列标题的右侧出现一个向下箭头。

③ 单击想查找列的向下箭头，其中列出了该列中的所有项目。

④ 从下拉菜单中选择需要显示的项目，筛选后所显示的数据行的行号是蓝色的，筛选后的数据列中的自动筛选箭头也是蓝色的。

要取消对某一列进行的筛选，可以单击该列旁边的向下箭头，从下拉菜单中选择“全部”。

要取消数据清单中的所有筛选，可以选择“数据→筛选”菜单中的“全部显示”命令。

要退出自动筛选，可以选择“数据→筛选”菜单中的“自动筛选”命令，清除该命令前面的复选标记。如图 4-11 所示。

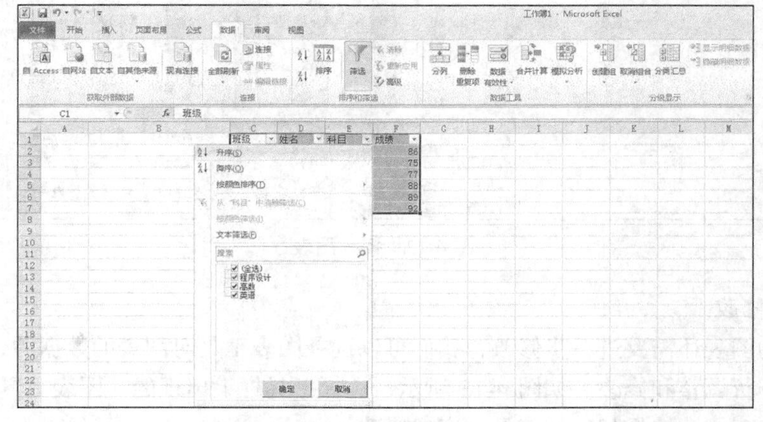

图 4-11 自动筛选

2. 高级筛选

与“自动筛选”命令一样，“高级筛选”命令也是对数据清单进行筛选，但“高级筛选”命令不在字段名旁边显示用于条件选择的箭头，而是在工作表的条件区域中输入条件。使用“高级筛选”命令时，可以设置更复杂的筛选条件。具体使用方法请查阅其他相关书籍。

# 4.5 图表操作

将表格中的数据用图表的方式展示，则会使数据更加清楚，更利于理解，并且从图表上很容易看出数据变化的趋势。图表与生成它们的工作表数据相链接，当更改工作表数据时，图表会自动更新。

图表既可以放在工作表上，也可以放在工作簿的图表工作表上。直接出现在工作表上的图表称为嵌入式图表，图表工作表是工作簿中仅包含图表的特殊工作表。嵌入式图表和图表工作表都与工作表的数据相链接，并随工作表数据的更改而更新。

1. 创建图表

根据数据创建图表，可以按照下述步骤进行操作。

① 在工作表中选定要创建图表的数据。

② 选择工具栏上的“插入”标签，在图表工具栏中选择图表类型及其子类型，如图 4-12 所示，即可生成相应的图表。

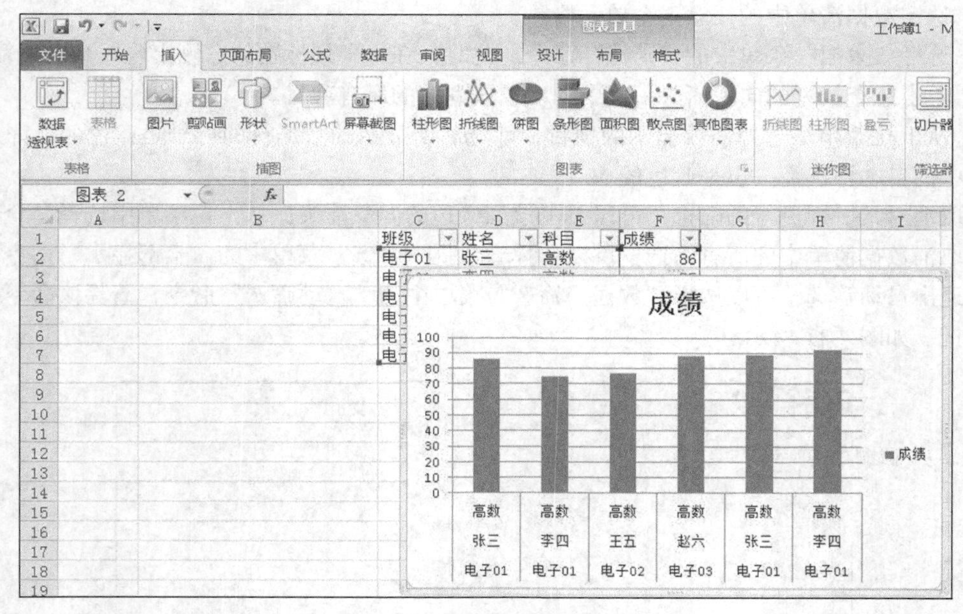


图 4-12 插入图表

2. 图表的修改

如果生成的图表还需要进一步修改，我们可以选择图表工具对图表的数据源、图表类型、图表布局和样式进行调整和修改。如图 4-13 所示，选择工具栏上出现的“图表工具”，出现与图表有关的各种功能工具，选择相应的工具，完成修改。

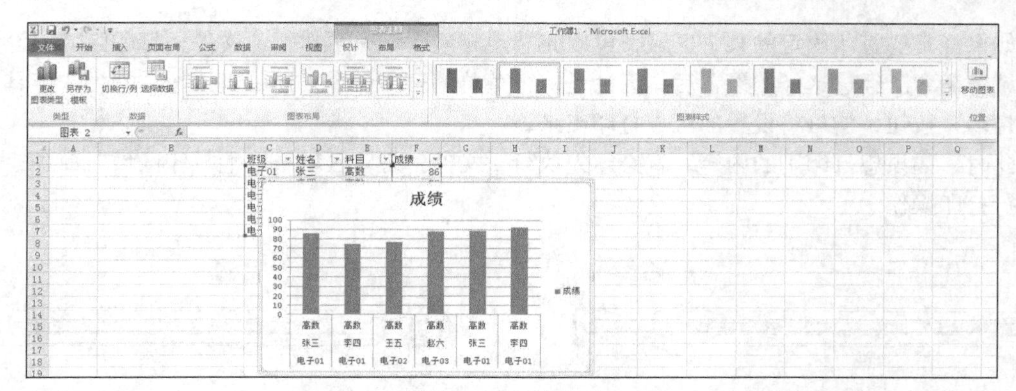


图 4-13 图表工具

# 4.6 页面设置

用户可以打印整个工作簿、一个工作表，也可以打印工作表的一部分。为了将排版的表格打印出来，需要进行页面设置，例如选择纸张大小、页边距、页面方向、页眉和页脚、工作表的设置等，这些设置与 Word 中的页面设置类似，在此不加赘述。

打印时，要求每页都有表头和顶端标题行，通过插入空行和复制顶端标题行的方法来进行打印操作，不仅烦琐，也容易造成版面混乱。通过页面设置则可轻松达到上述要求。

### 1. 设置顶端标题行

在工具栏“页面布局”中选择“打印标题”，打开“页面设置”对话框中的“工作表”标签，单击“顶端标题行”文本框右侧的压缩对话框按钮，如图 4-14 所示。选定表头和顶端标题所在的单元格区域，再单击该按钮返回到“页面设置”对话框，单击“确定”按钮。

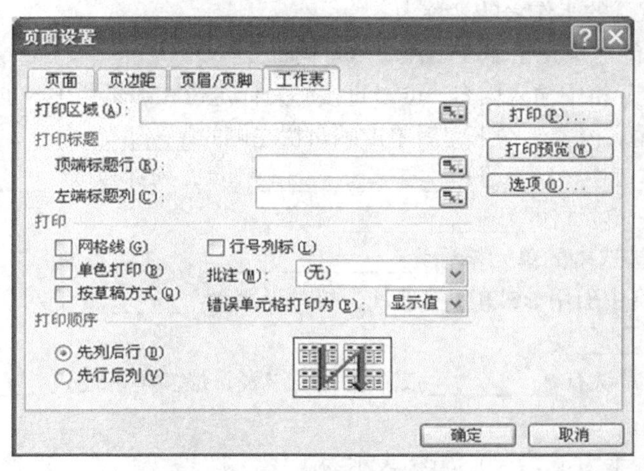


图 4-14 “页面设置”对话框

### 2. 打印选定区域

选定需要打印的区域，执行“文件”菜单中的“打印”命令，打开“打印内容”对话框。选中“打印内容”下面的“选定区域”选项，单击“确定”按钮就行了。

如果经常要打印固定的某个区域，可以先选定相应区域，再执行“文件→打印区域→设置打印区域”命令。经过这样的设置后，无论是执行菜单的打印命令，还是直接按“常用”工具栏上的“打印”按钮，均可将设置的区域打印出来。

此时，如果想打印别的内容，就必须先执行“文件→打印区域→取消打印区域”命令，然后再进行打印操作。

# 习　题

**一、判断题**

1. 在 Excel 中，工作簿中最多可以设置 16 张工作表。

2. 在单元格中输入公式表达式时，首先应输入“等于”号。

3. 在 Excel 中，直接处理的对象为工作表，若干工作表的集合称为工作簿。

4. 相对引用的含义是：把一个含有单元格地址引用的公式复制到一个新的位置或用一个公式填入一个选定范围时，公式中单元格地址会根据情况而改变。

5. 绝对引用的含义是：把一个含有单元格地址引用的公式复制到一个新的位置或在公式中填入一个选定范围时，公式中单元格地址会根据情况而改变。

**二、填空题**

1. Excel 2010 的单元格公式中，一方面可通过＿＿＿＿＿＿＿输入函数，另一方面也可用＿＿＿＿＿＿＿工具按钮，将函数直接粘贴到单元格公式中。

2. 在 Excel 默认格式下，数值数据会＿＿＿＿＿＿＿对齐；字符数据会＿＿＿＿＿＿＿对齐。

3. Excel 2010 中提供了两种筛选命令，是＿＿＿＿＿＿＿和＿＿＿＿＿＿＿。

4. 在 Excel 中，一般的工作文件的默认文件类型为＿＿＿＿＿＿＿。

5. 在 Excel 中默认的工作表的名称为＿＿＿＿＿＿＿。

6. Excel 中引用绝对单元格需在工作表地址前加上＿＿＿＿＿＿＿符号。

7. 要在 Excel 单元格中输入内容，可以直接将光标定位在编辑栏中，也可以对活动单元格按＿＿＿＿＿＿＿键输入内容，输入完后单击编辑栏左侧的＿＿＿＿＿＿＿按钮确定。

8. 在 Excel 工作表中，行标号以＿＿＿＿＿＿＿表示，列标号以＿＿＿＿＿＿＿表示。

9. 填充柄在每一单元格的＿＿＿＿＿＿＿下角。

10. 在 Excel 中被选中的单元格称为＿＿＿＿＿＿＿。

11. 在 G8 单元格中引用 B5 单元格地址，相对引用是＿＿＿＿，绝对引用是＿＿＿＿，混合引用是＿＿＿＿或＿＿＿＿。

12. 工作簿窗口默认有＿＿＿＿＿张独立的工作表，最多不能超过＿＿＿＿＿张工作表。

**三、单项选择题**

1. 工作表列标表示为（　　），行标表示为（　　）。

A. 1、2、3……　　B. A、B、C……　　C. 甲、乙、丙……　　D. Ⅰ、Ⅱ、Ⅲ……

2. 单元格 D1 中有公式“=A1+$C1”，将 D1 中的公式复制到 E4 单元格中，E4 单元格中的公式为（　　）。

A. =A4+$C4　　B. =B4+$D4　　C. =B4+$C4　　D. =A4+C4

3. Excel 2010 中，在单元格中输入“00/3/10”，则结果为（　　）。

A. 2000-3-10　　B. 3-10-2000　　C. 00-3-10　　D. 2000年3月10日

4. 一个工作簿中有两个工作表和一个图表，如果要将它们保存起来，将产生（　　）个文件。

A. 1　　B. 2　　C. 3　　D. 4

5. 用 Delete 键来删除选定单元格数据时，它删除了单元格的（　　）。

A. 内容　　B. 格式　　C. 附注　　D. 全部

6. 在工作表的编辑过程中，按钮的功能是（　　）。

A. 复制输入的文字　　B. 复制输入单元格的格式

C. 重复打开文件　　D. 删除

7. A1 单元格中的内容为 100，B1 单元格中的公式为“=A1”，将 A1 单元格移到 B2 单元格，B1 单元格的公式为（　　）。

A. =B2　　B. =A1　　C. #DEF　　D. =A1：B2

8. “=SUM（D3，F5，C2：G2，E3）”表达式的数学意义是（　　）。

A. =D3+F5+C2+D2+E2+F2+G2 +E3

B. = D3+ F5+ C2+ G2 +E3

C. = D3+ F5+ C2+E3

D. = D3+ F5+ G2 +E3

9. 在 Excel 2010 中录入任何数据，只要在数据前加“'”（单引号），则单元格中表示的数据类型是（　　）。

A. 字符类　　B. 数值　　C. 日期　　D. 时间

10. 要采用另一个文件名来存储文件时，应选“文件”菜单的（　　）命令。

A.“关闭文件”　　B.“保存文件”

C.“另存为”　　D.“保存工作区”

11. 在选定单元格中操作中，先选定 A2，按住 Shift 键，然后单击 C5，这时选定的单元格区域是（　　）。

A. A2：C5　　B. A1：C5　　C. B1：C5　　D. B2：C5

12. 单元格的格式（　　）。

A. 一旦确定，将不可改变

B. 随时可以改变

C. 依输入的数据格式而定，并不能改变

D. 更改后，将不可以改变

13. 已知 A1、B1 单元格中的数据为 33、35，C1 中公式为“=A1+B1”，其他单元格均为空，若把 C1 中的公式复制到 C2，则 C2 显示为（　　）。

A. 88　　B. 0　　C. =A1+B1　　D. 55

14. 在 Excel 工作表中，如果没有预先设定整个工作表的对齐方式，系统默认的对齐方式为：数值（　　）。

A. 左对齐　　B. 中间对齐　　C. 右对齐　　D. 视具体情况而定

15. 执行一次排序时，最多能设（　　）个关键字段。

A. 1　　B. 2　　C. 3　　D. 任意多个

16. Excel 中，如果要预置小数位数，方法是输入数据时，当设定小数是“2”时，输入 56,789 表示（　　）。

A. 567.89　　B. 0056789　　C. 56789.00　　D. 56789

17. 在 Excel 中，若单元格引用随公式所在单元格位置的变化而改变，则称之为（　　）。

A. 相对引用　　B. 绝对地址引用　　C. 混合引用　　D. 3-D 引用

18. Excel 单元格 D1 中有公式“=A1+$C1”，将 D1 格中的公式复制到 E4 单元格中，E4 单元格中的公式为：(　　)。

A. =A4+$C4　　B. =B4+$D4　　C. =B4+$C4　　D. =A4+C4

# 上 机 实 验

## 实验一　创建和编辑 Excel 工作簿

### 一、实验目的

1. 掌握 Excel 2010 的启动和退出方法，了解 Excel 2010 窗口组成结构。
2. 掌握 Excel 2010 工作簿文件的建立、保存、打开和关闭的方法。
3. 掌握在工作表中输入数据的方法和数据计算技术。
4. 掌握 Excel 2010 工作表的基本编辑操作。
5. 掌握格式化 Excel 2010 工作表的操作。

### 二、实验内容

按表 4-2 样式建立工作表“Sheet1”，计算“平均分”，并按下面要求编辑工作表。

表 4-2　各科成绩统计表

各科成绩统计

| 序号 | 年度 | 高等数学 | 大学物理 | 大学英语 | 信息技术 | 政治理论 |
|---|---|---|---|---|---|---|
| 1 | 1990 | 80 | 77 | 66 | 70 | 86 |
| 2 | 1991 | 77 | 74 | 68 | 76 | 79 |
| 3 | 1992 | 79 | 83 | 72 | 78 | 83 |
| 4 | 1993 | 82 | 76 | 76 | 86 | 85 |
| 5 | 1994 | 67 | 69 | 80 | 78 | 78 |
| 6 | 1995 | 74 | 80 | 69 | 83 | 80 |
| 7 | 1996 | 77 | 79 | 78 | 69 | 80 |
| 8 | 1997 | 79 | 69 | 66 | 84 | 76 |
| 9 | 1998 | 69 | 83 | 70 | 78 | 78 |
| 10 | 1999 | 75 | 78 | 64 | 85 | 82 |
| 11 | 2000 | 66 | 69 | 72 | 79 | 79 |
| 12 | 2001 | 78 | 76 | 70 | 82 | 80 |
| 平均分 | | | | | | |

要求：

（1）表头设置：在第一行输入文本“各科成绩统计”，“A1:G1”合并及居中，垂直靠上；“常规”格式；黑体、蓝色、字号 20、行高 35。

（2）字段名：“常规”格式；宋体、字号 12；行高 18、水平居中、垂直居中。

（3）添加全部数据：宋体、字号 12、行高 15、垂直居中。各列数据要求如下：

① 序号：从 1 ~ 12、平均分，“常规”格式，水平居中。

② 年度：从 1990 ~ 2001、间隔一年、“文本”型，水平居中。

③ 各科成绩：“数值”型第 4 种，小数点后位数为 0，水平居中。

（4）A 至 G 列宽为最合适列宽（A2 单元格中放置“序号”）。

（5）统计数据：按列统计单课的平均成绩，置于“C15:G15”单元格中。

（6）按表 4-2 设置边框，外边框粗实线，内边框细实线。

最后，将工作表 Sheet1 改名为“各科成绩”，将此工作簿以“练习 1.xlsx”文件名存到 D 盘中。

# 实验二　Excel 图表操作

## 一、实验目的

1. 掌握创建嵌入式图表和图形图表的方法。
2. 掌握图表的移动、缩放、改变类型和格式等操作。
3. 掌握向图表中添加数据、删除数据，以及图表内部标题、数据、坐标、网格等元素的调整。

## 二、实验内容

打开 D 盘根目录下文件“练习 1.xlsx”，在工作表“各科成绩”的基础上操作工作表。

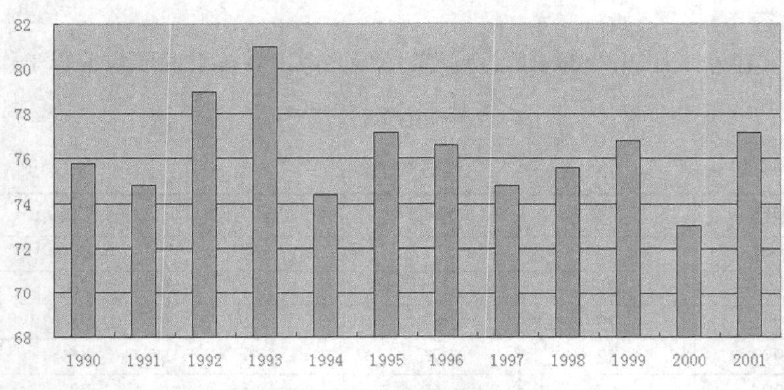


图 4-15　年度平均成绩图表样图

建立图形图表，如图 4-15 所示。

（1）选择二维簇状柱形图，无图例。

（2）分类轴为“年度”，宋体、字号 16、红色。

（3）数值轴为“平均成绩”，宋体、字号 16、红色，数字无小数点。

（4）标题为“年度平均成绩”，黑体、字号 36、蓝色。

（5）重命名“图表 1”工作表为“年度平均成绩”。

（6）将文件另存为“练习 2.xlsx”。

# 实验三　Excel 数据库操作

## 一、实验目的

1. 掌握 Excel 数据库的建立和编辑方法。
2. 掌握记录的排序、筛选、分类汇总操作。

## 二、实验内容

1. 建立数据库：按表 4-3 的数据内容和格式建立一数据清单（数据库），工作簿名为“练习 3.xlsx”，其中的工作表名为“学生成绩单”，存在 D 盘根目录下。

2. 记录排序：打开 D 盘根目录下文件“练习 3.xlsx”，制作工作表“学生成绩单”的复件“学生成绩排序”，以“班级”和“平均成绩”作为关键字进行排序，其中“班级”按升序，“平均成绩”按降序，然后存盘。

3. 筛选记录：打开 D 盘根目录下文件“练习 3.xlsx”，制作工作表“学生成绩单”的复件“学生成绩自动筛选”，用自动筛选方法筛选出各科成绩均在 70 分以上的记录，然后存盘。

4. 筛选记录：打开 D 盘根目录下文件“练习 3.xlsx”，制作工作表“学生成绩单”的复件“学生成绩高级筛选”，用高级筛选方法筛选出“高等数学”成绩高于 70 分和“大学英语”成绩高于 70 分的记录，将筛选结果放在 A18 开始的单元格区域，然后存盘。

5. 分类汇总：打开 D 盘根目录下文件“练习 3.xlsx”，制作工作表“学生成绩单”的复件“学生成绩分类汇总”，按班级进行分类汇总，分类字段是“班级”，汇总方式是“平均值”，汇总项选“高等数学”，“大学物理”，“大学英语”。关闭记录层次，只显示汇总结果，然后存盘。

表 4-3　学生成绩单

| 姓名 | 性别 | 班级 | 高等数学 | 大学物理 | 大学英语 | 政治理论 | 平均成绩 |
|---|---|---|---|---|---|---|---|
| 赵小伟 | 男 | 1 | 80 | 77 | 66 | 86 | 77.3 |
| 刘春光 | 男 | 2 | 77 | 74 | 68 | 79 | 74.5 |
| 王春萍 | 女 | 2 | 79 | 83 | 72 | 83 | 79.3 |
| 马兰芳 | 女 | 2 | 82 | 76 | 76 | 85 | 79.8 |
| 王胜利 | 男 | 1 | 67 | 69 | 80 | 78 | 73.5 |
| 李红军 | 男 | 1 | 74 | 80 | 69 | 80 | 75.8 |
| 崔秀兰 | 女 | 2 | 77 | 79 | 78 | 80 | 78.5 |
| 孙小明 | 男 | 2 | 79 | 69 | 66 | 76 | 72.5 |
| 王东贤 | 男 | 1 | 69 | 83 | 70 | 78 | 75.0 |
| 张桂芳 | 女 | 2 | 75 | 78 | 64 | 82 | 74.8 |
| 郑志刚 | 男 | 1 | 66 | 69 | 72 | 79 | 71.5 |
| 姜春燕 | 女 | 2 | 78 | 76 | 70 | 80 | 76.0 |

# 实验四　综合练习

题 1：

NBA 新星姚明 2006 年 3 月技术统计

| 日期 | 比分及对手 | 出场时间 | 得分 | 篮板 | 盖帽 |
|---|---|---|---|---|---|
| 4 日 | 93-96 湖人 | 37 | 33 | 8 | 1 |
| 6 日 | 112-109 森林狼 | 32 | 27 | 6 | 0 |
| 8 日 | 101-98 小牛 | 38 | 29 | 10 | 3 |
| 10 日 | 90-85 快船 | 32 | 19 | 10 | 2 |
| 12 日 | 97-86 黄蜂 | 28 | 17 | 9 | 2 |
| 14 日 | 88-80 灰熊 | 34 | 17 | 11 | 3 |
| 16 日 | 97-99 太阳 | 44 | 29 | 19 | 6 |
| | 平均 | | | | |
| | 合计 | | | | |

要求：

（1）将标题“NBA 新星姚明 2006 年三月技术统计”放在“A1:F1”表格中，居中，加粗。

（2）用公式计算姚明平均出场时间、得分、篮板和盖帽，并设置这些单元格格式为：0.00；用公式计算这些项的合计值。

（3）插入图表，选择簇状柱形图，数据区域为：“A2:F9”，系列产生在列，并为工作表命名为“技术统计图”，作为对象插入。

题 2：

今日饮料零售情况统计表

| 名称 | 包装单位 | 零售单价 | 销售量 | 销售额 |
|---|---|---|---|---|
| 可乐 | 听 | 3 | 120 | |
| 雪碧 | 听 | 2.8 | 98 | |
| 美年达 | 听 | 2.8 | 97 | |
| 健力宝 | 听 | 2.9 | 80 | |
| 红牛 | 听 | 6 | 56 | |
| 橙汁 | 听 | 2.6 | 140 | |
| 汽水 | 瓶 | 1.5 | 136 | |
| 啤酒 | 瓶 | 2 | 110 | |
| 酸奶 | 瓶 | 1.2 | 97 | |
| 矿泉水 | 瓶 | 2.3 | 88 | |

要求：

（1）设置标题在“A1:E1”合并居中，字号为 16，颜色为蓝色。

（2）使用公式计算各饮料的销售额。

（3）根据销售额由高到低对饮料零售情况进行排序。

题 3：

数学组教师工资发放表

| 姓名 | 基本工资 | 课时量工资 | 加班工资 | 房租 | 水电费 | 实发金额 |
|---|---|---|---|---|---|---|
| 李阳洋 | 875 | 1100 | 480 | 180 | 56 | |
| 张海涛 | 786 | 1235 | 480 | 240 | 76 | |
| 朱小明 | 885 | 1359 | 350 | 240 | 55 | |
| 李红 | 930 | 1230 | 350 | 120 | 48 | |
| 王明文 | 780 | 980 | 320 | 160 | 76 | |
| 杨小华 | 883 | 450 | 450 | 150 | 89 | |

（注：实发金额=基本工资+课时量工资+加班工资-房租-水电费。）

要求：

（1）将标题“数学组教师工资发放表”居中并加粗。

（2）用表达式求各个教师的实发金额，并设置单元格区域“B3=G10”的格式为货币格式，保留两位小数。

（3）用公式计算各项工资和支出的平均值与合计。

（4）筛选出基本工资高于800元的教师。

题4：

学生成绩统计表

| 姓名 | 性别 | 政治 | 语文 | 数学 | 英语 | 物理 | 化学 | 总分 | 平均分 |
|---|---|---|---|---|---|---|---|---|---|
| 欧海军 | 男 | 71 | 55 | 75 | 79 | 94 | 90 | 464.0 | 77.3 |
| 刘富彪 | 男 | 63 | 56 | 82 | 77 | 98 | 93 | 469.0 | 78.2 |
| 邓远彬 | 男 | 67 | 59 | 95 | 73 | 88 | 86 | 468.0 | 78.0 |
| 张晓丽 | 女 | 76 | 49 | 84 | 89 | 83 | 87 | 468.0 | 78.0 |
| 邹文晴 | 女 | 77 | 54 | 78 | 90 | 83 | 83 | 465.0 | 77.5 |
| 刘章辉 | 男 | 65 | 47 | 85.5 | 69 | 90 | 89 | 445.5 | 74.3 |
| 刘金华 | 男 | 71 | 59.5 | 76 | 73 | 100 | 84 | 463.5 | 77.3 |
| 邓云华 | 女 | 74 | 46 | 82 | 73 | 91 | 92 | 458.0 | 76.3 |
| 叶建琴 | 女 | 72 | 53 | 81 | 75 | 87 | 88 | 456.0 | 76.0 |
| 黄仕玲 | 女 | 74 | 61 | 83 | 81 | 92 | 64 | 455.0 | 75.8 |
| 李迅宇 | 男 | 65 | 48 | 90 | 79 | 88 | 83 | 453.0 | 75.5 |
| 梁海平 | 男 | 89 | 50 | 84 | 85 | 92 | 91 | 491.0 | 81.8 |

要求：

（1）筛选出平均分大于或等于76分的学生资料（注意“与”与“或”的使用）。

（2）请用分类汇总的方法计算出男生和女生的语文、数学和英语平均分各是多少？

# 第 5 章 MatLab 数学软件

自 20 世纪 80 年代以来，出现了科学计算语言，亦称数学软件，比较流行的有 MatLab、Mathematica、Mathcad、Maple 等。目前流行的几种科学计算软件各有特点，而且都在不断发展，新的版本不断涌现，但其中影响最大、流行最广的当属 MatLab 语言。本章将主要介绍 MatLab 的使用环境、数值计算方法以及 MatLab 图形绘制的基本应用等。

## 5.1 MatLab 操作基础

MatLab 的基本数据单位是矩阵，它的指令表达式与数学、工程中常用的形式十分相似，故用 MatLab 来解算问题要比用 C、Fortran 等语言完成相同的事情简捷得多。并且 MatLab 也吸收了像 Maple 等软件的优点，使 MatLab 成为一个强大的数学软件。在新的版本中也加入了对 C、Fortran、C++、Java 的支持。

### 5.1.1 MatLab 概述

MatLab 是英文 Matrix Laboratory（矩阵实验室）的缩写，它的产生是与数学计算紧密联系在一起的。1980 年，美国新墨西哥州大学数学与计算机科学教授克里夫 · 英勒（Cleve Moler）为了解决线性方程和特征值问题，和他的同事开发了 Linpack 和 Eispack 的 Fortran 子程序库，后来又编写了接口程序并取名为 MatLab，从此开始应用于数学界，这便是 MatLab 的雏形。

经过 30 余年的发展和完善，MatLab 已经成为一个包含众多工程计算与仿真功能的庞大系统。MabLab 是一个交互式开发系统，其基本数据要素是矩阵。其数据类型丰富，语法规则简单，面向对象的功能突出，更适合于专业科技人员的思维方式和书写习惯。它采用解释方式工作，编写程序和运行同步，键入程序立即得到结果，因此人机交互更加简洁和智能化。而且 MatLab 可适用于多种平台，随着计算机软、硬件的不断更新而及时升级，使得编程和调试效率大大提高。

目前，MatLab 已经成为应用代数、自动控制理论、数理统计、数字信号处理、动态系统仿真和金融等专业的基本数学工具，各国的高等学校也纷纷将 MatLab 正式列入本科生和研究生课程的教学计划中，成为学生必须掌握的基本软件之一。MatLab 在大学比赛中很重要，经常作为大学生数据建模竞赛的重要工作软件。在研究设计单位和工厂企业中，MatLab 也成为工程们必须掌握的一种工具。本章内容以 MatLab 7.1 为平台进行介绍。

## 5.1.2 MatLab 的系统结构

MatLab 系统是由 MatLab 开发环境、MatLab 语言、MatLab 数学函数库、MatLab 图形处理系统和 MatLab 应用程序接口（API，Application Program Interface）五大部分组成，其基本功能如下所述：

MatLab 开发环境是一个集成的工作环境，包括 MatLab 命令窗口、文件编辑调试器、工作空间、数组编辑器和在线帮助文档等。

MatLab 语言具有程序流程控制、函数、数据结构、输入输出和面向对象的编程特点，是基于矩阵/数组的语言。

MatLab 数学函数库包含了大量的计算算法，包括基本函数、矩阵运算和复杂算法等。

MatLab 图形处理系统能够将二维和三维数组的数据用图形表示出来，并可以实现图像处理、动画显示和表达式作图等功能。

MatLab 应用程序接口使 MatLab 语言能与 C 或 Fortran 等其他编程语言进行交互。

## 5.1.3 MatLab 开发环境

MatLab 7.1 的用户界面集成了一系列方便用户的开发工具，大多是采用图形用户界面，操作更加方便。打开 MatLab 后，MatLab 的用户界面如图 5-1 所示，主要由菜单栏、工具栏、当前工作目录窗口、工作空间管理窗口、历史命令窗口和命令窗口等组成。

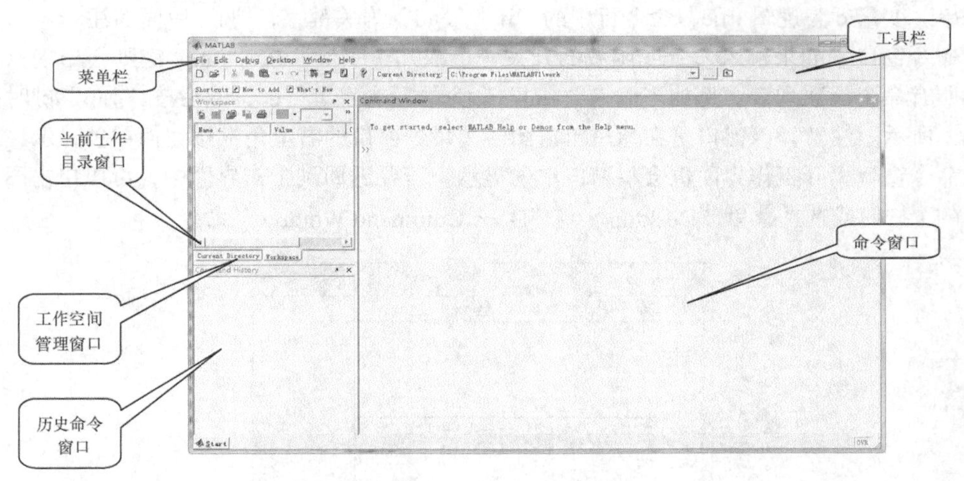


图 5-1 MatLab 操作界面

进行 MatLab 操作的主要窗口是命令窗口，可以把命令窗口看成是“草稿本”，在命令窗口中输入 MatLab 的命令和数据后按回车键，立即执行运算并显示结果。在命令窗口上的语句形式为：

>>变量=表达式;

命令窗口中的每个命令行前会出现提示符“>>”，没有“>>”符号的行则是显示的结果。

【例 5-1】 在命令窗口输入以下内容，并查看其显示结果如图 5-2 所示。

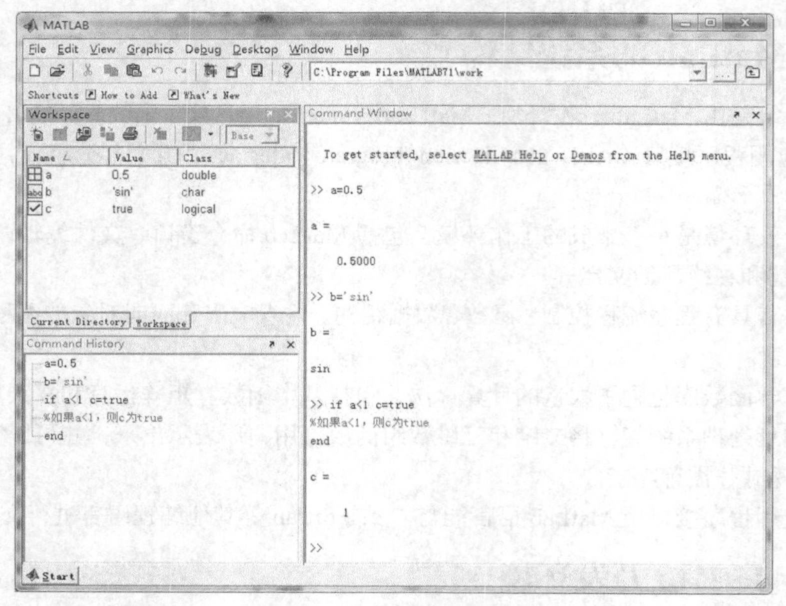


图 5-2　命令窗口的使用

命令窗口内的不同命令采用不同的颜色，默认输入的命令、表达式以及计算结果等采用黑色字体，字符串采用赭红色，关键字采用蓝色，注释采用绿色。在该例中，变量 a 为数值，变量 b 为字符串，变量 c 为逻辑 true，命令行中的“if ”“end”为关键字，“%”后面的注释。

在命令窗口中如果输入命令或函数的开关一个或几个字母，按“Tab”键则会出现以该字母开头的所有命令函数列表。例如当输入“end”命令的开头字母“e”，然后按“Tab”键时的显示如图 5-3 所示。注意，该窗口是在通过单击图 5-2 命令窗口的右上角↗按钮而单独显示，或者直接拖动命令窗口离开工作界面也会将窗口单独显示。若要返回到工作界面中，可以单击图 5-3 中右上角的↘按钮或选择菜单“Desktop”→“Dock Command Window”命令。

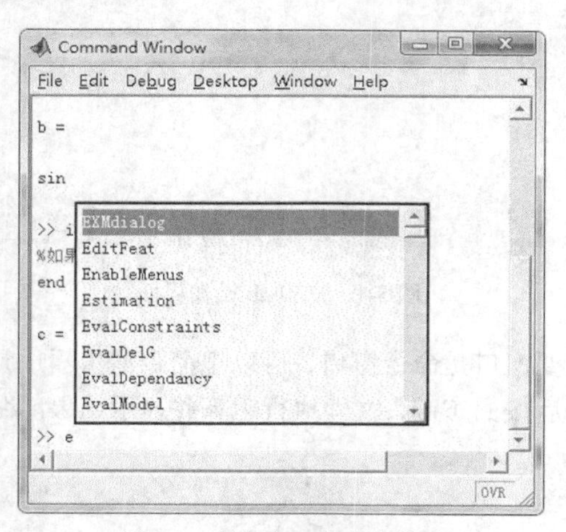


图 5-3　命令窗口的命令提示

命令行后面的分号（;）省略时显示运行结果，否则不显示运行结果。

当一行命令过长时，可以采用续行号（…）把后面的行与该行连接以构成一个命令。如：

```
if a<1…
```

```
c=true  %两行为一个命令
```

在命令窗口中不仅可以对输入的命令进行编辑和运行，还可以使用编辑键和组合键对已经输入的命令进行回调、编辑和重运行，常用的操作键如表 5-1 所示。

表 5-1　　命令窗口中常用的操作键

| 键名 | 功能 | 键名 | 功能 |
|---|---|---|---|
| ↑ | 向前调回上一行命令 | Home | 光标移到当前行的开头 |
| ↓ | 向后调回上一行命令 | End | 光标移到当前行的末尾 |
| Ctrl+← | 光标在当前行中左移一个单词 | Esc | 清除当前行的全部内容 |
| Ctrl+→ | 光标在当前行中右移一个单词 | Ctrl+c | 中断 MatLab 命令的运行 |

命令窗口中可以输入控制命令进行控制，如 clc 用于清空命令窗口中所有的显示内容，echo 由 on 或 off 控制命令窗口信息显示开关，beep 由 on 或 off 控制发出 beep 的声音。

## 5.1.4　MatLab 的帮助系统

MatLab 7.1 的帮助浏览器窗口提供给用户方便、全面的帮助信息。帮助浏览器窗口如图 5-4 所示。打开帮助浏览器窗口的方法有如下几种：

① 单击工具栏上的 ? 图标。

② 选择菜单“Help”的不同下拉帮助菜单项。

③ 选择菜单“Desktop”→“Help”。

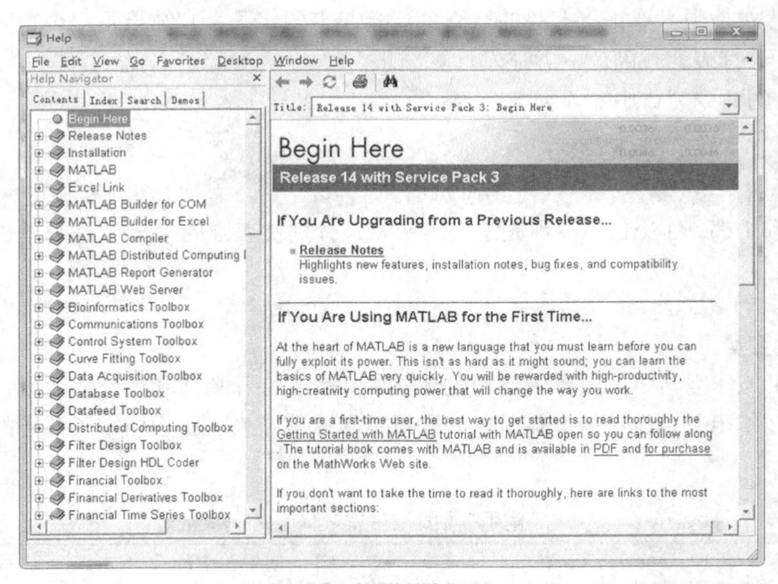


图 5-4　帮助浏览器窗口

在图 5-4 中，可以通过帮助主题（Contents）、索引（Index）、搜索（Search）和演示（Demos）4 个面板来查找帮助信息。

① Contents 面板为可展开的树形结构，向用户提供全方位系统帮助的向导图。当用鼠标单击左边的目录条，则在右边的帮助浏览器中就会显示相应的 HTML 帮助文件。

② Index 面板是 MatLab 提供的术语索引表，可以查找命令、函数和专用术语等。当用户在

该面板的“Search index for”栏中填入需要查找的词汇时，在左下侧列出与之最匹配的词汇条目，右侧的窗口中就显示出相应的内容。

③ Search 面板是通过关键词来查找全文中与之匹配的章节条目，Index 只在专用术语表中查找，而 Search 的搜索是在整个 HTML 文件中进行的，因此其覆盖面更宽。

④ Demos 面板为 MatLab 提供了 Demo 演示。

# 5.2 MatLab 数值计算

MatLab 是一个包含大量计算算法的集合，拥有 600 多个工程中要用到的数学运算函数，可以方便地实现用户所需的各种计算功能。函数中所使用的算法都是科研和工程计算中的最新研究成果，而且经过了各种优化和容错处理。在通常情况下，可以用它来代替底层编程语言，如 C 和 C++。在计算要求相同的情况下，使用 MatLab 的编程工作量会大大减少。

## 5.2.1 基本概念

### 1. 变量与赋值

系统的变量命名规则：变量名以字母开头，后接字母、数字或下划线的字符序列，最多 65 个字符。在 MatLab 中，变量名区分字母的大小写。

变量的赋值格式为：变量=表达式。

其中，表达式是用运算符将有关的运算量连接起来的式子，其结果是一个矩阵。

【例 5-2】 计算表达式的值，并显示计算结果。

在 MatLab 的命令窗口中输入如下命令：

```
x=1+2i;
y=3-sqrt(17);
z=(cos(abs(x+y))-sin(78*pi/180))/(x+abs(y))
```

其中，pi 和 i 都是 MatLab 中预先定义的变量，分别代表圆周率 π 和虚数单位。该例的输出结果为：

```
z =-0.3488 + 0.3286i
```

### 2. 预定义变量

在 MatLab 工作空间中，系统内部预先定义了几个有特殊意义和用途的变量，这些变量称为预定义变量。在使用时，应尽量避免对这些变量重新赋值，表 5-2 中列举了常用的预定义变量及其含义。

表 5-2　　常用的预定义变量及其含义

| 特殊的变量、常量 | 取值 | 特殊的变量、常量 | 取值 |
| --- | --- | --- | --- |
| ans | 用于结果的缺省变量名 | i、j | 虚数单位：i=j=$\sqrt{-1}$ |
| pi | 圆周率 π 的近似值（3.1416） | nargin | 函数输入参数个数 |
| eps | 数学中无穷小（epsilon）的近似值（2.2204e-016） | nargout | 函数输出参数个数 |
| inf | 无穷大，如 1/0=inf(infinity) | realmax | 最大正实数 |
| NaN | 非数，如 0/0=NaN（Not a Number），inf/inf=NaN | realmin | 最小正实数 |

### 3. 常用数学函数

MatLab 提供了许多数学函数，函数的自变量被规定为矩阵变量，运算法则是将函数逐项作用于矩阵的元素上，因而运算的结果是一个与自变量同维数的矩阵。函数的使用说明如下：

① 三角函数以弧度为单位计算。

② abs 函数可以求实数的绝对值、复数的模、字符串的 ASCII 码值。

③ 用于取整的函数有 fix、floor、ceil、round，要注意它们的区别。

④ rem 与 mod 函数的区别。rem(x,y)和 mod(x,y)要求 x、y 必须为相同大小的实矩阵功为标量。

常见的数学函数见表 5-3。

表 5-3 常见数学函数

| 函数名 | 功能 | 函数名 | 功能 |
|---|---|---|---|
| abs(x) | 实数的绝对值或复数的幅值 | exp(x) | 指数函数 $e^x$ |
| sin(x) | 正弦 sin$x$ | fix(x) | 对 $x$ 朝原点方向取整 |
| cos(x) | 余弦 cos$x$ | floor(x) | 对 $x$ 朝$-\infty$方向取整 |
| tan(x) | 正切 tan$x$ | round(x) | 对 $x$ 四舍五入到最接近的整数 |
| sqrt(x) | 求实数 x 的平方根 | ceil(x) | 对 $x$ 朝$+\infty$方向取整 |
| log(x) | 自然对数（以 e 为底数） | gcd(m,n) | 求正整数 m 和 n 的最大公约数 |
| $\log_{10}$(x) | 常用对数（以 10 为底数） | lcm(m,n) | 求正整数 m 和 n 的最小公倍数 |

如在命令窗口输入：x=[-4.85 -2,3 -0.2 1.3 3.67 8.78]，则有：

| | | | | | | | |
|---|---|---|---|---|---|---|---|
| fix(x)= | −4 | −2 | 3 | 0 | 1 | 3 | 8 |
| ceil(x)= | −4 | −2 | 3 | 0 | 2 | 4 | 9 |
| floor(x)= | −5 | −2 | 3 | −1 | 1 | 3 | 8 |
| round(x)= | −5 | −2 | 3 | 0 | 1 | 4 | 9 |

更多的函数用法可以通过帮助系统获得。

### 4. 数据的输出格式

MatLab 用十进制表示一个常数，具体可以采用日常记数法和科学记数法两种表示方法。在一般情况下，MatLab 内部每一个数据元素都是用双精度数来表示和存储的。数据输出时用户可以用 format 命令设置或改变数据的输出格式。format 命令的格式为：

format 格式符

其中，格式符决定数据的输出格式，常用的格式符及其含义见表 5-4。注意，fromat 命令只影响数据输出格式，而不影响数据的计算和存储。

表 5-4 常用格式符及其含义

| 格式符 | 含义 | 格式符 | 含义 |
|---|---|---|---|
| short | 输出小数点后 4 位，最多不超过 7 位有效数字。对于大于 1,000 的实数，用 5 位有效数字的科学计数形式输出 | rat | 近似有理数表示 |
| long | 15 位有效数字形式输出 | hex | 十六进制表示 |
| short e | 5 位有效数字的科学计数形式输出 | + | 整数、复数、零分别用+、−、空格表示 |
| long e | 15 位有效数字的科学计数形式输出 | bank | 银行格式，圆、角、分表示 |
| short g | 从 short 和 short e 中自动选择最佳输出方式 | compact | 输出变量没有空行 |
| long g | 从 long 和 long e 中自动选择最佳输出方式 | loose | 输出变量有空行 |

### 5.2.2 基本运算

在 MatLab 中的运算中，经常要使用标量、向量、矩阵和数组，关于这几个名称的定义如下：

标量（scalar）：是指 1×1 的矩阵，即为只含一个数的矩阵。

向量（vector）：是指 1×n 或 n×1 的矩阵，即只有一行或者一列的矩阵。

矩阵（matrix）：是一个矩形的 m×n 数组，即二维数组，其中向量和标量都是矩阵的特例，0×0 矩阵为空矩阵（[]）。

数组（array）：是指 n 维的数组，即 m×n×k×⋯，为矩阵的延伸。其中矩阵和向量都是数组的特例，向量可以看作一维数组，矩阵相当于二维数组。

在 MatLab 中创建矩阵应遵循以下基本常规：

① 矩阵元素应用方括号（[]）括住。

② 每行内的元素间用逗号（,）或空格隔开。

③ 行与行之间用分号（;）或回车键隔开。

④ 元素可以是数值或表达式。

**1. 向量的生成**

向量包括行向量（Row Vector）和列向量（Column Vector），即 1×n 或 n×1 的矩阵，也可以看作在某个方向（列或行）上为 1 的特殊矩阵。创建向量主要有以下几种方法：

（1）直接输入法

在命令提示符之后直接输入一个向量，其格式为：向量名=[x1 x2 x3⋯]，或者，向量名=[x1,x2,x3,⋯]。

**【例 5-3】** 直接输入法示例。

```
>>x=[1 3 pi 3+5i], y=[1, 3, pi, 3+5i], z=[1; 3; pi; 3+5i]
x =
  1.0000            3.0000            3.1416            3.0000 + 5.0000i
y =
  1.0000            3.0000            3.1416            3.0000 + 5.0000i
z =
  1.0000
  3.0000
  3.1416
  3.0000 + 5.0000i
```

（2）冒号生成法

使用“from:step:to”方式生成向量。from、step 和 to 分别表示开始值、步长和结束值；当 step 省略时，则默认 step=1；当 step 省略，或 step>0 而 from>to 时，为空矩阵；当 step<0 而 from<to 时，也为空矩阵。

**【例 5-4】** 冒号生成法举例。

```
>> a=1:2:10
a =
   1     3     5     7     9
>> b=1:-2:10
b =
  Empty matrix: 1-by-0
>> c=10:-2:1
c =
   10     8     6     4     2
```

```
>> d=1:2:1
d =
     1
>> e=1:5
e =
     1     2     3     4     5
```

（3）函数生成法

使用 linspace 和 logspace 函数也可以生成向量。与冒号生成法不同，linspace 和 logspace 函数直接给出元素的个数。其中，linspace 用来生成线性等分向量，logspace 用来生成对数等分向量，命令格式分别为：linspace(a,b,n)和 logspace(a,b,n)。

参数 a、b、n 分别表示开始值、结束值和元素的个数。linspace 函数生成从 a 到 b 之间线性分布的 n 个元素的行向量。n 如果省略，则默认值为 100。logspace 函数生成从 $10^a$ 到 $10^b$ 之间按对数等分的 n 个元素的行向量。n 如果省略，则默认值为 50。

**【例 5-5】** 函数生成法举例。

```
>> x=linspace(0,3,10)          %将 0~3 分成 10 份，每份间隔为(3-0)/(10-1)=1/3=0.3333
x =
         0    0.3333    0.6667    1.0000    1.3333    1.6667    2.0000    2.3333
2.6667    3.0000
>> y=logspace (-2,2,5)         %将 0.01~100 分成 5 份,每份间隔的对数值为(2-(-2))/(5-1)=1。
y =
    0.0100    0.1000    1.0000   10.0000  100.0000
```

其中，y 是等比数列，每份的间隔为 $10^1$ 即 10。

**2. 矩阵的生成**

创建矩阵常用的主要有以下几种方法：

（1）直接输入法

从键盘上直接输入矩阵是最方便、最常用和最好的创建数值矩阵的方法，尤其适合较小的简单矩阵。

**【例 5-6】** 创建一个简单数值矩阵。

```
>> a=[1 2 3; 1 1 1;4 5 6]
a =
     1     2     3
     1     1     1
     4     5     6
```

**【例 5-7】** 创建一个带有运算表达式的矩阵。

```
>> b=[sin(pi/3), cos(pi/4);log(9),tan(6)];
```

此时，矩阵已经被建立并存储在内存中，只是没有显示在屏幕上而已，若用户想要查看此矩阵，只需要键入矩阵名即可。

（2）利用 MatLab 函数创建矩阵

MatLab 提供了很多能够产生特殊矩阵的函数，各函数的功能如表 5-5 所示。

表 5-5　　常用工具矩阵的生成函数

| 函数名 | 功能 | 输入 | 结果 |
|---|---|---|---|
| zeros(m,n) | 产生 m×n 的全 0 矩阵 | zeros(2,3) | ans =<br>0 0 0<br>0 0 0 |

续表

| 函数名 | 功能 | 输入 | 结果 |
|---|---|---|---|
| ones(m,n) | 产生 m×n 的全 1 矩阵 | ones(2,3) | ans =<br>1 1 1<br>1 1 1 |
| rand(m,n) | 产生均匀分布的随机矩阵，元素取值为 0.0~1.0 | rand(2,3) | ans =<br>0.9501 0.6068 0.8913<br>0.2311 0.4860 0.7621 |
| randn(m,n) | 产生正态分布的随机矩阵 | randn(2,3) | ans =<br>−0.4326 0.1253 −1.1465<br>−1.6656 0.2877 1.1909 |
| magic(n) | 产生 n 阶魔方矩阵（矩阵的行、列和对角线上元素的和相等，值等于$(n^3+n)/2$） | magic(3) | ans =<br>8 1 6<br>3 5 7<br>4 9 2 |
| eye(m,n) | 产生 m×n 的单位矩阵 | eye(3) | ans =<br>1 0 0<br>0 1 0<br>0 0 1 |

当 zeros、ones、rand、randn 和 eye 函数只有一个参数 n 时，则为是 n×n 的方阵。若 eye(m,n)中的 m 和 n 参数不相等时，则单位矩阵会出现全 0 行或列。

【例 5-8】 查看 eye 函数的功能。

```
>> x1=eye(2,3)
x1 =
     1     0     0
     0     1     0
>> x2=eye(3,2)
x2 =
     1     0
     0     1
     0     0
```

（3）变形函数法

变形函数法主要是通过 reshape 函数把指定的矩阵改变形状，但是元素个数不变。其使用格式为：reshape(A,m,n)，含义为将矩阵 A 变形为一个 m 行、n 列的新矩阵。

【例 5-9】 变形函数应用举例。

```
>> A=[1:6]
A =
     1     2     3     4     5     6
>> B=reshape(A,2,3)
B =
     1     3     5
     2     4     6
>> C=reshape(A,3,2)
C =
     1     4
     2     5
     3     6
```

读者请仔细观察新矩阵的排列方式，从中体会矩阵元素的存储次序。

**3. 矩阵元素及操作**

在 MatLab 中，矩阵除了以矩阵名为单位被整体引用外，还可能涉及对矩阵元素的引用操作，所以如何对矩阵元素进行表示也是一个必须掌握的技能。

（1）矩阵的下标

矩阵中的元素可以使用全下标方式和单下标方式。

全下标方式：即由行下标和列下标表示，一个 m×n 的 a 矩阵的第 i 行、第 j 列的元素表示为 a(i,j)。如果在提取矩阵元素时，矩阵元素的下标行或列(i,j)大于矩阵的大小(m,n)，则 MatLab 会提示出错。

单下标方式：即采用矩阵元素的序号来引用矩阵元素，矩阵元素的序号就是相应元素在内存中的排列顺序。在 MatLab 中，矩阵元素按列存储，就是选择所有列按先左后右的次序连接成“一维长列”，然后对元素位置进行编号。

**【例 5-10】** 元素引用方式举例。

```
>> a=[1 2 3 ;4 5 6]
a =
     1     2     3
     4     5     6
>> a(1,1)                %全下标方式
ans =
     1
>> a(2,3)                %全下标方式
ans =
     6
>> a(3,1)                %全下标方式
??? Index exceeds matrix dimensions.
>> a(2,1)                %全下标方式
ans =
     4
>> a(2)                  %单下标方式
ans =
     4
>> a(1,2)                %全下标方式
ans =
     2
>> a(3)                  %单下标方式
ans =
     2
```

读者可以从上例中看到，对于同一个元素可以对应有两种不同的表示方式，如元素 2 可以表示 a(1,2)和 a(3)。

（2）子矩阵的产生

子矩阵是由从对应矩阵中取出一部分的元素构成，可用全下标和单下标方式取子矩阵。

**【例 5-11】** 用全下标方式产生子矩阵举例。

```
>> a=[1 2 3; 4 5 6; 7 8 9]
a =
     1     2     3
     4     5     6
     7     8     9
```

```
>> a([1 3], [2 3])        %取行数为1、3，列数为2、3的元素构成子矩阵
ans =
     2     3
     8     9
>> a(1:3, 2:3)            %取1~3行，列数为2、3的元素构成子矩阵，"1：3"表示1、2、3行下标
ans =
     2     3
     5     6
     8     9
>> a(3,:)                 %取行数为3，列数为1~3的元素构成子矩阵，"："表示所有行或列
ans =
     7     8     9
>> a(end,1:2)             %取3行，1~2列中的元素构成子矩阵，end表示某一维数中的最大值，即3
ans =
     7     8
```

【例 5-12】 采用上例中的矩阵 a，取单下标为 1、3、2、5 的元素构成子矩阵。

```
>> a([1 3;2 5])
ans =
     1     7
     4     5
```

（3）矩阵的赋值

对矩阵中的某一个或多个位置进行赋值，可采用全下标和单下标两种方式。

全下标方式常用的格式为：a(i,j)=b，给 a 矩阵的部分元素赋值，要求 b 矩阵的行列数必须等于 a 矩阵的行、列数。在给矩阵元素赋值时，如果行或列(i,j)超出矩阵的大小(m,n)，则 MatLab 自动扩充矩阵，扩充部分用 0 填充。

【例 5-13】 用全下标方式赋值举例。

```
>> clear all              %清除所有变量
>> a(1:2,1:3)=[1 2 3;4 5 6]         %给第一、二元素赋值
a =
     1     2     3
     4     5     6
>> a(2,2)=[0]             %给第2行、第2列元素赋0值
a =
     1     2     3
     4     0     6
>> a(3,1)=9               %给第3行、第1列元素赋9值。行、列位置超出矩阵大小，自动用0扩充
a =
     1     2     3
     4     0     6
     9     0     0
>> a(3,1)=[8 7]           %a(3,1)的行列、数和[8 7]的行、列数不匹配，引起错误
??? Subscripted assignment dimension mismatch.
```

单下标方式赋值的格式为：a(s)=b。若 b 为向量，向量 b 的元素个数必须等于 a(s)的元素个数；若 b 为矩阵，则 b 元素总数必须等于 a 矩阵的元素总数，但行、列数不一定相等。

【例 5-14】 单下标方式赋值举例（以上例中的矩阵 a 进行说明）。

```
>> a(1:2)=[7 9]               %对第1、2元素进行赋值
a =
     7     2     3
     9     0     6
```

```
    9     0     0
>> A=[1 2;3 4;5 6]
A =
    1     2
    3     4
    5     6
>> B=[1 2 3;4 5 6]
B =
    1     2     3
    4     5     6
>> A(:)=B    %按单下标方式给 A 赋值
A =
    1     5
    4     3
    2     6
```

读者可以从 A 的元素变化中看到其赋值规律，是将 B 中的元素进行单下标方式排列后再按序号赋值给 A。

（4）矩阵元素的删除

删除操作就是简单地将其赋值为空矩阵（用“[]”表示）。

**【例 5-15】** 矩阵元素的删除。

```
>> a=[1 9 8;3 4 2; 6 7 5]
a =
    1     9     8
    3     4     2
    6     7     5
>> a(:,2)=[]        %删除所有行的第 2 列元素，即第 2 列被删除
a =
    1     8
    3     2
    6     5
>> a(2:4)=[]        %删除序号为 2、3、4 的元素，矩阵变为行向量
a =
    1     2     5
>> a=[]             %删除所有元素，变为空矩阵
a =
     []
```

注意，在 MatLab 中给变量 X 赋空矩阵的语句为“X=[]”。与 clear X 不同，clear X 是将 X 从工作空间中删除，而空矩阵则存在于工作空间中，只是维数为 0。

在对矩阵元素进行各种操作时，经常会用到各种表达方式，现进行总结如下：

A(i,:)：表示 A 矩阵第 i 行的全部元素；

A(i,j)：表示 A 矩阵第 i 行、第 j 列的元素；

A(i:i+m,:)：表示取 A 矩阵第 i~i+m 行的全部元素；

A(:,k:k+m)：表示取 A 矩阵第 k~k+m 列的全部元素；

A(i:i+m, k:k+m)：表示取 A 矩阵第 i~i+m 行内，并在第 k~k+m 列的全部元素。

**4. 矩阵的运算**

矩阵运算有明确而严格的数学规则，矩阵运算规则是按照线性代数运算法则进行定义的。

（1）矩阵运算的函数

矩阵运算函数及举例如表 5-6 所示。其中：

```
A =
     1     2     3
     4     5     6
     7     8     9
```

表 5-6　　常用矩阵运算函数

| 函数名 | 功能 | 输入 | 结果 |
|---|---|---|---|
| det(X) | 计算方阵的行列式 | det(A) | 0 |
| rank(X) | 求矩阵的秩，得出行列式不为零的最大方阵边长 | rank(A) | 2 |
| diag(X) | 产生 X 矩阵的对角矩阵 | diag(A) | 1<br>5<br>0 |
| triu(X) | 产生 X 矩阵的上三角矩阵，其余元素补 0 | triu(A) | 1 2 3<br>0 5 6<br>0 0 9 |
| tril(X) | 产生 X 矩阵的下三角矩阵，其余元素补 0 | tril(A) | 1 0 0<br>4 5 0<br>7 8 9 |
| flipud(X) | 使 X 沿水平轴上下翻转 | flipud(A) | 7 8 9<br>4 5 6<br>1 2 3 |
| fliplr(X) | 使 X 沿垂直轴上下翻转 | fliplr(A) | 3 2 1<br>6 5 4<br>9 8 7 |
| rot90(X,k) | 使 X 逆时针旋转 k×90°，默认 k 取 1 | rot90(A) | 3 6 9<br>2 5 8<br>1 4 7 |
| inv(X) | 求矩阵 X 的逆阵 $X^{-1}$，当方阵 X 的 det(X)≠0 时，逆阵 $X^{-1}$ 才存在。X 与 $X^{-1}$ 相乘为单位矩阵 | inv(A) | Warning: Matrix is close to singular or badly scaled.<br>Results may be inaccurate. RCOND = 2.203039e-018.<br>ans =<br>1.0e+016 *<br>0.3152 −0.6304 0.3152<br>−0.6304 1.2609 −0.6304<br>0.3152 −0.6304 0.3152 |

（2）矩阵的加、减运算

矩阵的加、减运算使用“+”、“−”运算符，格式与数字运算完全相同，但要求加、减的两个矩阵是同阶的。如果参与运算的有一个是标量，则该标量与矩阵的每个元素进行运算。

**【例 5-16】** 矩阵的加运算举例。

```
>> a=[1 2 3;2 3 4;3 4 5];
>> b=ones(3);
>> c=a+b
c =
     2     3     4
     3     4     5
     4     5     6
>> d=a+1
d =
     2     3     4
     3     4     5
     4     5     6
```

（3）矩阵的乘法

矩阵的乘法使用运算符“*”，要求相乘的双方要有相邻公共维，即若 A 为 i×j 阶，则 B 必须为 j×k 阶时，A 和 B 才可以相乘，除非其中一个是标量。

**【例 5-17】** 矩阵的乘运算举例。

```
>> a=[1 2 3;4 5 6];
>> b=[1 2;3 4;5 6];
>> c=a*b
c =
    22    28
    49    64
>> d=a*rot90(b)
??? Error using ==> mtimes
Inner matrix dimensions must agree.
```

（4）矩阵的除法

矩阵的除法有两种形式：左除“\”和右除“/”。左除即 $A\backslash B=A^{-1}*B$，右除即 $A/B=A*B^{-1}$。其中：$A^{-1}$ 是矩阵的逆，也可以用 inv(A)求逆矩阵。

通常用矩阵的除法来求解方程组的解。对于方程组 AX=B，其中 A 是一个 m×n 阶的矩阵，行数 m 表示方程数，列数 n 表示未知数的个数，则：

m=n，此方程组称为恰定方程，A 为方阵，A\B=inv(A)*B 为方程组的解。

m>n，方程组是超定的，方程无解，此时 MatLab 给出的是最小二乘解，即该解的均方差是最小的。

m<n，方程组是不定的，它有无穷个解，此时 MatLab 给出的是令 X 中的某个或某些元素为 0 的一个特殊解。

**【例 5-18】** 已知方程组$\begin{cases}2x_1-x_2+3x_3=5\\3x_1+x_2-5x_3=5\\4x_1-x_2+x_3=9\end{cases}$，利用矩阵除法求解。

**解：**将该方程组变换成 AX=B 的形式，此时 m=n，且 A 可逆，有唯一解。

其中 $A=\begin{bmatrix}2&-1&3\\3&1&-5\\4&-1&1\end{bmatrix}$，$B=\begin{bmatrix}5\\5\\9\end{bmatrix}$。在 MatLab 命令窗口中输入如下内容：

```
>> A=[2 -1 3;3 1 -5;4 -1 1];
>> B=[5;5;9];
>> X=A\B
X =
    2.0000
   -1.0000
    0.0000
```

此时，方程组的解为 $x_1=2$，$x_2=-1$，$x_3=0$。关于方程组是超定或不定的情况，读者可以参考其他相关书籍。

（5）矩阵的转置

A‘表示矩阵 A 的转置，对一般实矩阵而言，转置和共轭转置的效果没有区别。如果矩阵 A 为复数矩阵，则为共轭转置。

单纯的转置运算可以通过 transpose(A)实现，不论是实数矩阵，还是复数矩阵，只实现转置而不转共轭变换。

【例 5-19】 矩阵的转置举例。

```
>> A=[1 2 3;4 5 6; 7 8 9;]
A =
     1    2    3
     4    5    6
     7    8    9
>> B=eye(3);
>> C=A+B*i
C =
   1.0000 + 1.0000i  2.0000            3.0000
   4.0000            5.0000 + 1.0000i  6.0000
   7.0000            8.0000            9.0000 + 1.0000i
>> A'
ans =
     1    4    7
     2    5    8
     3    6    9
>> C'
ans =
   1.0000 - 1.0000i  4.0000            7.0000
   2.0000            5.0000 - 1.0000i  8.0000
   3.0000            6.0000            9.0000 - 1.0000i
>> transpose(C)
ans =
   1.0000 + 1.0000i  4.0000            7.0000
   2.0000            5.0000 + 1.0000i  8.0000
   3.0000            6.0000            9.0000 + 1.0000i
```

**5. 数组的运算**

数组运算又称为点运算，其加、减、乘、除和乘方运算都是对两个维数相同的数组进行元素对元素的运算。数组的加、减运算和矩阵的加、减运算完全相同，运算符也完全相同。而数组的乘、除、乘方和转置运算符号为矩阵的相应运算符前面加“.”，与之相对应的运算格式如下所示：

① A.*B：数组 A 和数组 B 的对应元素相乘。

② A./B：数组 A 除以数组 B 的对应元素。

③ A.\B：数组 B 除以数组 A 的对应元素。

④ A.^B：数组 A 和数组 B 对应元素的乘方。

⑤ A.' ：数组 A 的转置。

在数组的乘方运算中，如果 A 为数组，B 为标量，则计算结果为与 A 维数相同的数组，该数组是 A 的每个元素求 B 次方；如果 A 为标量，B 为数组，则计算结果为与 B 维数相同的数组，该数组是以 A 为底，B 的各元素为指数的幂值。

【例 5-20】 使用数组算术运算法则进行向量的运算。

```
>> t=0:pi/3:2*pi;          %t 为行向量
>> x=sin(t)*cos(t)
??? Error using ==> mtimes
Inner matrix dimensions must agree.
>> x=sin(t).*cos(t)
x =
       0    0.4330   -0.4330   -0.0000    0.4330   -0.4330   -0.0000
>> y=sin(t)./cos(t)
y =
       0    1.7321   -1.7321   -0.0000    1.7321   -1.7321   -0.0000
```

程序分析：sin(t)和 cos(t)都是行向量，因此必须使用“.*”和“./”计算行向量中各元素的计算值。

# 5.3 MatLab 绘图基础

视觉是人们感受世界、认识自然的最重要依靠。数据可视化的目的在于：通过图形，人可以从一堆杂乱的离散数据中观察数据间的内在关系，感受由图形所传递的内在本质。MatLab 除了有强大的矩阵处理功能之外，它的绘图功能也是相当强大的。随着版本的升级，MatLab 可以完成从简单的点、线、面处理到二维图形、三维图形甚至四维图形处理，同时可以实现图形着色、渲染及多视角等多项功能。

## 5.3.1 基本绘图命令 plot

使用 plot 命令进行二维图形的绘制是 MatLab 语言图形处理的基础，也是数值计算过程当中广泛应用的图形绘制方式之一，使用绘图命令 plot 绘制图形是件轻松而愉悦的事情。

【例 5-21】 绘制一个正弦波形，如图 5-5 所示。

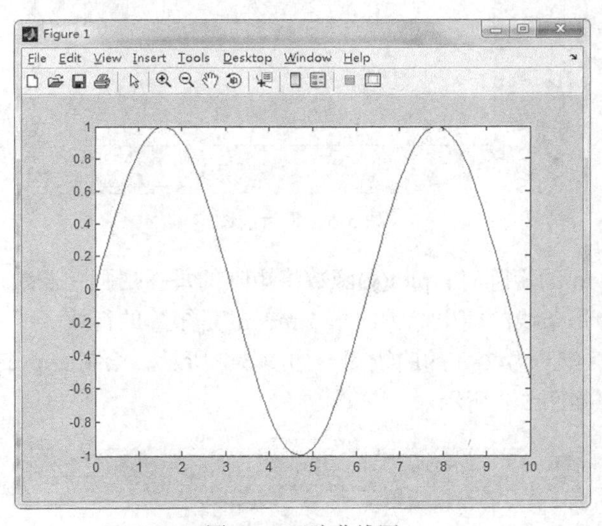


图 5-5 正弦曲线图

```
>> x=0:0.1:10;
>> y=sin(x);
>> plot(x,y)      %根据 x 和 y 绘制二维曲线图
```

程序分析：利用 plot 函数自动创建 Figure1 图形窗口并显示绘制的图形，横坐标是 x，纵坐标是 y。

1. plot 的功能

① plot 命令自动打开一个图形窗口 Figure。

② 用直线连接相邻两个数据点来绘制图形。

③ 根据图形坐标大小自动缩扩坐标轴，将数据标尺及单位标注自动加到两个坐标轴上。

④ 如果已经存在一个图形窗口，plot 命令则清除当前图形，绘制新图形。

⑤ 有多种绘图形式：可单窗口单子图绘图；可单窗口多子图绘图；可多窗口单子图分图绘图；可多窗口多子图绘图。

⑥ 可任意设定曲线颜色和线型。

⑦ 可给图形加坐标网线和图形加注功能。

**2. plot(y)——默认自变量绘图格式**

① 当 y 为向量，以 y 元素值为纵坐标，以相应元素下标为横坐标绘图。

【例 5-22】 绘制以 y 为纵坐标的锯齿波，如图 5-6 所示。

```
>> y=[1 0 1 0 1 0];
>> plot(y)
```

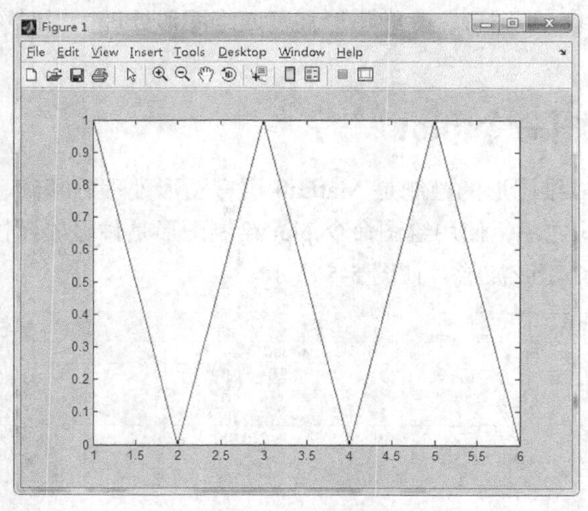


图 5-6 锯齿波图

② 当 y 为一个 m×n 的矩阵时，plot(y)函数将矩阵的每一列画一条线，共 n 条曲线，各曲线自动用不同颜色表示，每条线的横坐标为向量 1:m，m 是矩阵的行数。

【例 5-23】 绘制矩阵 y 为 2×3 的曲线图，如图 5-7 所示；绘制由 peaks 函数生成一个 49×49 的二维矩阵的曲线图，如图 5-8 所示。

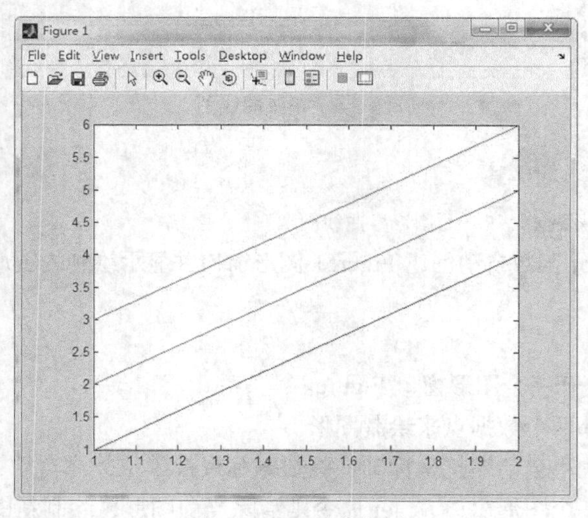


图 5-7 2×3 的曲线图

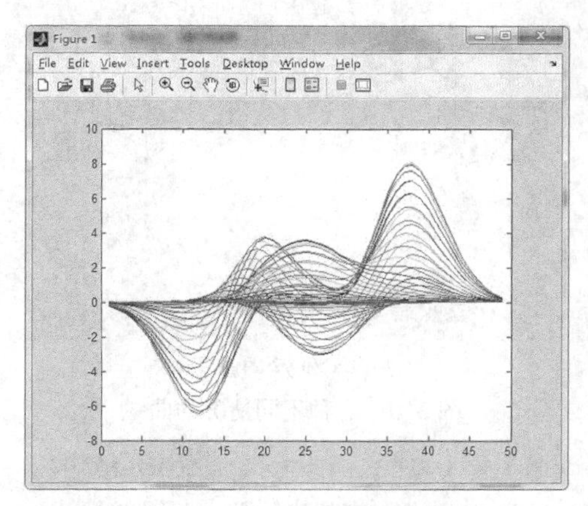


图 5-8　49×49 的曲线图

```
>> y=[1 2 3;4 5 6];
>> plot(y)
>> y1=peaks;     %产生一个 49*49 的矩阵
>> plot(y1)
```

### 3. plot(x,y)——基本格式

（1）当参数 x 和 y 都是向量时

要求 x、y 的长度必须相等，以 y(x)的函数关系绘出直角坐标图，如图 5-5 所示的正弦曲线图就是这种。

**【例 5-24】** 绘制方波信号，如图 5-9 所示。

```
>> x=[0 1 1 2 2 3 3 4 4];
>> y=[1 1 0 0 1 1 0 0 1];
>> plot(x,y)
>> axis([0 4 0 2])            %将坐标轴范围设定为 0~4 和 0~2
```

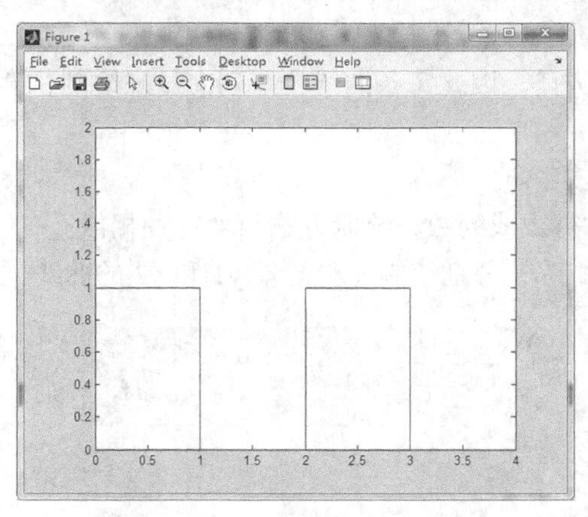


图 5-9　方波信号图

（2）当 x 为向量，y 为 m×n 矩阵时

要求 x 的长度与矩阵 y 的列数 n 或行数 m 必须相等，分三种情况讨论。若 x 的长度等于 m，向量 x 与 y 的每列向量画一条曲线；若 x 的长度等于 n，向量 x 与 y 的每行向量对应画一条曲线；若 y 为方阵，即 m=n，则向量 x 与 y 的每列向量画一条曲线。

**【例 5-25】** 已知 x 是向量，分别绘制 y1、y2 和 y3 的曲线，如图 5-10 所示。

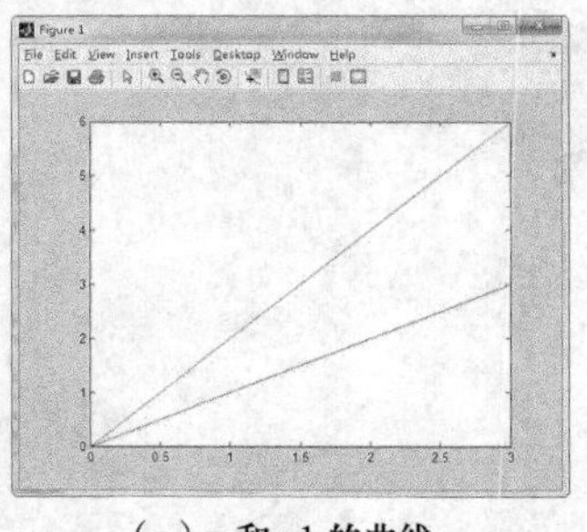
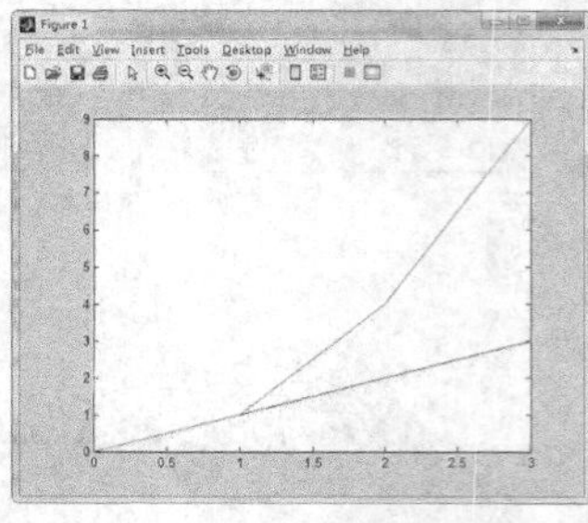
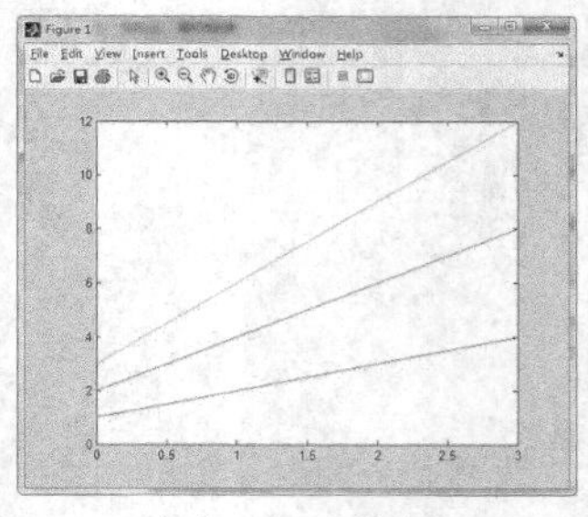

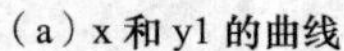

（a）x 和 y1 的曲线　　（b）x 和 y2 的曲线　　（c）x 和 y3 的曲线

图 5-10　3 种不同情况的曲线

```
>> x=0:3;
>> y1=[x;2*x]          %y1 的行长度（即列数）与 x 的长度相等
y1 =
     0     1     2     3
     0     2     4     6
>> plot(x,y1)
>> y2=[x;x.^2]'        %y2 的列长度（即行数）与 x 的长度相等
y2 =
     0     0
     1     1
     2     4
     3     9
>> plot(x,y2)
>> y3=[x;2*x;3*x;4*x]           %y3 为方阵
y3 =
     0     1     2     3
     0     2     4     6
     0     3     6     9
     0     4     8    12
>> plot(x,y3)
```

程序分析：因为 y3 是方阵，因此每条曲线按照列向量来绘制，第一列为全 0，对应图中的横坐标上的线。

（3）当 y 是向量，x 是矩阵时

y 的长度必须等于 x 的行数或列数，绘制方法与前一种相似。

【例 5-26】 已知 x 为矩阵，分别绘制 x 与向量 y1 和 y2 的曲线，如图 5-11 所示。

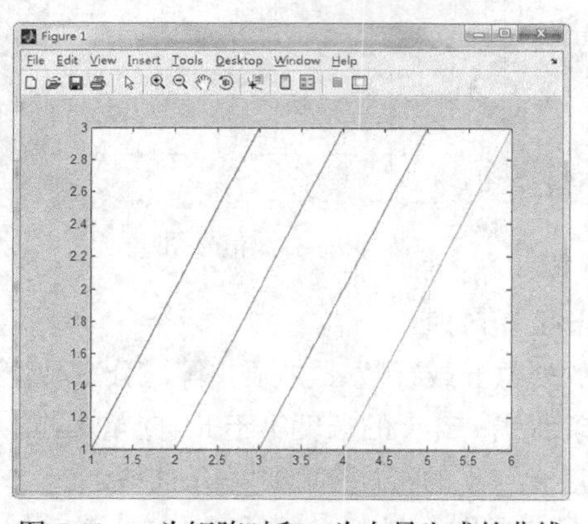


图 5-11　x 为矩阵时和 y 为向量生成的曲线

```
>> x=[1:4;2:5;3:6]
x =
     1     2     3     4
     2     3     4     5
     3     4     5     6
>> y=[1 2 3];          %y 的长度与 x 的行数（即列向量的长度）相等
>> plot(x,y)
```

（4）当 x 和 y 都是矩阵时

x 和 y 的大小必须相同，矩阵 x 的每列与 y 的每列画一条曲线。

【例 5-27】 已知 x 和 y 均为矩阵，绘制对应的曲线，如图 5-12 所示。

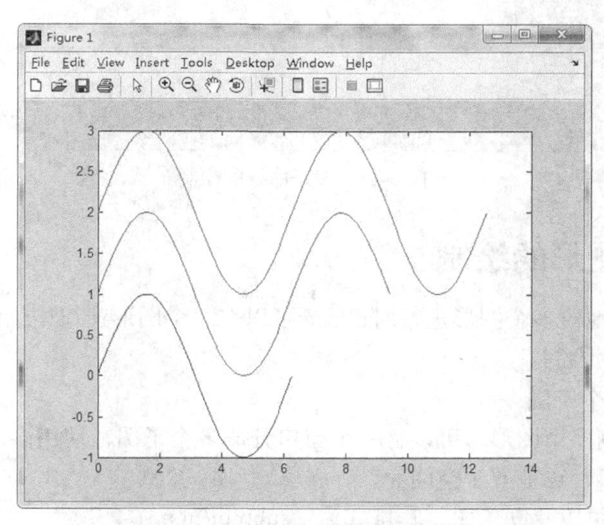


图 5-12　x 和 y 均是矩阵时的曲线

```
>> x1=linspace(0,2*pi,100);
>> x2=linspace(0,3*pi,100);
>> x3=linspace(0,4*pi,100);
>> y1=sin(x1);
>> y2=1+sin(x2);
>> y3=2+sin(x3);
>> x=[x1;x2;x3]';          %矩阵 x
>> y=[y1;y2;y3]';          %矩阵 y
>> plot(x,y)
```

图中所示最下方的曲线是由 x1 和 y1 生成，中间的曲线是由 x2 和 y2 生成，最上方的曲线是由 x3 和 y3 生成。

### 4. plot(x1,y1,x2,y2,…,xn,yn)——多条曲线的绘制

当输入参数都为向量时，x1 和 y1，x2 和 y2，…，xn 和 yn 分别组成一组向量对，每一组向量对的长度可以不同。每一向量对可以绘制出一条曲线，这样就可以在同一坐标内绘制出多条出线。

【例 5-28】 x 为行向量，在同一窗口绘制多条曲线，如图 5-13 所示。

```
>> x1=linspace(0,6,100);
>> y1=0.2*x1-1;
>> x2=0:0.05:2*pi;
>> y2=cos(x2);
>> plot(x1,y1,x2,y2)
```

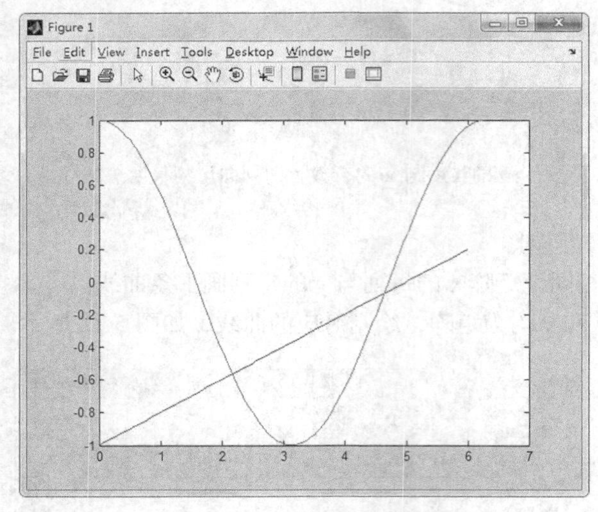


图 5-13　多条曲线的绘制

## 5.3.2　多个图形的绘制

MatLab 可以方便地对多个图形进行对比，既可以在一个图形窗口中绘制多个图形，也可以打开多个图形窗口来分别绘制。

**1. 同一个窗口多个子图**

在同一个窗口绘制多个图形，可以将一个窗口分成多个子图，使用多个坐标系分别绘图，这样既便于对比多个图形，也节省了空间。

使用 subplot 函数可以建立子图，其格式为：subplot(m,n,i)。

其作用是将窗口分成（m×n）幅子图，第 i 幅图为当前图。subplot 中的逗号（,）可以省略，子图的编排序号原则是：左上方为第一幅，先从左向右，后从上向下依次排列，子图彼此之间独立。

【例 5-29】在同一个窗口中建立 4 个子图，分别绘制 sin($x$)、sin($2x$)、cos($x$)和 cos($2x$)的图形，如图 5-14 所示。

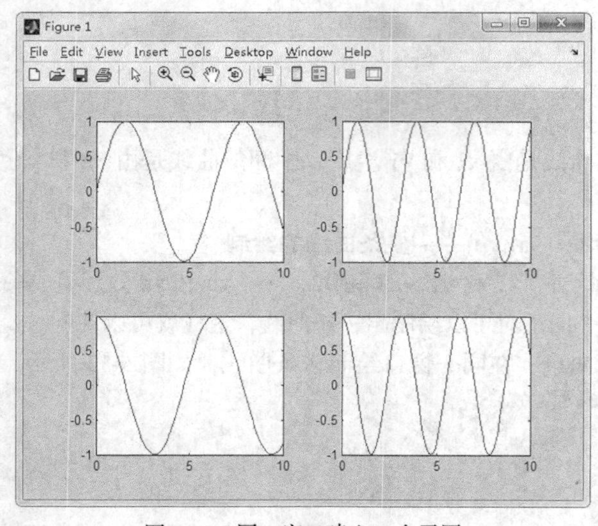


图 5-14　同一窗口建立 4 个子图

```
>> x=0:0.1:10;
>> subplot(2,2,1)          %第一行左图
>> plot(x,sin(x))
>> subplot(2,2,2)          %第一行右图
>> plot(x,sin(2*x))
>> subplot(2,2,3)          %第二行左图
>> plot(x,cos(x))
>> subplot(2,2,4)          %第二行右图
>> plot(x,cos(2*x))
```

每个 plot 函数所绘制的图形所在的子图由前一行的 subplot 函数决定。

### 2. 双纵坐标图

双纵坐标图是指在同一个坐标系中使用左、右两个不同刻度的坐标轴。

在实际应用中，常常需要把同一自变量的两个不同量纲、不同数量级的数据绘制在同一张图上。例如，在同一张图上画出放大器输入、输出电流的时间响应曲线；电压、电流的时间响应曲线；温度、压力的时间响应曲线等，因此使用双纵坐标是很有用的。

MatLab 使用 plotyy 函数来实现双纵坐标绘制曲线，其语法格式为：plotyy(x1,y1,x2,y2)。

可以实现以左、右不同的纵轴绘制两条曲线，左纵轴使用(x1,y1)数据，右纵轴使用(x2,y2)数据，坐标轴的范围和刻度都是自动产生的。

**【例 5-30】** 在同一窗口使用双纵坐标绘制电动机的电磁转矩 m 与转速 n 随电流 ia 变化的曲线，如图 5-15 所示。

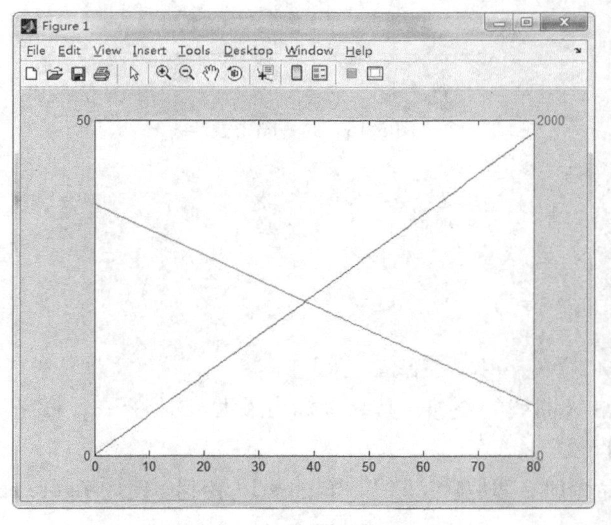


图 5-15　双纵坐标图

```
>> ia=0:0.5:80;
>> m=0.6*ia;
>> n=1500-15*ia;
>> plotyy(ia,m,ia,n)
```

左边纵轴表示 m，其范围为 0~50；右边纵轴表示 n，其范围为 0~2000。

### 3. 同一窗口多次叠绘

在前面的例子中调用 plot 函数都绘制新图形而不保留原有的图形，使用 hold 命令可以保留原图形，使多个 plot 函数在一个坐标系中不断叠绘，其使用格式如下：

- hold on：使当前坐标系和图形保留。
- hold off：使当前坐标系和图形不保留。
- hold：在以上两个命令中切换。
- hold all：使当前坐标系和图形保留。

在保留的当前坐标系中添加新的图形时，MatLab会根据新图形的大小，重新改变坐标系的比例，以使所有的图形都能够完整地显示；hold all不但实现hold on的功能，而且使新的绘图命令依然循环初始设置的颜色和线型等。

【例 5-31】 在同一窗口中使用hold命令进行叠绘，如图5-16所示。

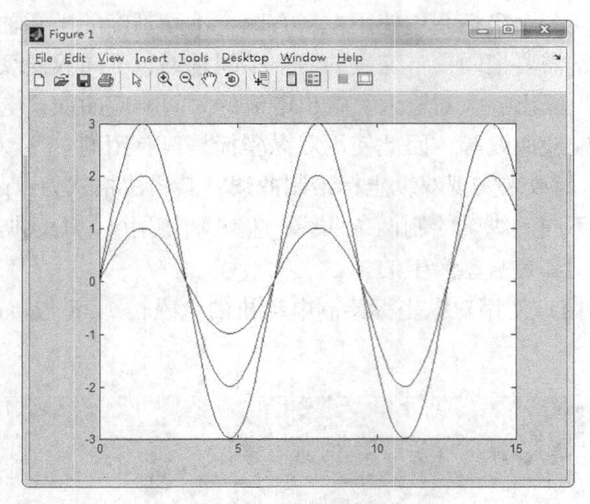


图 5-16　同一图中叠绘

```
>> x1=0:0.1:10;
>> plot(x1,sin(x1))          %保留
>> hold on
>> x2=0:0.1:15;
>> plot(x2,2*sin(x2))
>> plot(x2,3*sin(x2))
>> hold                      %切换为不保留
```

图5-16中所示为3条曲线的叠加，其纵坐标为最大范围-3～3，横坐标为0～15。

**4. 指定图形窗口**

使用plot等绘图命令时，都是默认打开“Figure 1”窗口。使用figure命令可以打开多个窗口，其格式为：figure(n)。

如果该窗口不存在，则产生新图形窗口并设置为当前图形窗口，该窗口命名为“Figure n”，而不关闭其他窗口。

【例 5-32】利用figure命令指定绘图窗口在Figure 1中绘制 $y=2e^{-0.5x}\cos 4\pi x$ 的曲线，在Figure 2中绘制 $y=\sin x$ 曲线，如图5-17所示。

```
>> x1=0:pi/100:2*pi;
>> y1=2*exp(-0.5*x1).*cos(4*pi*x1);
>> plot(x1,y1)                        %在默认的 Figure 1 中绘图
>> x2=-pi:pi/100:pi;
>> y2=sin(x2);
```

```
>> plot(x2,y2)
>> figure(2)                  %打开新的图 Figure 2
>> plot(x2,y2)                %在图 Figure 2 中绘制
```

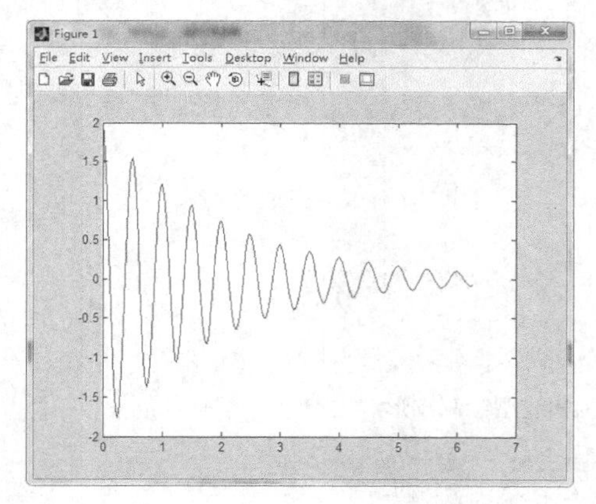


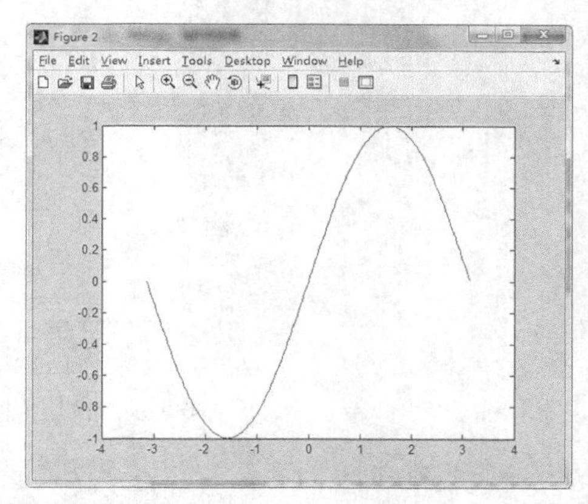


图 5-17　figure 命令的使用效果

## 5.3.3　图形的表现

绘制曲线时，为了使曲线更具有可读性，需要对曲线的线型、颜色、数据点型、坐标轴和图形注释等进行设置。

**1．曲线的线型、颜色和数据点形的设置**

在 plot 函数中可以通过字符串参数来设置曲线的线型、颜色和数据点形等，命令格式为：plot(x,y,s)。

参数 s 为字符串，用于设置曲线的线型、颜色和数据点形，对应的参数如表 5-7 所示。

表 5-7　　线型、颜色和数据点形参数表

| 颜色 | | 数据点间连线 | | 数据点形 | |
|---|---|---|---|---|---|
| 类型 | 符号 | 类型 | 符号 | 类型 | 符号 |
| 黄色 | y(Yellow) | 实线（默认） | - | 实点标记 | . |
| 紫红色 | m(Magenta) | 点线 | : | 圆圈标记 | o |
| 青色 | c(Cyan) | 点划线 | -. | 叉号形× | x |
| 红色 | r(Red) | 虚线 | -- | 十字形＋ | + |
| 绿色 | g(Green) | | | 星号标记⋆ | * |
| 蓝色 | b(Blue) | | | 方块标记□ | s |
| 白色 | w(White) | | | 钻石形标记◇ | d |
| 黑色 | k(Black) | | | 向下三角形标记 | v |
| | | | | 向上三角形标记 | ^ |
| | | | | 向左三角形标记 | < |
| | | | | 向右三角形标记 | > |
| | | | | 五角星标记☆ | p |
| | | | | 六角形标记 | h |

【例 5-33】 在图形中设置曲线的不同线型和颜色并绘制图形，如图 5-18 所示。

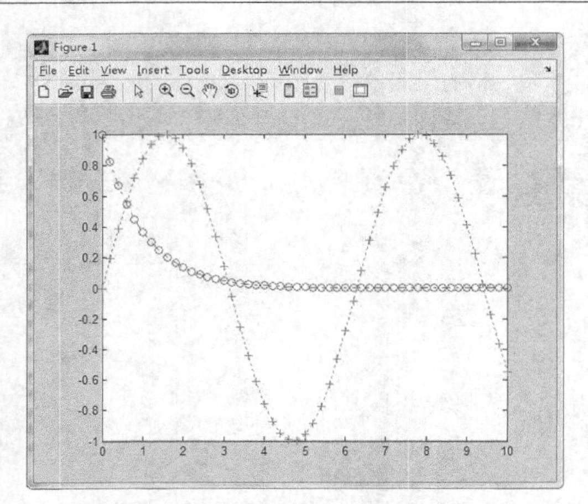


图 5-18　使用不同颜色和线型绘制图形

```
>> x=0:0.2:10;
>> y=exp(-x);
>> plot(x,y,'ro-.')          %设置为红色、圆圈标记和点划线
>> hold on
>> z=sin(x);
>> plot(x,z,'m+:')           %设置为紫红色、十字形和点线
```

### 2. 坐标轴的设置

MatLab 可以通过设置坐标轴的刻度和范围来调整坐标轴，常用的坐标轴命令都是以“axis”开头，如表 5-8 所示。

表 5-8　坐标轴常用命令

| 命令 | 含义 | 命令 | 含义 |
|---|---|---|---|
| axis auto | 使用默认设置 | axis equal | 纵、横轴采用等长刻度 |
| axis manual | 使当前坐标范围不变，以后的图形都在当前坐标范围显示 | axis off | 取消轴背景 |
| axis fill | 在 manual 方式下起作用，使坐标充满整个绘图区 | axis tight | 把数据范围直接设为坐标范围 |
| axis vis3d | 保持高宽比不变，三维旋转时避免图形大小变化 | axis on | 使用轴背景 |
| axis ij | 矩阵式坐标，原点在左上方 | axis square | 产生正文形坐标系 |
| axis xy | 普通直角坐标，原点在左下方 | axis normal | 默认矩形坐标系 |
| axis([xmin,xmax,ymin,ymax]) | 设定坐标范围，必须满足 xmin<xmax,ymin<ymax，可以取 inf 或-inf | axis image | 纵、横轴采用等长刻度，且坐标框紧贴数据范围 |

**【例 5-34】** 在图形中设置曲线的坐标轴，如图 5-19 所示。

```
>> x=0:0.1:2*pi+0.1;
>> plot(sin(x),cos(x))
>> axis([-2,2,-2,2])        %设置坐标范围
>> axis square              %坐标轴设置为正方形
>> axis off                 %坐标轴消失
```

由于坐标轴默认为矩形时看到的是椭圆，将坐标轴设置为正方形则显示为圆；坐标轴消失命令使图形窗口中不显示坐标轴，常用于对图像的显示。

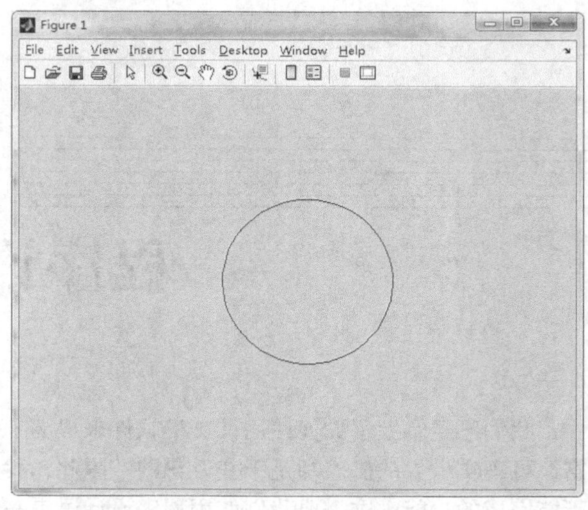


图 5-19　设置曲线的坐标轴

**3. 分隔线和坐标框**

分隔线是指在坐标系中根据坐标轴的刻度使用虚线进行分隔，分隔线的疏密取决于坐标刻度，MatLab 的默认设置是不显示分格线。使用 grid on 命令可以显示分隔线，grid off 不显示分隔线，反复使用 grid 命令可在 grid on 和 grid off 之间切换。

坐标框是指坐标系的刻度框，MatLab 的默认设置是坐标框呈封闭形式。使用 box on 可以使当前坐标框呈封闭形式，box off 使当前坐标框呈开启形式，反复使用 box 命令则在 box on 和 box off 之间相互切换。

## 习　题

1. MatLab 的系统结构及功能有哪些？

2. 用“from:step:to”方式和 linspace 函数分别得到从 0～4π，步长为 0.4π 的变量 x1 和 0～4π 分成 10 点的变量 x2。

3. 输入矩阵 $a=\begin{bmatrix}1&2&3\\4&5&6\\7&8&9\end{bmatrix}$，分别使用全下标方式和单下标方式取出元素 3 和 8，取出后两行子矩阵块。

4. 将矩阵 $a=\begin{bmatrix}1&4&7\\2&5&8\\3&6&9\end{bmatrix}$ 用 flipud、fliplr、rot90、diag、triu 和 tril 函数进行操作。

5. 求解方程组 $\begin{cases}2x_1-3x_2+x_3+2x_4=8\\x_1+3x_2+x_4=6\\x_1-x_2+x_3+8x_4=7\\7x_1+x_2-2x_3+2x_4=5\end{cases}$。

6. 绘制函数曲线 y=5tsint(2πt)，t 的范围为 0～2。

7. 在同一图形窗口分别绘制 y1=x、$y2=x^2$、$y3=e^{-x}$ 三条曲线，x 的范围为[-2,6]。

# 第6章 程序设计基础

在前面章节的学习中，我们已经掌握了如何使用计算机软件来提高工作效率，尽管世界上的软件五花八门，功能丰富，可现实世界的需求却是千变万化的。因此，我们需要能满足要求的程序，来完成通用软件所不能完成的功能。这需要我们使用程序设计语言来编写计算机程序，接下来的部分我们将探讨怎样进行计算机编程。

## 6.1 程序的概念

要使计算机能完成人们预定的工作，就必须把要完成工作的具体步骤编写成计算机能够执行的一条条指令。计算机执行这个指令序列后，就能完成指定的功能，这样的指令序列就是程序。

编写这个指令序列的过程，就是程序设计。

## 6.2 程序设计语言

设计语言是用于书写计算机程序设计的语言。语言的基础是一组记号和一组规则。根据规则由记号构成的记号串的总体就是语言。在程序设计语言中，这些记号串就是程序。程序设计语言有3个方面的因素，即语法、语义和语用。语法表示程序的结构或形式，亦即表示构成语言的各个记号之间的组合规律，但不涉及这些记号的特定含义，也不涉及使用者。语义表示程序的含义，亦表示按照各种方法所表示的各个记号的特定含义。

### 6.2.1 机器语言

计算机机器语言是计算机可以理解的唯一语言。这种语言包含特定计算机处理器的指令，这些指令以二进制编码表示。机器语言编的程序，计算机能够直接地识别和执行，执行速度快，但是用机器语言编写程序非常麻烦和枯燥，并且难记忆、不通用。所以，大多数程序是使用其他的语言进行编写并转换为机器语言的。

### 6.2.2 汇编语言

在汇编语言中，所有的指令不采用二进制的形式，而是引入了便于记忆、易于阅读和理解、由英文单词或其缩写符号表示的指令，称为汇编指令，又称为符号指令。利用汇编指令编写的程序称为汇编语言程序。系统可以借助于汇编语言翻译器程序将这些单词转换为机器语言代码。使用汇编语言编写程序，和机器语言一样也要给出每个基本的指令，因此编写汇编语言的程序也是比较麻烦的。

### 6.2.3　高级语言

高级语言用于进一步简化编程人员编写程序所需的命令。比如，使两个数相加，在机器语言中，需要执行多个步骤才能在内存单元之间传递信息，而使用高级语言直接可写为“a+b”，类似自然语言和数学语言。这种语言被翻译后，两个数相加所需的一组指令将以机器语言的形式给出并存入内存中。使用高级语言编写程序与机器语言不同的是，编程人员不用过多地考虑该程序将在什么样的内部设计的机器上使用，换句话说，就是用高级语言编写的程序具有通用性。但是，高级语言必须遵循一定的规则将程序准确地翻译为机器语言，任何一种高级语言都有和其对应的编译程序，编译程序的作用就是将高级语言编写的程序翻译成机器语言。

高级语言可以分为 4 类：

- 过程化语言。
- 函数式语言。
- 声明式语言。
- 面向对象语言。

表 6-1 是对高级语言分类的归纳。从表中可以知道，C++是一种面向对象的语言，C 是一种过程化语言。C 语言可以看成是 C++语言的一个子集，使用 C++语言即可以编写面向过程的程序，又可以编写面向对象的程序。

表 6-1　一些高级语言的小结

| 语言的名称 | 语言的类型 | 何时产生 |
| --- | --- | --- |
| Fortran | 过程化语言 | 20 世纪 50 年代中期 |
| Basic | 过程化语言 | 20 世纪 60 年代中期 |
| Lisp | 函数式语言 | 20 世纪 50 年代后期 |
| Prolog | 声明性语言 | 20 世纪 70 年代早期 |
| Pascal | 过程化语言 | 20 世纪 70 年代早期 |
| C | 过程化语言 | 20 世纪 70 年代中期 |
| Java | 面向对象的语言 | 20 世纪 90 年代中期 |
| C++ | 面向对象的语言 | 20 世纪 80 年代中期 |

## 6.3　结构化编程

结构化程序设计的方法可以归纳为“程序=算法+数据结构”，将程序定义为处理数据的一系列过程。这种设计方法的着眼点是面向过程的，特点是数据与程序分离。

结构化程序设计的核心是算法设计，基本思想是采用自顶向下、逐步细化的设计方法和单入与单出的控制结构。自顶向下、逐步细化是指将一个复杂的任务按照功能进行拆分，形成由若干模块组成的树状层次结构，逐步细化到便于理解和描述的程度。各模块尽可能相对独立。而单入、单出的控制结构指的是每个模块的内部均用顺序、选择和循环三种基本结构来描述。

## 6.3.1 算法的概念

为解决一个问题而采取的方法和步骤，就称为“算法”。算法的描述由一组简单指令和规则组成，计算机按规则执行其中的指令，能在有限的步骤内解决一个问题。

正确的算法要求组成算法的规则和每一个步骤都应当是确定的，而不应当是含糊的、模棱两可的。由这些规则指定的操作是有序的，必须按指定的操作顺序执行，而这些操作步骤是有限的，并得到正确的结果。这些是用来判别一个确定的运算序列是否是一个算法的特征。

## 6.3.2 算法的表示

算法是要通过程序才能实现的，而在进行算法的设计过程中，通常需要借助一些形式化的描述工具来描述算法，以利于实际问题的分析求解。常用的算法描述方式有：自然语言、流程图和伪代码等。

### 1. 自然语言

自然语言就是通常人们日常使用的语言，可以是中文或英文等。例如：求 3 个数中最大者的问题，可以描述如下：

① 比较前两个数；

② 将步骤①中较大的数与第三个数进行比较；

③ 步骤②中较大的数即为所求。

文字形式的算法描述主要用于人类之间传递思想和智能。当把算法用于人类和计算机之间传递思想和智能时，文字形式描述算法的主要缺点是表示方法不规范，即使是相同的算法，不同的人描述也会有很大的差异。显然，用文字形式描述的算法很难让计算机来理解和执行。

### 2. 流程图

流程图是使用一组图形符号、流程线和文字说明来描述算法的一种表示方法。用图的形式表示一个算法，直观形象，易于理解，但不易于修改。图 6-1 是常用的流程图符号。

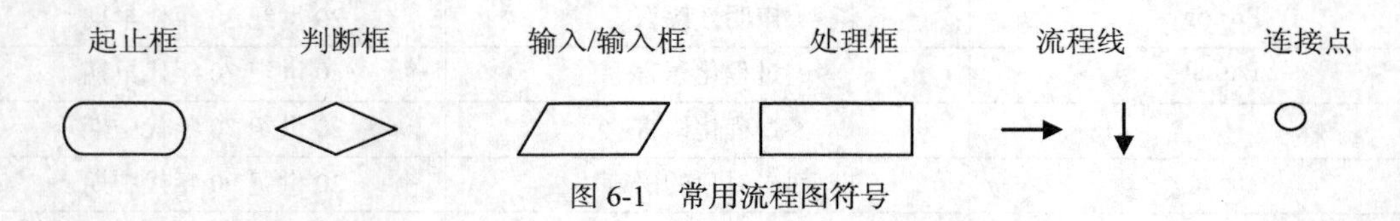


图 6-1 常用流程图符号

例如用流程图描述求 3 个数中最大者的问题，如图 6-2 所示。

### 3. 伪代码

伪代码是用介于自然语言和计算机语言之间的文字和符号来描述算法。用伪代码写算法时没有固定的、严格的语法规则，而且不用图像符号，因此书写方便、格式紧凑，易于修改，便于向计算机语言描述的算法（即程序）过渡。例如，用伪代码描述求 3 个数中最大者的问题，用 a、b、c 表示这 3 个数，如下所示：

```
input a,b,c;
if (a>b) a=b;
if(a>c) a=c;
printf c;
```

#### 4. 计算机语言表示算法

用某种计算机语言来描述算法，这就是计算机程序。例如用 C 语言编写求 3 个数中最大者的问题的程序。

```
int main()
{
int a,b,c;
scanf("%d,%d,%d",&a,&b,&c);
if (a>b) a=b;
if(a>c) a=c;
printf ("%d",c);
}
```

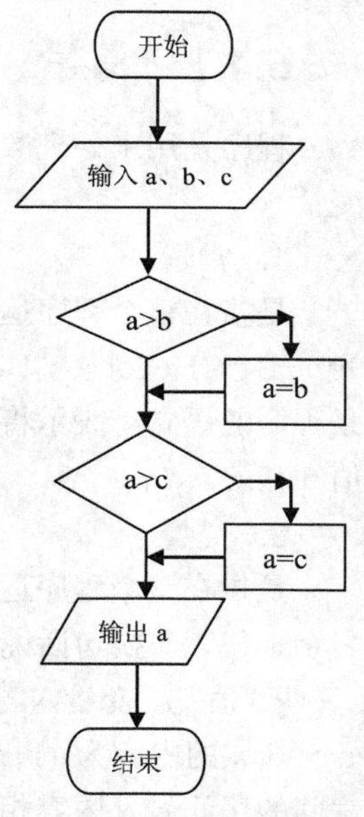


图 6-2　流程图表示的算法

### 6.3.3　程序的基本结构

基于对程序设计方法的理论研究和程序设计实践，程序的基本流程可以用三种基本结构来表示：顺序结构、选择结构和循环结构。对于一个算法，无论其多么简单或多么复杂，都可由这三种基本结构组合构造而成。

图 6-3 使用流程图表示三种基本结构的执行流程。

"块"在程序和算法中表现为一条指令或用"{"和"}"括起来的一组指令。一个块对外呈现一条指令的作用，其中的指令序列成为一个整体，要么一起执行，要么一起不执行。下面将详细介绍这三种结构的程序设计。

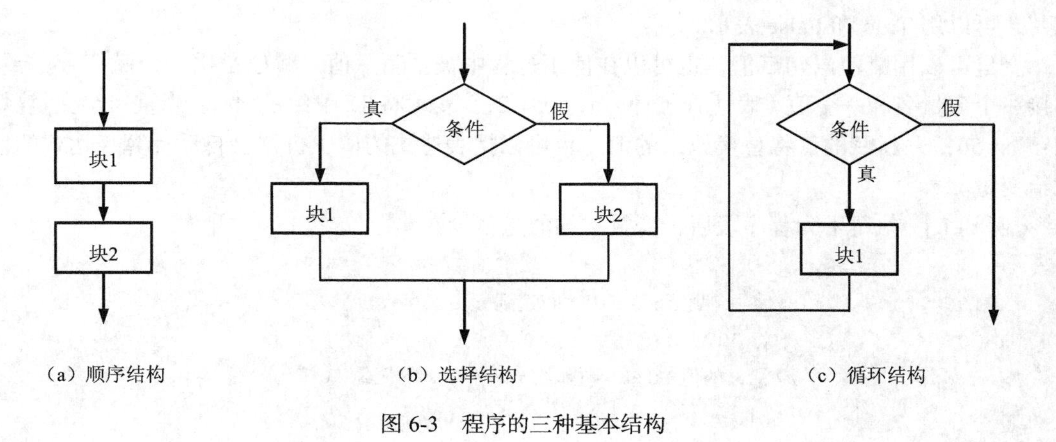


图 6-3　程序的三种基本结构

## 6.4　结构化程序的基本构成要素

为了更好地理解基于算法类问题的编程，我们首先介绍结构化程序及其构成要素。在此将忽略具体语言的语法或着书写规则，而仅介绍其编程思想，读者可以参阅具体语言的使用说明，便可将其应用于具体语言的程序设计中。

简单而言，结构化程序的基本构成要素有：常量与变量、运算符与表达式、语句和函数等。

### 6.4.1 常量、变量、表达式

程序是用来处理数据的，因此数据是程序的重要组成部分。程序中通常有两种数据：常量和变量。

**1. 常量**

是指在整个程序运行过程中其值始终不发生变化的量，通常是固定的数值或字符串。例如：30、-3、"Hello!"、"How are you?"等都是常量。常量可以在程序直接使用，如"x=5+6;"是一条程序的语句（表示将 5+6 的值 11 赋给 x），5 和 6 就是常量，可以直接在程序中使用以表示数值 5 和 6。

**2. 变量**

是指在整个程序运行过程中其值可以发生变化的量。在高级程序设计中，变量可以用指定的名字来代表。换句话说，变量由两部分组成：变量的"标识符"（又叫"名字"）和变量的"内容"（又叫"值"）。变量内容在程序运行过程中是可以变化的。例如：一个变量的名字为 x，通过执行：x=5+6; x 的内容为 11，再执行：x=12; x 的值又是 12 了。变量就像一个房间一样，变量名相当于房间的房间号，内容相当于居住在房间的不同人员。我们知道在计算机中，数据是存放在内存中的，而内存是由若干个存储单元组成，所以变量实质就是代表存储单元，给变量赋值，就是往内存中存放数据。

在程序中，变量常见的有三种：数值型、字符型和逻辑型。数值型通常包括整型和实型（一般按二进制进行存储）。字符型表示该变量的值是由字母、数字、符号甚至汉字等构成的字符串（一般按 ASCII 码和汉字码进行存储）。逻辑型也叫布尔型，表示该变量的值只有两种："真"和"假"，可以用 True 和 False 表示。

变量可以用赋值语句赋值，也可以在使用过程中被重新赋值。赋值是用一个赋值号"="来连接一个变量名和一个值（表达式），例如，"x=12;"表示将 12 赋给变量 x。当重新给变量赋值，如："x=50;"，新赋的值将替换原来的值。也可以把表达式的值（机器会自动计算表达式的值）赋给变量。

**【例 6-1】** 执行下列程序段后，变量 x 的值是多少？

```
…
 x=10;            //将 10 赋给 x，即将 10 送到 x 中保存
 x=20;            //将 20 赋给 x，原来的 10 换成了 20
 x=x+60;          //将 x 的值 20+60 再赋给 x，最终 x 的值是 80
…
```

变量 x 最后的值是 80。

上例中"//"后面的内容是对该语句的解释，在程序中叫作"注释"。

程序对数据的处理是通过一系列运算来实现的，运算是由运算符来表达的。常见的运算符有 3 种：算术运算符、关系运算符和逻辑运算符。算符运算符是最常见的，即加、减、乘、除、求余等，所采用的符号：+、-、*、/、%（模运算符，或求余运算符，"%"两侧应为整型数据，如"9%4"的值为 1）。例如，"30*x"、"sum/20"、"（3+5）/2"等都是应用算术运算符的例子。算

术运算的结果是一个整型数值或实型数值。

关系运算是比较两个值之间的大小关系，一般关系运算符有 6 种，如表 6-2 所示。

表 6-2　　关系运算符

| 符号 | 意义 | 优先级 |
| --- | --- | --- |
| > | 大于 | 优先级相同（高） |
| >= | 大于等于 | |
| < | 小于 | |
| <= | 小于等于 | |
| == | 等于 | 优先级相同（低） |
| != | 不等于 | |

关系运算的结果是一个逻辑值，即 True 和 False。如果大小关系成立，结果为 True，否则结果为 False。

参加比较的两个值类型要一致，如 5>2 成立，结果为 Frue；7！=7 不成立，其结果为 False；“zha” > “zhz” 不成立，结果为 False。

逻辑运算符是用于对逻辑值进行逻辑操作，一般逻辑运算符有 3 种，即与运算、或运算和非运算。不同语言表示逻辑运算符的方法也不同，如有的使用“and”表示与运算、“or”表示或运算；有的（如 C 语言）用“&&”表示与运算、“||”表示或运算、“!”表示非运算。其意义和规则见表 6-3。

参加逻辑运算的量必须是逻辑型的，运算结果也是逻辑型的。

表 6-3　　逻辑运算符及其意义

<table>
<tr><th>运算符</th><th>名 称</th><th>示 例</th><th>意 义</th></tr>
<tr><td>&&</td><td>逻辑与</td><td>a && b</td><td>只有 a、b 同时为真时，“a && b”为真，否则为假</td></tr>
<tr><td>||</td><td>逻辑或</td><td>a || b</td><td>a、b 之一为真，则“a || b”为真</td></tr>
<tr><td>!</td><td>逻辑非</td><td>!a</td><td>若 a 为真，则“！ a”为假；若 a 为假，则“！ a”为真</td></tr>
</table>

在 C 语言中，“真”用 1 表示，“假”用 0 表示，而且规定参加逻辑运算的量可以是任何类型的值，但是按逻辑值对待，只要是非零即为真。比如：“3&&5”的结果为“真”。

**3. 表达式**

是用各种运算符把不同类型的常量和变量按照语法要求连接在一起的式子。根据表达式中的运算符类型不同，表达式分为算术表达式、关系表达式、逻辑表达式。表达式的运算结果可以赋给变量，或者作为控制语句的判定条件。

图 6-4 说明了运算符的运算优先次序。用下面的例题说明计算表达式值优先次序。

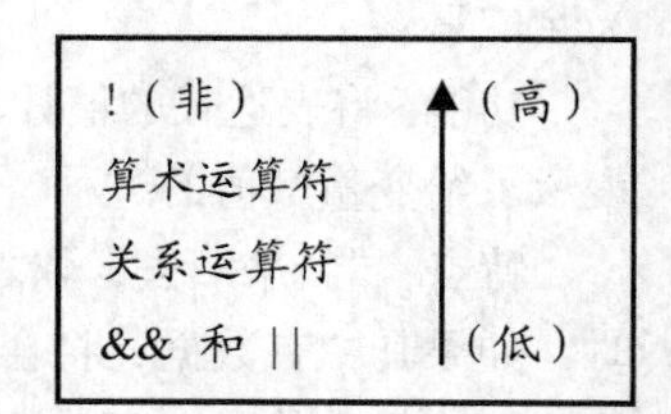


图 6-4　运算的优先次序

【例 6-2】 求下列表达式的值。

```
5>3 && 2 || 8< 4-!0
```

表达式自左至右扫描求解，方法如下：

① 首先处理“5>3”（因为关系运算符优先于 &&）。在关系运算符两侧的 5 和 3 作为数值参加关系运算，“5>3”的值为 1。

② 再进行“1 && 2”的运算，此时 1 和 2 均是逻辑运算对象，均作“真”处理，因此结果为 1。

③ 再往下进行“1 || 8<4-!0”的运算。根据优先次序，先进行“！ 0”的运算，得结果 1，因此要运算的表达式等价于“1 || 8<4-1”，即“1 || 8<3”。

④ 此后，将关系运算符“<”两侧的 8 和 3 作为数值参加比较（“<”优先于“||”），“ 8<3”的值为 0（“假”），最后得到“1 || 0”的结果 1。

下面给出若干表达式的实例，说明表达式求值顺序及赋值语句的使用。

【例 6-3】 假设：a=10,b=20,c=40，计算表达式的值。

```
m=c>a+b;            //相当于 m=c>(a+b);将 c 和 a+b 的比较结果赋给变量 m。即 m=1(真) m=a= =b<c;
                    //相当于 m=a= =(b<c); m=0，即表达式的值为“假”。
a=b>c;              //将(b>c) 的值赋给 a，a=0
n=(a-b)<=(a+b);     //将(a-b)和(a+b)比较结果赋给变量 n。显然 n 的值是 1，即为“真”。如果 a=10,
                    //b=-20，则 n 的值是 0，即为“假”。所以，n 的值将依赖于变量 a 和 b 的值来确定。
m=(a>b)&&(a<b);     //不管 a、b 取何值，a>b 和 a<b 中只有一个为 True，因此，整个表达式结果始终
                    //为 False，即 m=0。
n=(a>b)||(a<b);     //不管 a、b 取何值，a>b 和 a<b 中至少有一个为 True，因此，整个表达式结果始
                    //终为 True，即 n=1。
```

### 6.4.2 语句与程序控制

一个程序的主体是由语句组成的。语句决定了如何对数据进行运算，也决定了程序的走向，即根据运算结果确定程序下一步将要执行的语句。

程序语句基本可以分为三类：赋值语句、控制语句和输入/输出语句。如前所述，赋值语句通常是用赋值号“=”连接变量与表达式的语句。控制语句是程序设计的核心，决定着程序执行的路径，决定了程序的结构，如选择结构、循环结构。输入/输出语句用于程序获取外界数据或者将程序的结果输出的外界。下面将结合 C++语言的语法规则介绍上述语句格式的格式，以及使用这些语句实现顺序结构、选择结构和循环结构程序的设计。

**1. 赋值语句**

格式：变量=表达式;

注意语句末尾的分号是语句的一部分，是不可以省略的。“=”为赋值号。

功能：将表达式的值计算出来，赋给赋值号左边的变量。图 6-5 表示了给变量赋值的过程。

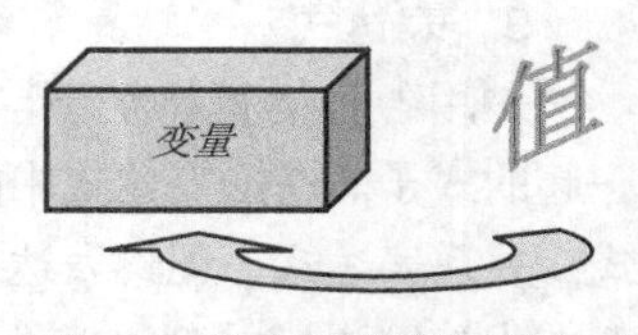


图 6-5　给变量赋值的过程

特点：“新来旧去，取之不尽。”因为在内存某个单元存放数据时，如果其中有数据，将会“冲掉”这个数据，换为这个新数据。只要不给某个单元中存放新数据，原来的数据是不会因为使用过而消失的。

“形同意不同”。数学中“=”和赋值语句中“=”形式相同，但意义不同。在数学中不可以写：c=c+1，而在 C++的赋值语句中可以写：c=c+1，这表明将 c 代表的存储单元中的内容（比如 20）加上 1（21）再放到这个单元中。

**【例 6-4】**用顺序结构实现求 1+2+3+4+5 的和。该程序执行后最终的结果保存到变量 sum 中。

程序可以这样写：

```
sum=1+2+3+4+5;
```

也可以写成如下的程序：

```
sum=0;
a1=1;
a2=2;
a3=3;
a4=4;
a5=5;                    //以上的语句是给变量赋初值
sum=sum+a1;              //该语句实现了将 0+1 的和赋给 sum
sum=sum+a2;              //该语句执行完 sum=0+1+2
sum=sum+a3;              //该语句执行完 sum=0+1+2+3
sum=sum+a4;              //该语句执行完 sum=0+1+2+3+4
sum=sum+a5;              //该语句执行完 sum=0+1+2+3+4+5
```

这个程序不能上机去调试，即不能在算机上执行它，因为它不是一个符合某种高级语言的完成的程序。如果改成如下形式，就可以在 C++的环境中运行了。

```
int main()
{
int a1,a2,a3,a4,a5,sum;
sum=0;
a1=1;
a2=2;
a3=3;
a4=4;
a5=5;                    //以上的语句是给变量赋初值
sum=sum+a1;              //该语句实现了将 0+1 的和赋给 sum
sum=sum+a2;              //该语句执行完 sum=0+1+2
sum=sum+a3;              //该语句执行完 sum=0+1+2+3
sum=sum+a4;              //该语句执行完 sum=0+1+2+3+4
sum=sum+a5;              //该语句执行完 sum=0+1+2+3+4+5
}
```

**2. 函数**

在 C++中每一个程序单位叫一个函数，函数是由多条语句组成的能够实现特定功能的程序段，是对程序进行模块化的一种组织方式。函数一般包括函数名、参数、返回值和函数体 4 部分。其中函数名、函数体是必须要有的，参数和返回值可以根据需要进行定义。一个 C++程序可以由一个或若干个函数组成。函数分为两类，即系统函数（或称为标准函数）和用户自定义函数。系统函数即函数库中的标准函数，是程序设计语言提供给用户的一系列已经编制好的程序。自定义函数则是用户自己编写的函数，其中有一个特殊的函数，它是整个程序执行的入口，称为主函数。

下面通过例题说明主函数的结构，即 C++程序的构成及其设计方法。这里说的程序指的是源程序，也叫“源代码”，之所以称之为代码，是因为程序一般看上去比较神秘。

【例 6-5】 编写程序，在屏幕上显示“Hello,this is my first C++ program.”

源程序：

```
#include <iostream.h>                                //输入输出包含头文件
int main( )                                          //main 函数，程序入口，函数的名字
  {                                                  //函数体开始
    cout<<"Hello,this is my first C++ program.";     //函数体。功能：在屏幕上输出字符串
}                                                    //函数体结束
```

源代码编译、连接并运行后，在屏幕上显示：

```
Hello,this is my first C++ program.
```

分析程序代码

（1）头文件

在这个程序中，首先用到了库函数（系统提供的标准函数）。由于要调用输入/输出库函数中的函数，因此，程序中使用“#include <iostrream.h>”。

该命令可使 C++预处理器从某个文件中读取代码，并将其与程序组合在一起，然后所有的代码（包括源代码和“iostream.h”库文件的代码）被编译成一个单独的二进制指令包。正是由于使用了这个特别的语句，程序才具有 C++系统的输入/输出功能。所以，该语句的作用是允许我们在程序中使用 cout 函数并在屏幕上显示。以后凡在程序中用到输入/输出函数，都应当在程序中使用“#include <iostream.h>”。

（2）main（ ）函数

C++不仅允许使用库函数，而且允许编写自己的函数。main 函数就是自己编写的函数，我们称它为主函数。每个 C++程序必须有一个以 main 命名的主函数，一个 C++的程序可以由若个函数组成，但是，程序的执行是从 main 函数开始。

每一个函数至少有一对花括号。因此，C++程序的结构如下所示：

```
#include"*.h"
int main( )
 {
      …
 }
```

在第一行中，main 是函数名，void 是一个类型说明，void 表示无类型，即 main 函数执行结束时对操作系统没有返回值（由操作系统来调用 main 函数）。main 函数的小括号中为空，这表明操作系统没有传递给 main 函数任何信息。在此不详细讨论这一点。现在，你应该记住该代码行的形式，因为以后所有的程序中都要用到它。

一对花括号中是函数体，可以说函数从左“{”开始，到右“}”结束。函数体包含了 C++的声明和语句。

（3）cout<<“Hello,this is my first C++ program.”;

是函数体。由程序的运行结果我们知道，这行代码的作用是在屏幕显示：

```
Hello,this is my first C++ program.
```

即在屏幕上输出一串字符。C++没有专门的输出语句，用系统提供的 cout 函数实现输出，使用 cout 和插入运算符“<<”将双引号之间的字符输出到屏幕。如果将双引号中的字符修改为“This is C++.”，则程序的运行结果是在屏幕显示：

```
This is C++.
```

所以，修改该行可以输出你想输出的任何字符串。有关 cout 的具体使用，在后面将详细讲述。

另外，程序中每行的右边都有以“//”开始的文字串，这是对这一行程序的说明，称为 C++的注释，有关注释的内容在下一节叙述。

**【例 6-6】** 将【例 6-4】中的程序改写成符合 C++语言的程序。

改写程序：

```
void main()
{
    int sum,a1,a2,a3,a4,a5;     //定义变量
    sum=0;
    a1=1;
    a2=2;
    a3=3;
    a4=4;
    a5=5;                       //以上的语句是给变量赋初值
    sum=sum+a1;                 //该语句实现了将 0+1 的和赋给 sum
    sum=sum+a2;                 //该语句执行完 sum=0+1+2
    sum=sum+a3;                 //该语句执行完 sum=0+1+2+3
    sum=sum+a4;                 //该语句执行完 sum=0+1+2+3+4
    sum=sum+a5;                 //该语句执行完 sum=0+1+2+3+4+5
}
```

可以看到上述程序按 C++的程序结构进行了书写。需要说明的是程序的第一行：

“int sum,a1,a2,a3,a4,a5;”是对变量的定义，决定了变量的类型和名字等。C++语言中规定变量名只能使用英文字母、数字和下划线，而且必须以字母或下划线开头。如：sum、n_4、_123 是合法的变量名，#av、α 是不合法的。

变量名也可叫标识符。标识符就是一个名字，它不但可以标识一个变量名，也可以用来标识函数名、数组名、符号常量名等。

大写字母和小写字母被认为是两个不同的字符。num 和 NUM，Total 和 total 是两个不同的变量。一般，变量名用小写字母。在程序设计中，为变量命名时采用的原则是“见名知意”，比如，num 表示人数，name 表示姓名等，这样可增加程序的可读性。变量有类型之分，如整型、实型（浮点型）和字符型等。整型变量用来存放整型数据，实型变量用来存放实型数据，字符型变量存放字符型数据。任何类型的变量都必须先说明后使用，说明一个变量即确定了它的 4 个属性：名字、数据类型、允许的取值及合法操作。这样做有两个好处：

① 便于编译程序为变量预先分配存储空间。不同类型变量占用内存单元数不同，编译程序要根据变量的类型分配相应的存储空间。

② 便于在编译期间进行语法检查。不同类型的变量有其对应的合法操作，编译程序可以根据变量的类型对其操作的合法性进行检查。

使用类型标识符：int（整型）、float（实型）、double（双精度型）、char（字符型）来对变量进行定义。

格式：类型标识符　变量 1[，变量 2][，变量 3]…[，变量 n];

比如：int sum,a1,a2,a3,a4,a5;　//定义了 5 个整型变量

float x=10.0,y;　//定义了两个实型变量，并对变量 x 赋了初值 10.0（初始化变量）

char c1='a',c2='b';　//定义了两个字符型变量，同时进行了初始化

在程序中如果只是定义了一个变量，而没有给其负任何的值，那么，它的值是不确定的。

**3. 编写注释**

在上述程序中，以“//”引出的内容是对该语句作用的解释，称为注释。

为什么在程序中要有注释？注释的结构、注释在程序中的位置以及编写注释的风格是这一节中主要讲述的问题。

具有丰富编程经验的人员，有时也不容易读懂一段程序或一个模块的功能。你会发现很可能连自己编写的程序都很难读懂，也可能别人要使用你编写的程序，但却很难读懂代码。还好，C++允许在程序代码中添加注释。

注释就是对程序模块的功能及其如何实现进行描述的文字说明。程序中的注释是非常重要的附加信息，它可以传递代码本身难以传递的信息。好的注释能减少错误发生的可能性，因为编程人员在修改程序时可以通过注释来读懂程序是如何工作的。

以下的程序说明注释的结构，该程序和【例 6-5】功能相同，都是在屏幕上输出一行字符串。

**【例 6-7】** 源程序：

```
//This is a single line comment.
#include <iostream.h>
void main( )
 {  /* This is a miltiline
     comment */
   cout <<"Comment strucsture  lesson.";      //End of line comment.
 }
//A comment can be written at the end of a program.
```

程序运行结果：

```
Comment strucsture  lesson.
```

说明

（1）单行注释结构

如例题所示，单行的注释以“//”开始，两斜杠之间不允许留有空格，所有的注释必须在同一行，注释不执行任何操作，只是对程序的功能或该行代码的说明。

注释不必单独占一行。它可以放在 C++语句的后面，例如：

```
cout <<"Comment strucsture  lesson.";          //在屏幕上输出一串字符。
```

不能将注释放到 cout 语句的前面，如果这样，cout 语句将被认为是注释的一部分，从而 cout 语句不能被执行，如下所示。

```
//在屏幕上输出一串字符。  cout <<"Comment strucsture  lesson.";
```

（2）多行注释结构

如例题所示，多行注释结构以“/*”开始，以“*/”结束，“/”和“*”之间不允许有空格，符号“/*”和“*/”必须成对出现，但可以不在同一行。注释文本可以是文字、数字、字符和符号。

（3）注释的位置

从【例 6-7】可以看出，注释行可以放在程序的第一行、最末行或程序中间。C++编译器将注

释视为空字符，因此，注释可以放在程序中允许空格符出现的任何地方，即注释可以放在程序中的任一行。而且注释可以放在 C++标记之间，但不允许插入到标记中。

（4）注释的用法

如何使用程序注释？记住重要的一点，注释用于帮助提高程序的可读性，所以注释要做到醒目和整洁。清晰的注释风格需要通过一定的编程锻炼才能获得，因此，希望在初学编程时就注意对自己的程序编写注释。

编写注释没有一定的标准，建议读者避免将注释与其他的 C++程序代码放在同一行，也不要将注释放在 C++语句的之间。注释部分尽量突出，这样的注释才能有助于自己和他人读懂程序代码。

可以将【例 6-7】加上如下所示的注释：

```
//-------------------------------------------------------
//Name:: liti6_7
//Purpose：学习在 C++程序中如何写注释
//Date: 2015-7-19
//Author: Pwh
//Reference: None
//---------------------------------------------------------
#include <iostream.h>
void main( )
 {
   cout <<"Comment strucsture  lesson.";
 }
```

这些注释说明了程序的名称、目的、日期、作者以及使用的参数等信息。显然，编写注释是需要花费一些时间的，因此，一些初学者往往忽略程序的注释。在这里提醒大家千万不要让这种编程风格持续时间过长，在每次编程时留出编写注释的时间，长期下来，大家会发现虽然在编写注释上花费了时间，但这样可节省调试程序和查找错误的时间。通过这样的编程练习，才能成为一个优秀的编程人员。

## 6.4.3　输入/输出

C++本身不提供输入/输出语句，输入/输出操作：一是通过系统提供的输入/输出流类来实现，即在程序中通过调用输入/输出流类库中的对象 cin 和 cout 进行输入和输出；二是通过使用 C++提供的输入/输出函数来实现，即在程序中通过调用输入/输出函数 scanf 和 printf 进行输入和输出。另外，C++的函数库中还提供了专门输入/输出字符数据的函数：puchar（输出字符），getchar（输入字符），puts（输出字符串），gets（输入字符串）。

"iostream.h" 是 C++输入/输出的库文件，因此，使用上述任何一种方式进行输入/输出时，在程序的开始必须使用编译预处理命令 "#include" 将有关的 "库文件" 包括到用户的源文件中。如前所述：

```
#include <iostream.h>
```

为了叙述方便，常常把 cin、scanf 称为输入语句，cout、printf 称为输出语句。在此只介绍 cin、cout 的使用方法，其他的输入/输出方法请读者参考有关的书籍。

1. cout 输出

（1）cout 语句的一般格式

```
cout<<表达式 1<<表达式 2……<<表达式 n;
```

其中“<<”称为插入运算符，它将紧跟其后的表达式的值输出到显示器当前光标的位置。其中的“表达式”可以是常量、变量。

（2）功能

在显示器上显示表达式或变量的“值”。

例如：cout<<a<<b<<a+b+5；

在屏幕上显示变量 a 的值、变量 b 的值和 a+b+5 的值。

【例 6-8】 如果变量 a 定义为整型、值为 3，变量 b 定义为 float 型、值为 123.456，变量 c 定义为 char 型、值为 a，写出下列输出数据的结果。

① cout<<a<<b<<c；

结果为：3123.456a

② cout<<a<<"□□"<<b<<"□□"<<c；

结果为：3□□123.456□□a

其中，□表示空格，如果要输出某些字符时，将字符用双引号括起来。

如果输出结果为：a=3b=123.456c=a 那么 cout 语句如何写？应为：

```
cout<<"a="<<a<<"b="<<b<<"c="<<c;
```

③ cout<<"a="<<a<<endl<<"b="<<b<<endl<<"c="<<c；

结果为：a=3
b=123.456
c=a

字符“endl”的作用是使输出换行。

一个 cout 语句可以多行。如：

```
cout<<"a="<<a<<"b="<<b<<"c="<<c;
```

可以写成：

```
cout<<"a="<<a                  //注意行末尾没有分号
<<"b="<<b
<<"c="<<c;                     //语句最后有分号。
```

也可以写成多个 cout 语句：

```
cout<<"a="<<a;
cout<<"b="<<b;
cout<<"c="<<c;
```

以上三种情况的输出结果均为：

```
a=3  b=123.456  c=a
```

由以上例子可以看到，在用 cout 输出时，用户不必告知计算机按什么类型输出，系统会自动判别输出数据的类型，使输出的数据按系统对相应的类型隐含指定的格式输出。

给【例 6-4】程序添加输出语句，程序如下：

```
    /*---求 1+2+3+4+5 的和--*/
void main()
{
  int sum,a1,a2,a3,a4,a5;    //定义变量
  sum=0;
  a1=1;
```

```
    a2=2;
    a3=3;
    a4=4;
    a5=5;                       //以上的语句是给变量赋初值
    sum=sum+a1;                 //该语句实现了将 0+1 的和赋给 sum
    sum=sum+a2;                 //该语句执行完 sum=0+1+2
    sum=sum+a3;                 //该语句执行完 sum=0+1+2+3
    sum=sum+a4;                 //该语句执行完 sum=0+1+2+3+4
    sum=sum+a5;                 //该语句执行完 sum=0+1+2+3+4+5
    cout<<"sum="<<sum;          //输出结果
  }
```

到此，该例题就完整了。

**【例 6-9】** 有一直流电路如图 6-6。

已知：*R*0=100 欧姆，*R*1=20 欧姆，*R*2=50 欧姆，*U*=100 伏特。

求：等效电阻 *R* 和总电流 *I*。

计算公式：

$$R12 = \frac{R1R2}{R1 + R2}$$

$$R = R12 + R0$$

$$I = U/R$$

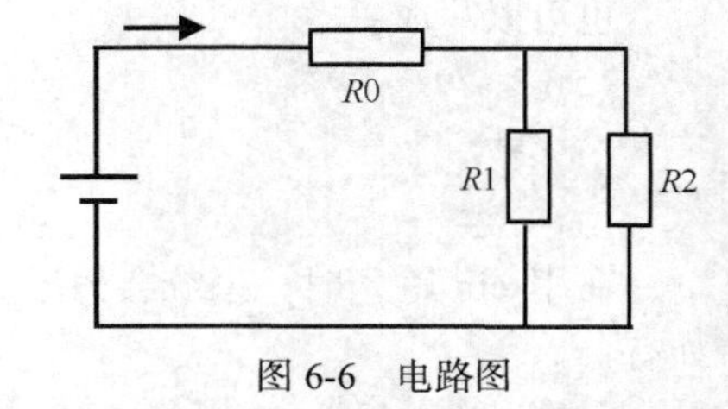


图 6-6　电路图

程序：

```
#include<iostream>
main()
{ float r0,r1,r2,r,u,i;
  r0=100.0;
  r1=20.0;
  r2=50.0;
  u=100.0;
  r=r0+r1*r2/ (r1+r2);
  i=u/r;
  cout<<"r="<<r<<endl;
  cout<<"i="<<i<<endl;
    }
```

运行结果：

```
r= 114.286
i= 0.875
```

如果题目要求当 *R0*、*U* 不变，分别计算：

*R*1=40　*R*2=50

*R*1=70　*R*2=100

*R*1=90　*R*2=50

…

等各组值时的 *R* 和 *I*。怎么办？打开源程序修改 r1、r2 的值，然后再运行……直到完成所有的计算。我们也可以不用修改程序，只要在运行时给变量赋不同的值，就能得到不同的多组值的结果。这就要使用另外一种给变量赋值的方式，即在程序运行时给变量赋值，这就是下面要讲述的 cin 输入。

### 2. cin 输入

cin 语句的一般格式：

```
cin>>变量 1>>变量 2>>变量 3>>…>>变量 n;
```

其中“>>”称为提取运算符，它将暂停程序执行，等待从键盘上输入相应数据，直到所列出的所有变量均获得值后，程序才继续执行。

【例 6-10】 如果使用如下所示的 cin 语句给变量 a、b、c、d 分别赋 1、2、3、4，则下面 3 种输入数据的形式都是正确的：

```
cin>>a>>b>>c<<d;
①        1□ 2 □ 3 □ 4↙
②        1 □  □2 □  □  □3 □  □4 ↙
③        1 (按 tab 键) 2 ↙3 ↙4 ↙
```

其中“□ ”表示空格；“↙”表示回车（下同）。由此可知，使用 cin 给多个变量输入数据时，数据之间用“空格”或“回车符”分隔。

和 cout 语句一样，上例的 cin 语句也可以分写成若干行。如：

```
cin>>a
   >>b
   >>c
   >>d;
```

也可以写成：

```
cin>>a;
cin>>b;
cin>>c;
cin>>d;
```

在用 cin 输入时，系统会根据变量的类型从输入流中提取相应长度的字节赋给相应的变量。如有：

```
char c1,c2;
int a;
float b;
cin>>c1>>c2>>a>>b;
```

如果输入：

```
1234 □ 56.78 ↙
```

系统会取第一个字符“1”给字符变量 c1，取第二个字符“2”给字符变量 c2，再取“34”给整型变量 a，最后取“56.78”给实型变量 b。

“34”后面应该有空格以便和“56.78”分隔。也可以按下面格式输入：

```
1□ 2□ 34□ 56.78 ↙
```

在从输入流中提取了字符“1”送给 c1 后，遇到第 2 个字符，是一个空格，系统把空格作为数据间的分隔符，不予提取而提取后面的一个字符“2”赋给 c2，然后再分别提取“34”和“56.78”给 a 和 b。由此可知：用 cin 语句键盘输入数据时，数据之间是用空格或回车符分隔的，即不能用 cin 语句把空格字符或回车符作为数据输入给字符变量。如果想将空格字符或回车符输入给字符变量，可以用 getchar 函数实现。

【例 6-11】 设 a=2,b=3,c='a'，写出执行下面的语句时，数据输入的形式，并观察结果。

```
#include<iostream.h>
void main()
{ int a,b;char c;
  cin>>a>>b>>c;
  cout<<"a="<<a<<"b="<<b<<"c="<<c;
  }
```

数据输入为：2□ 33□ a ↙

运行结果为：a=2　b=3　c=a

若数据输入为：2□ 3.0□ a↙

运行结果为：a=23　b=0　c=.

若数据输入为：23□ a↙

运行结果为：a=23　b=0　c=虄

对比以上 3 次程序数据输入形式和输出的结果，明显可以看出，后两次运行时的结果是不正确的（错误原因请读者根据前面的知识进行分析）。由此，在组织输入数据时，要仔细分析 cin 语句中变量的类型，按照相应的格式输入，否则容易导致错误结果。

上面【例 6-9】的程序改写为如下的形式，只要将程序多运行几遍（每次运行时给 r1、r2 赋不同的值），就可得到多组值，而不用修改程序。

程序：

```
#include<iostrem.h>
main()
{ float r0,r1,r2,r,u,i;
  r0=100.0;
  u=100.0;
  cin>>r1>>r2;
  r=r0+r1*r2/ (r1+r2);
  i=u/r;
  cout<<"r="<<r<<endl;
  cout<<"i="<<i<<endl;
   }
```

上面介绍的是使用 cout 和 cin 时的默认格式（系统隐含指定的）。但有时人们在输入/输出时有一些特殊的要求，如在输出实型数据是规定字段宽度，只保留两位小数，数据向左或向右对齐等。就可以使用 C++提供的在输入/输出流中使用的格式控制符，见表 6-4。

表 6-4　　输入/输出流的格式控制符

| 控制符 | 作用 |
|---|---|
| dec | 设置数值的基数为 10 |
| hex | 设置数值的基数为 16 |
| oct | 设置数值的基数为 8 |
| setfill(c) | 设置填充字符 c，c 可以是字符常量或字符变量 |
| setprecision(n) | 设置浮点数的精度为 n 位。在以一般十进制小数形式输出时，n 代表有效数字。在以 fixed（固定小数位数）形式和 scientific（指数）形式输出时，n 为小数位数 |
| setw(n) | 设置字段宽度为 n 位 |
| setiosflags(ios::fixed) | 设置浮点数以固定的小数位数显示 |
| setiosflags(ios::scientific) | 设置浮点数以科学记数法（即指数形式）显示 |
| setiosflags(ios::left) | 输出数据左对齐 |
| setiosflags(ios::right) | 输出数据右对齐 |
| setiosflags(ios::skipws) | 忽略前导的空格 |
| setiosflags(ios::uppercase) | 数据以十六进制形式输出时字母以大写表示 |
| setiosflags(ios::lowercase) | 数据以十六进制形式输出时字母以小写表示 |
| setiosflags(ios::showpos) | 输出正数时给出“+”号 |

# 6.5 程序举例

【例 6-12】 改正下列程序中的错误（在错处画横线并改正）。

程序 1：

```
#include<iostream.h>
void main();
      float r,s;
      r=5.0;
      s=3.14159*r*r;
      cout<<s
```

改正后的程序 1：

```
#include<iostream.h>
void main()
   {  float r,s;
      r=5.0;
      s=3.14159*r*r;
cout<<s;
}
```

改错说明：1. main 是函数名，所以在其末尾不应有分号；2. 在 C 的函数中至少有一对花括号；3 语句以分号结束。

程序 2：

```
#include<iostream.h>
void main()
{ float a,b,c,v=90;
 s=a+b+c+v;
 a=20; b=30;
 cin>>c;
cout<<s;
}
```

改正后的程序 2：

```
#include<iostream.h>
void main()
{ float a,b,c,v=90;
 float s;
cin>>c;
 a=20; b=30;
s=a+b+c+v;
cout<<s;}
 }
```

改错说明：1. 任何变量必须先说明，变量 s 要说明；2. 按题意是将变量 a、b、c、v 的和放到变量 s 中，要先给变量 a、b、c 赋值，然后使用。

【例 6-13】 编程序将两个变量中的值互换。

分析：设 a=1,b=2，使 a=2,b=1。

赋值语句的特点之一为“新来旧去”，a、b 直接赋值，不能实现两个变量中值的互换。

假设有两个瓶子，一个装满了橘子汁，一个装满了香油，现在让你把装橘子汁的瓶子装香油，装香油的瓶子装橘子汁，你怎么办？需要一个空瓶子，先将香油到入空瓶子，然后将橘子汁倒入原来放香油的瓶子，最后将香油倒入原来放橘子汁的瓶子。这个空瓶子相当于一个中间变量，中间变量的类型与原变量一致。

方法 1：

```
#include<iostream.h>
void main()
{ int a=1,b=2;
  a=b;b=a;
cout<<a<<b;}
```

方法 2：

```
#include<iostream.h>
main()
{ int a=1,b=2,c;
  c=a;
  a=b;
  b=c;
cout<<a<<b;}
```

【例 6-14】编程序输入三角形的三边长，求三角形面积。计算公式：area=sqrt(s*(s-a)*(s-b)*(s-c))。其中：a,b,c 是三个边长，s 是边长和的一半，即：s=1/2*(a+b+c)。程序如下。流程图如图 6-7 所示。

程序：

```
    #include<iostrem.h>
    #include <math.h>
    int main()
    { float a,b,c,area,s;
  cout<<"Please input a,b,c:\n";
  cin>>a>>b>>c;
  s=1/2*(a+b+c);
  area=sqrt(s*(s-a)*(s-b)*(s-c));
  cout<<"a="<<a<<"b="<<b<<"c="<<c;
  cout<<"\narea="<<area;
  }
```

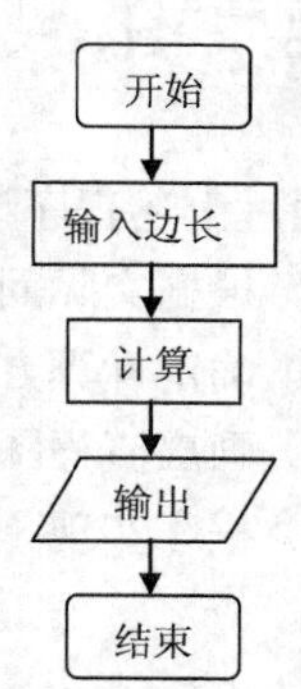

图 6-7 【例 6-14】程序流程图

分析程序，没有语法错误，但结果不正确，原因是：计算 s=1/2*(a+b+c)时，1/2 的值是 0，所以，无论 a、b、c 的值是多少，s 的值都为 0，因而，导致错误的结果。只要将 1/2 改为 1.0/2 就可以了。

运行结果：

```
Please input a,b,c:
3.0,4.0,5.0 ↙
a=3 b=4 c=5
area=6
```

【例 6-15】 将键盘输入的小写字母，以大写输出。

分析：大、小写字母的 ASCII 值相差 32，即：'a'='A'+32　→'A'='a'-32

程序如下。图 6-8 是流程图。

程序：

```
#include<stdio.h>
main()
{ char ch1,cha2;
 cin>>ch1;
  ch2=ch1-32;
cout<<ch1<<","<<ch2;}
```

运行结果：

```
a ↙
a,A
```

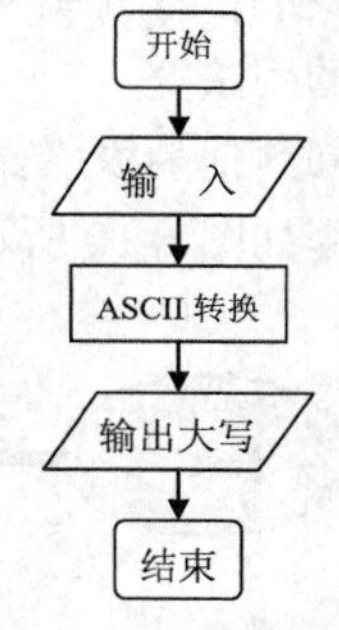

图 6-8 【例 6-15】程序流程图

【例 6-16】 古代数学问题“鸡兔同笼”。鸡与兔共 $a$ 只，鸡与兔的总脚数为 $b$，问鸡兔各多少只。

分析：已知量有两个，一个是鸡与兔的总数量 $a$，一个是鸡与兔的总脚数 $b$。

设有 $x$ 只鸡，$y$ 只兔子。由题意可得到如下的等式，从而得到计算 $x$、$y$ 的计算公式。

$$\begin{cases} x+y=a \\ 2x+4y=b \end{cases} \longrightarrow \begin{cases} y=(b-2a)/2 \\ x=(4a-b)/2 \end{cases}$$

程序：

```
#include<iostream.h>
main()
{ int x,y,a,b;
```

```
  cout<<"input a,b"<<endl;
  cin>>a>>b;
   x=(4*a-b)/2;
   y=(b-2*a)/2;

 cout<<"x="<<x<<"y="<<y;
}
```

运行结果：

```
input a,b
3,8 ↙
x=2y=1
```

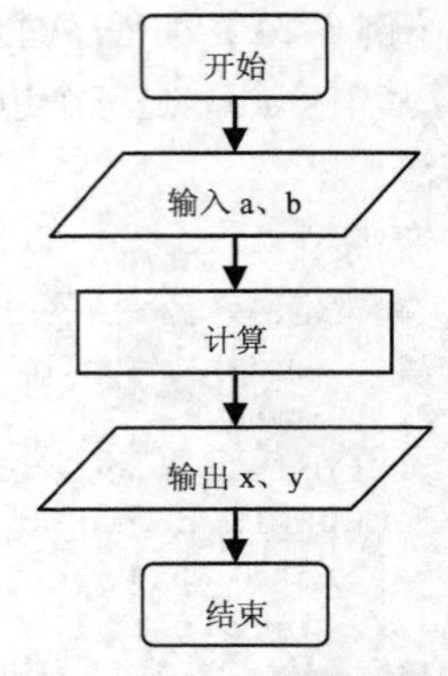

图 6-9 【例 6-16】程序流程图

通过上述程序设计的例子，总结程序设计的方法如下：

① 根据实际问题找出计算公式（数学模型）。

② 确定计算方法和步骤（确定算法）。

③ 画出流程图（见图 6-9）。

④ 程序实现（用某种语言编程，本书用 C++语言）。

# 6.6 C++程序的运行过程

设计好一个 C++源程序后，就可以在计算机上运行程序了。现在一般采用集成环境（Integrated Development Environment，IDE），把程序的编辑、编译、连接和运行集中在一个界面中进行，操作方便，直观易学。有多种 C++编译系统供我们使用，本书只介绍 Visual C++ 6.0。Visual C++ 6.0 是美国微软公司开发的 C++集成开发环境，它集源程序的编写、编译、连接、调试、运行，以及应用程序的文件管理于一体，是当前 PC 机上最流行的 C++程序开发环境。本书的程序实例均用 Visual C++6.0 调试通过，下面对这一开发环境进行简单的介绍。Visual C++ 6.0 的功能较多，我们仅仅介绍一些常用的功能。在以后的学习中，要多用、多试、多思考，才能够熟练地掌握它的用法。

同其他高级语言一样，要想得到可以执行的 C++程序，必须对 C++源程序进行编译和连接，该过程如图 6-10 所示。

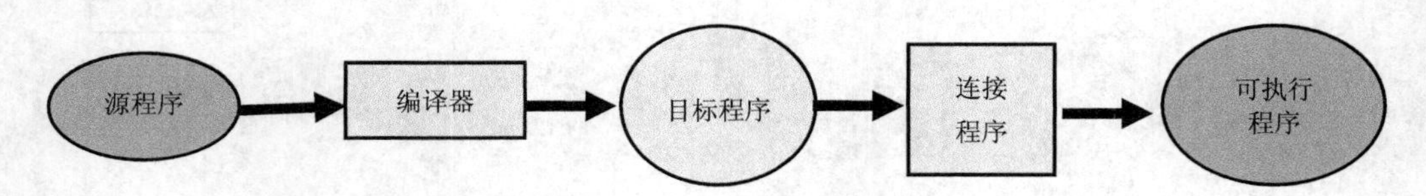

图 6-10 C++程序的运行过程

对于 C++语言，这一过程的一般描述如下：

使用文本编辑工具编写 C++程序，其文件后缀为“.cpp”，这种形式的程序称为源代码（Source Code）。然后用编译器将源代码转换成二进制形式，文件后缀为“.obj”，这种形式的程序称为目标代码（Objective Code）。最后，将若干目标代码和现有的二进制代码库经过连接器连接，产生可执行代码（Executable Code），文件后缀为“.exe”，只有“.exe”文件才能运行。

## 6.6.1 Visual C++ 6.0 的安装和启动

如果你所使用的计算机未安装 Visual C++ 6.0，则应先安装 Visual C++ 6.0。Visual C++是 Visual Studio 的一部分，因此需要找到 Visual Studio 的光盘，执行其中的 setup.exe，并按屏幕上的提示进行安装即可。

安装结束后，在 Windows 的“开始”菜单的“程序”子菜单中就会出现“Microsoft Visual Studio 6.0”子菜单。

启动 Visual C++ 6.0 时，执行如下的命令。

开始→程序→ Microsoft Visual Studio 6.0 →Microsoft Visual C++ 6.0。

出现 Visual C++ 6.0 主窗口。Visual C++ 6.0 集成开发环境，被划分成 4 个主要区域：菜单和工具栏、项目工作区窗口、代码编辑窗口和输出窗口，如图 6-11 所示。Visual C++的主菜单中包含 9 个菜单项：File（文件）、Edit（编辑）、View（查看）、Insert（插入）、Project（项目）、Build（构建）、Tools（工具）、Window（窗口）、Help（帮助）。各项括号中是 Visual C++ 6.0 中文版中的中文显示。工作区窗口用来显示所设定的工作区的信息，程序编辑窗口用来输入和编辑源程序，输出窗口用来显示编译、连接、调试等信息。

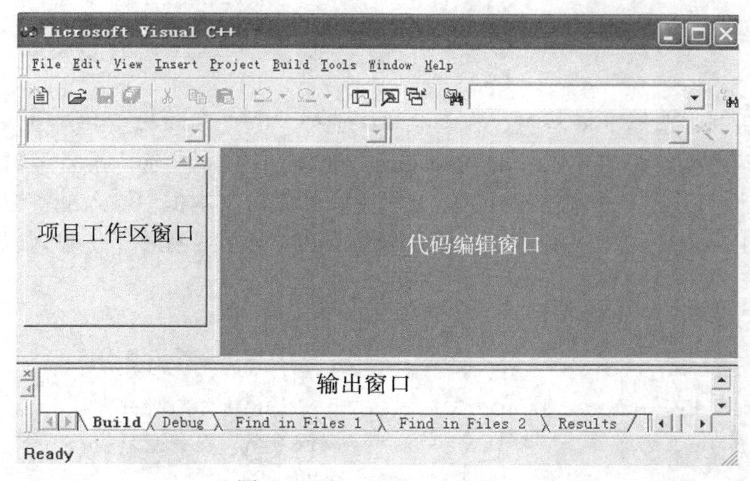


图 6-11　Visual C++ 6.0 窗口

## 6.6.2　输入和编辑 C++源程序

在 Visual C++ 6.0 主窗口的主菜单栏中选择 File 菜单下的 New 命令（见图 6-12），打开 New 对话框，如图 6-13 所示。

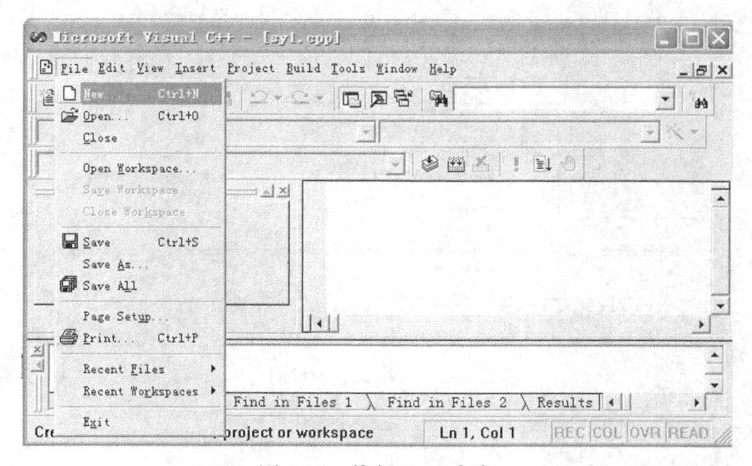


图 6-12　执行 New 命令

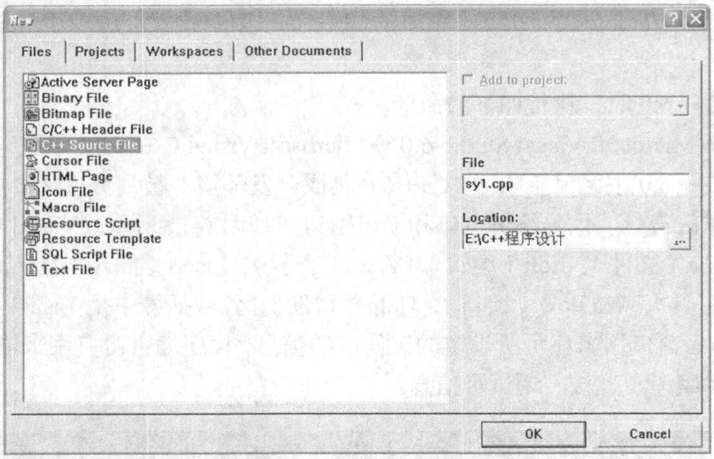

图 6-13　New 对话框

在 New 对话框中选择 File 标签，在其菜单中选择“C++ Source File”项，表示要建立新的 C++源文件，然后在对话框右半部分的 Location（目录）文本框中输入准备编辑的源程序文件的存储路径（现假设为“E:\C++程序设计”）。在其上方的 File 文本框中输入准备编辑的源程序文件的名字（如“sy1.cpp”），单击 OK 按钮。在编辑窗口可以输入源程序了。输入以下的程序代码，如图 6-14 所示。

程序：

```
//Program Name:Sy1.cpp                    //注释行，C++的注释以//开始
#include <iostream.h>                     //输入/输出包含头文件
  void main()                             //main 函数，程序入口
  {                                       //程序体开始
     cout<<"Hello,this is my first c++ program.."<<endl;
                                          //在屏幕上输出字符串并换行
}                                         //程序体结束
//Program End
```

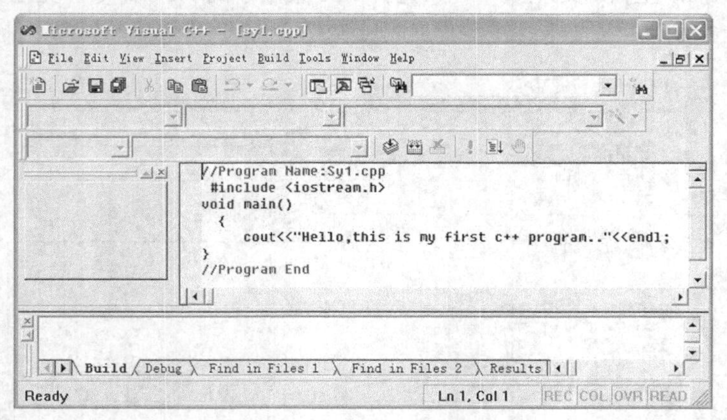


图 6-14　Visual C++窗口

现在把程序存盘。

选择 File 菜单下的“Save As”选项。

Visual C++显示“Save As”对话框，如图 6-15 所示。

以“Sy1.cpp”作为文件名存入“E:\C++程序设计”子文件夹中。

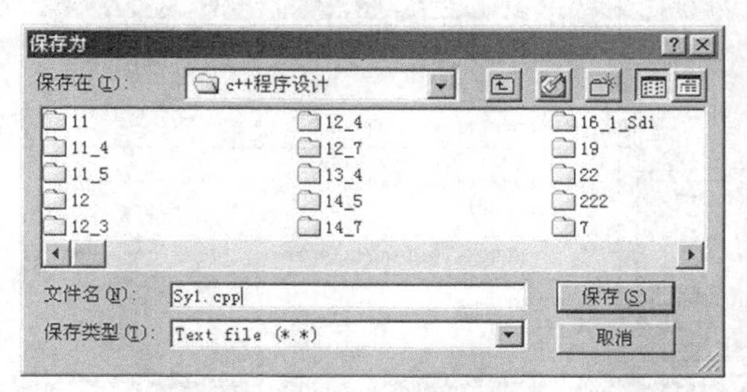


图 6-15　“Save As”对话框

## 6.6.3　编译并连接“Sy1.cpp”

### 1. 编译“Sy1.cpp”

选择 Build 菜单下的“Compile Sy1.cpp”命令（或按“Ctrl+F7”组合键）。屏幕上出现一个对话框，内容是“This build command requires an active project workspace.Would you like to create a default project workspace?”（此编译命令要求一个有效的项目工作区。你是否同意建立一个默认的项目工作区）。单击对话框中的是（Y）按钮，表示同意由系统建立默认的项目工作区，然后开始编译。

在进行编译时，编译系统会先检查源程序中有无语法错误，然后在主窗口下部的输出窗口输出编译的信息，如图 6-16 所示。如果输入程序代码正确的话，将显示“0 error(s),0 warning(s)”信息，此时称该窗口为 Happy 窗口，接下来就可以进行连接了。

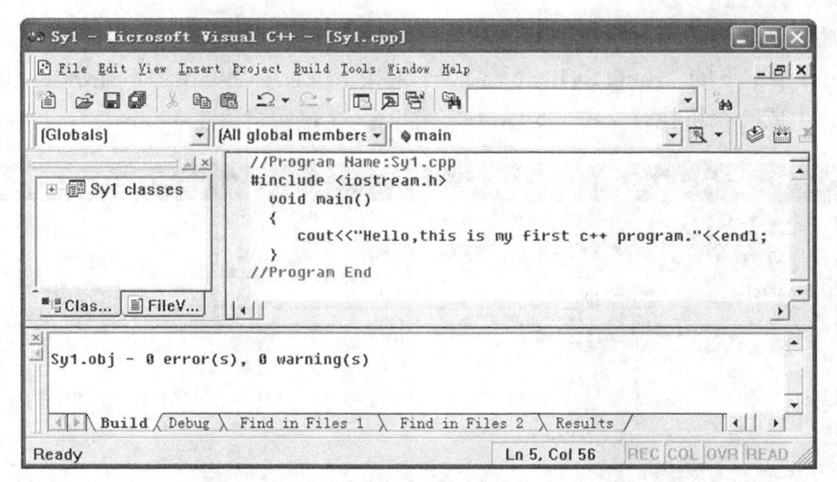


图 6-16　编译结果输出窗口 1

如果输入的程序代码有错误，比如，在上例中的：

```
cout<<"Hello,this is my first c++ program."<<endl
```

最后的“分号”漏写了，编译系统能检查出程序中语法错误。语法错误分两类：一类是致命的错误，以“error”表示。如果程序中有这类错误，就通不过编译，无法形成目标程序，更谈不上运行了。另一类是轻微错误，以“warning”表示。这类错误不影响生成目标程序和可执行程序，但有可能影响运行的结果。因此，也应该尽量改正，使程序既无“error”，也无“warning”。

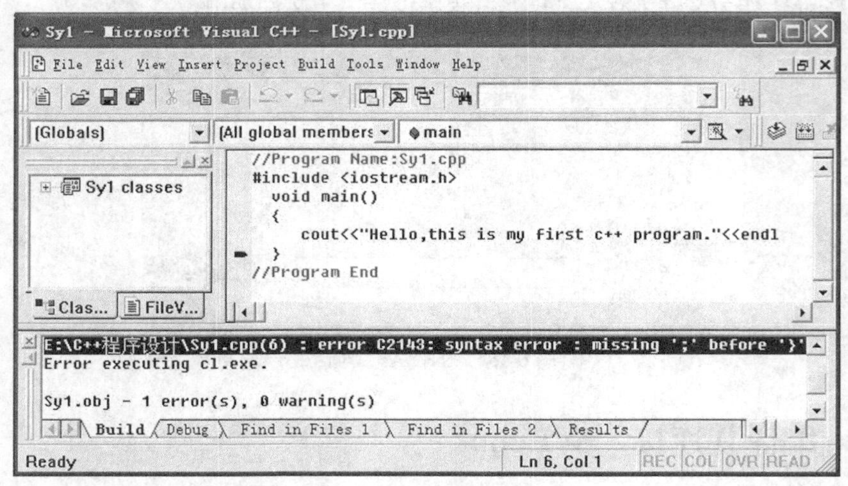


图 6-17　编译结果输出窗口 2

在图 6-17 的调试信息输出窗口可以看到编译的信息，指出第六行有一个“error”，错误的种类是：在“}”之前漏了“;”。查看程序代码，果然在第 5 行末漏了分号。本来是在程序的第 5 行有错，为什么在报错时说成是第 6 行呢？这是因为 C++允许将一个语句分写成几行，因此检查完第 5 行末尾无分号时还不能判定该语句有错，必须再检查下一行，直到发现第 6 行的“}”前都没有“;”，才能判定出错，所以在第 6 行报错。修改程序，在 cout 语句末尾加上“;”，再编译，出现图 6-16 所示的“0 error(s), 0 warning(s)”。

**2. 连接“Sy1.obj”**

编译成功后就得到了目标程序，此时就可以对程序进行连接了。

选择 Build 菜单下的“Build Sy1.exe”命令（或按 F7 键）。在输出窗口显示连接时的信息，没有发现错误，生成一个可执行文件“Sy1.exe”。如图 6-18 所示。

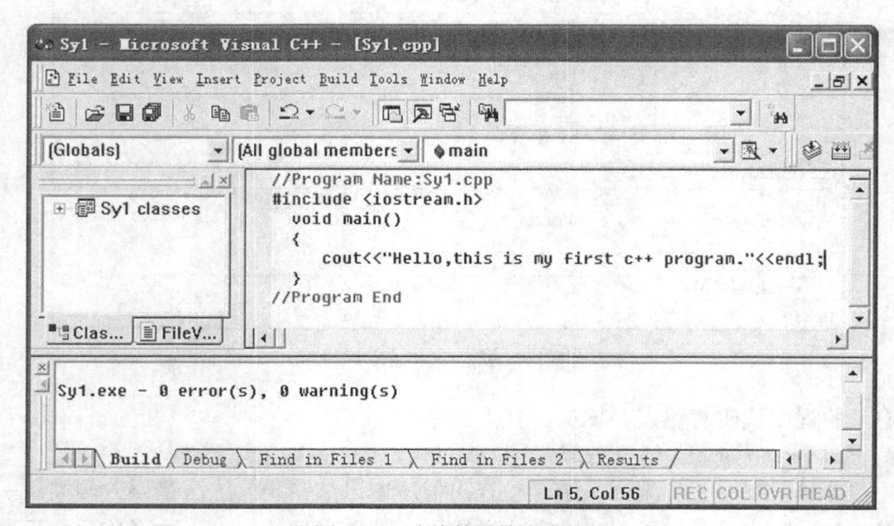


图 6-18　连接结果输出窗口

以上介绍的是分别进行程序的编译和连接，也可以选择 Build 菜单下的 Build 命令（或按 F7

键）一次完成编译与连接。对于初学者来说，还是提倡分步进行程序的编译和连接，因为程序出错的机会较多，最好等到上一步完全正确后再进行下一步。对于有经验的程序员来说，在对程序比较有把握时，可以一步完成编译与连接。

### 6.6.4　编译并连接“Sy1.exe”

选择 Build 菜单的“Execute Sy1.exe”命令（或按“Ctrl+F5”组合键），或单击工具栏上的按钮 ! 。

图 6-19 就是该程序的运行结果。

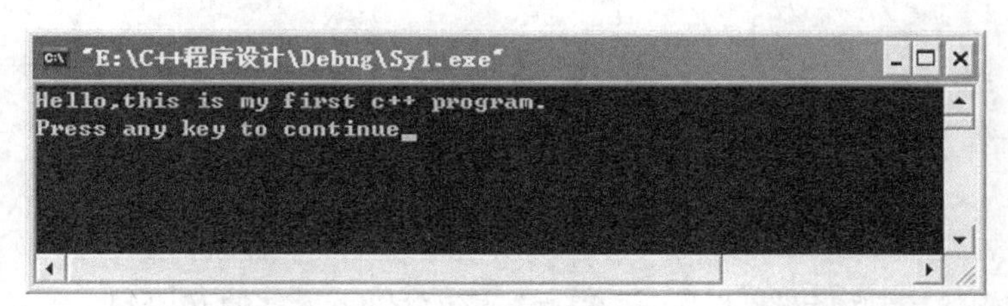


图 6-19　运行结果

在输出结果的窗口中第一行是程序的输出：

```
Heoll,this is my first c++ program.
```

第二行的“Press any key to continue”并非程序所指定的输出，而是 Visual C++在输出完运行结果后由 Visual C++ 6.0 系统自动加上的一行信息，通知用户“按任意键继续”。当你按任何一个键后，输出窗口消失，回到 Visual C++的主窗口，可以继续对源程序进行修改补充或进行其他的操作。

完成对一个程序的操作后，选择 File 菜单的“Close Workspace”命令，关闭工作空间，以结束对该程序的操作。

## 6.7　选择结构程序设计

顺序结构的程序是按照书写顺序来执行的，即从语句的第一条依次执行到最后一条，前面所列举的程序都是这样执行的。在继续学习编程的过程中，我们发现有时候需要程序自己决定该执行哪一种计算。比如，求一元二次方程解的过程中，要根据判别式的值是大于等于零还是小于零来决定解是实数还是复数。这类问题需要使用选择结构程序来解决。选择结构程序，也称分支程序，如图 6-20 所示。此结构中必须包含一个判断框，根据给定的条件是否成立而选择执行块 1 或块 2。

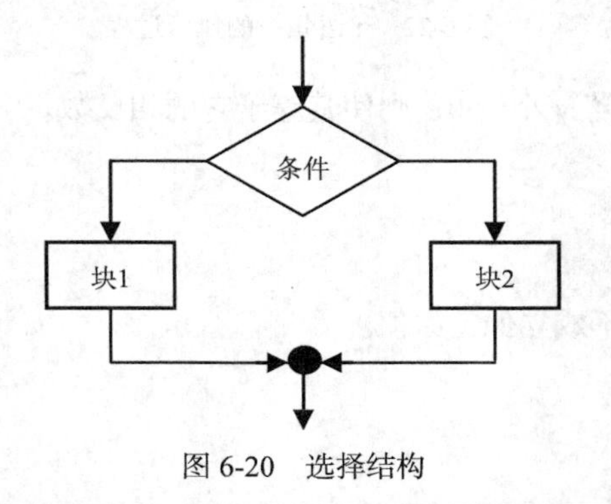


图 6-20　选择结构

值得注意的是，无论条件是否成立，只能执行块 1 或块 2，不可能既执行块 1 又执行块 2。无论走哪一条路径，执行完块 1 或块 2 之后，流程都要到 d 点，然后脱离本选择结构。块 1 或块 2 两个框中可以有一个是空的，即不执行任何操作，如图 6-21 所示。

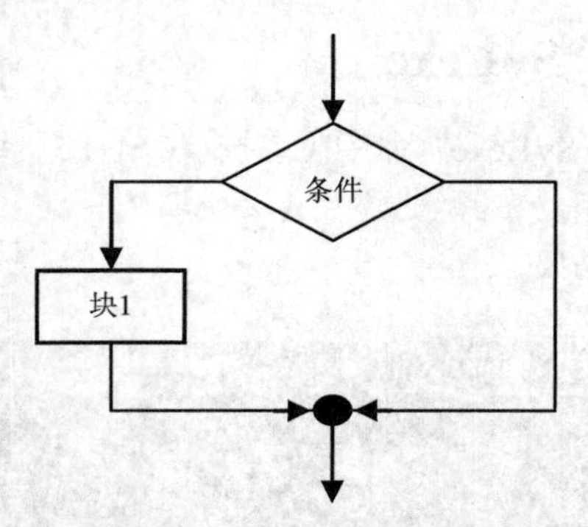


图 6-21　块 2 为空的选择结构

实现选择结构的控制语句是 if 语句，C++语言包含以下形式的 if 语句。

## 6.7.1　简单 if 语句

格式：if（表达式）语句。

执行过程：见图 6-22。当表达式的值为 1（非 0）时，执行后面的语句，然后，流程到 if 下面的语句；否则执行 if 语句下面的语句。

例如：计算一个数的绝对值。

分析：设输入的数为 x,绝对值为 y。

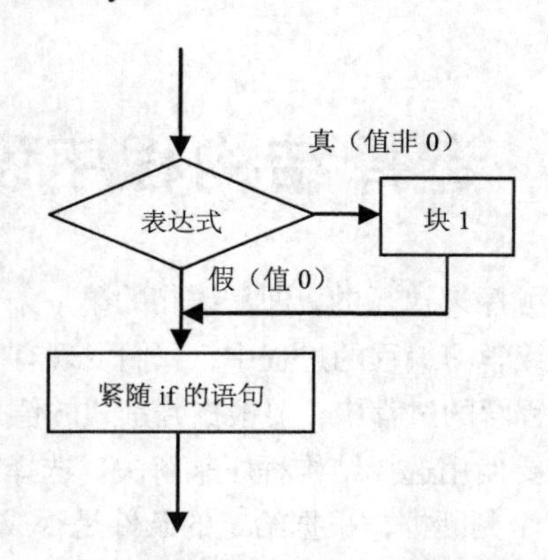


图 6-22　if 语句一的执行过程

输入 x 之后，先使 y=x,若 y 小于 0，则使其等于它的相反数。

算法如下：

① 输入 x。

② y=x。

③ 如果 y<0,则 y=−y，不成立保持原值。

④ 输出 y。

程序：

```
#include <iostream.h>
void main()
{
int x,y;
cout<<"Enter a integer:";
cin>>x;
y=x;
if(x<0)y=-y;
cout<<"integer: "<<x<<"→absolute value: "<<y<<endl;
}
```

运行程序，输入数据 5，结果如下：

```
Enter a integer: 5↙
Integer:5 →absolute value: 5
```

运行程序，输入数据-30，结果如下：

```
Enter a integer: -30↙
Integer:-30 →absolute value: 30
```

**【例 6-17】** 某货物单价 850 元，若买 100 个以上（包含 100）按九五折优惠价。输入购买个数，求总款数。

分析：单价 p=850，n 是购买个数，总款数 total。

由题意：$total=p*n\begin{cases}P & (n<100)\\ P*0.95 & (n\geqslant 100)\end{cases}$

程序：

```
#include <iostream.h>
void main()
{
float p=850.0,total;
int n;
cin>>n;
if(n>=100) p=p*0.95;
total=p*n;

cout<<"n="<<n<<"total="<<total<<endl;
}
```

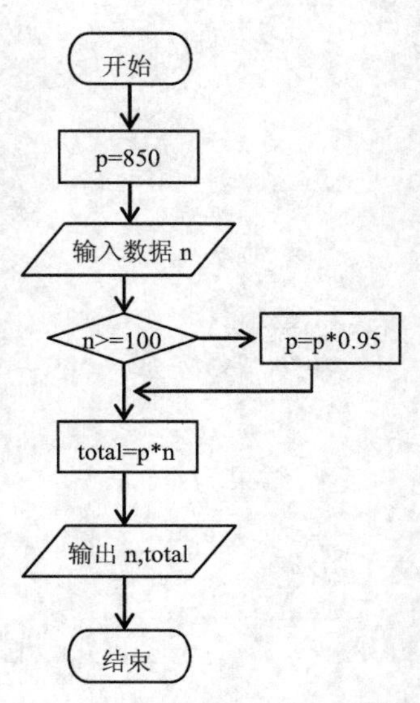

图 6-23 【例 6-17】程序流程图

当购买的个数 n 是 100 以上了，即 n>=100 的值为真，执行 p=p*0.95，然后求总款数；否则，不执行 p=p*0.95，直接求总款数。图 6-23 是流程图。

**【例 6-18】** 输入两个整数，按由大到小顺序输出这两个数。

分析：设这两个数放到变量 a、b 中。

① 输入 a、b。

② 如果 a<b,则 a⇔b（表示交换 a、b 的值）。

③ 输出 a、b。

流程图见图 6-24。

程序：

```
  #include"iostream.h"
void main()
{ int a,b,t;
 cout<<"Enter a,b value:";
  cin>>a>>b;
```

```
  if(a<b)
    {t=a;a=b;b=t;}
  cout<<"Resualt:"<<a<<","<<b;
}
```

运行结果：

```
Enter a,b value:5,9↙
Resualt: 9,5
```

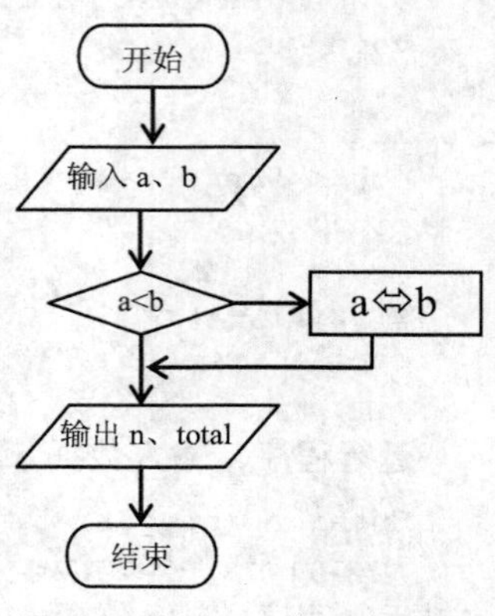


图 6-24 【例 6-18】程序流程图

若我们要求在条件成立时执行一系列的语句，如上例，可用“{”与“}”把需执行的一系列语句括起来。这里，“{”和“}”称为语句括号，由“{”和“}”括起来的内容称为“复合语句”。无论包括多少条语句，复合语句从逻辑上讲，被看成是一条语句。复合语句在分支结构、循环结构中，使用十分广泛。

【例 6-19】 求分段函数 $y=f(x)$的值，$f(x)$的表达式如下：

$$f(x)=\begin{cases} x^2-1 & (x\geqslant 0) \\ x^2+1 & (x<0) \end{cases}$$

可编程如下：

```
#include <iostream.h>
void main()
{
int x,y;
cout<<"Pleace input x:";
cin>>x;
if(x>=0)
{
y=x*x-1;
cout<<"y="<<y<<endl;
}
if(x<0)
{
y=x*x+1;
cout<<"y="<<y<<endl;
}
}
```

运行结果为：

```
Pleace input x:5↙
y=24
Pleace input x:-1↙
y=2
```

“{”与“}”一定要加上，以限定不同语句之间的关系。否则运行的顺序就要改变，不能按你的预想工作（请读者上机试试）。

### 6.7.2 if ~ else 语句

格式：

```
if（表达式）
{
```

```
    块 1
  }
  else
  {
  块 2
  }
```

其中，块 1、块 2 若只有一条语句时，“{” 与 “}” 可以省略。

执行过程：见图 6-25，它表示若条件成立，则执行块 1，否则执行块 2。执行完块 1 或块 2 之后，将去执行 if 语句的后续语句。

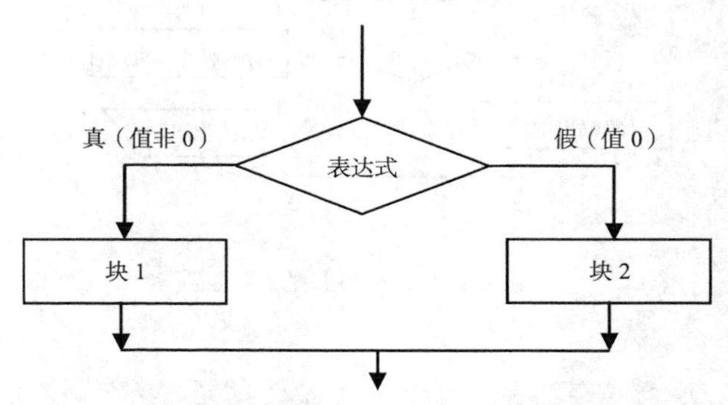


图 6-25　if 语句二的执行过程

为叙述方便，我们称 “if～else” 为块 if，称块 1 为 if 块，块 2 为 else 块。

巧用块 if 可以简化程序的书写，前面的例 6-19 程序可以简写为：

```
#include <iostream.h>
void main()
{
int x,y;
cout<<"Pleace input x:";
cin>>x;
if(x>=0)
y=x*x-1; //if 块,仅一条语句,省略花括号.
else
y=x*x+1; //else 块,仅一条语句,省花括号.
cout<<"y="<<y<<endl;
}
```

运行结果同前。

这里顺便提一下程序书写的缩排问题。所谓缩排，就是下一行与上一行相比，行首向右缩进若干字符，如上例的 “y=x*x-1;” 或 “y=x*x+1;” 等。适当的缩排能使程序的结构层次清晰、一目了然，增加程序的易读性。应该从一开始就养成一个比较好的书写习惯，包括必要的注释、适当的空行以及缩排。

else 语句要和 if 语句配对出现。

【例 6-20】 求一元二次方程式：$ax^2+bx+c=0$ 的根。

分析：当 $b^2-4ac\geqslant0$ 时，有两个实根；当 $b^2-4ac<0$ 时，有两个虚根。

计算公式：$d=b^2-4ac$，两个实根为：$x1,2=(-b \pm \sqrt{d})/2a$，虚根为：$x1,2=-b/2a \pm i\sqrt{-d}/2a$。

流程图：见图 6-26。

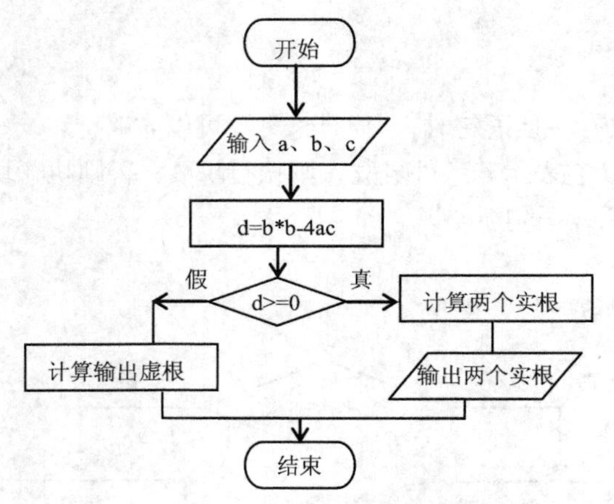


图 6-26 【例 6-20】程序流程图

程序：

```
#include"stdio.h"
#include"math.h"
void main()
{ float a,b,c,d,x1,x2,t;
scanf("%f,%f,%f",&a,&b,&c);
d=b*b-4*a*c;
t=2*a;
if(d>=0)
   { x1=(-b+sqrt(d))/t;                              //if 块 计算两个实根
    x2=(-b-sqrt(d))/t;
    printf("x1=%.2f,x2=%.2f\n",x1,x2);              //输出两个实根
   }
else
    { printf("x1=%.2f+%.2fi\n",-b/t,sqrt(-d)/t);  // else 块
     printf("x2=%.2f-%.2fi\n",-b/t,sqrt(-d)/t);   //计算并输出两个虚根
    }
}
```

## 6.7.3 if 语句的嵌套

在【例 6-20】中，如果对判别式“$b^2$-4ac”大于零、等于零和小于零三种情况进行处理，当其不大于零时，还要判断是等于零还是小于零，图 6-27 是流程图。

程序：

```
#include"stdio.h"
#include "math.h"
void main()
{ float a,b,c,d,x1,x2,t;
scanf("%f,%f,%f",&a,&b,&c);
d=b*b-4*a*c;
t=2*a;
if(d>0)
```

```
    { x1=(-b+sqrt(d))/t;
      x2=(-b-sqrt(d))/t;
      printf("x1=%.2f,x2=%.2f\n",x1,x2);
     }
  else
      if(d==0)                                      //else 块中嵌套 if
        { x1=-b/t;
          printf("x1=x2=%.2f",x1);
        }
      else
        { printf("x1=%.2f+%.2fi\n",-b/t,sqrt(-d)/t);
          printf("x2=%.2f-%.2fi\n",-b/t,sqrt(-d)/t);
        }
  }
```

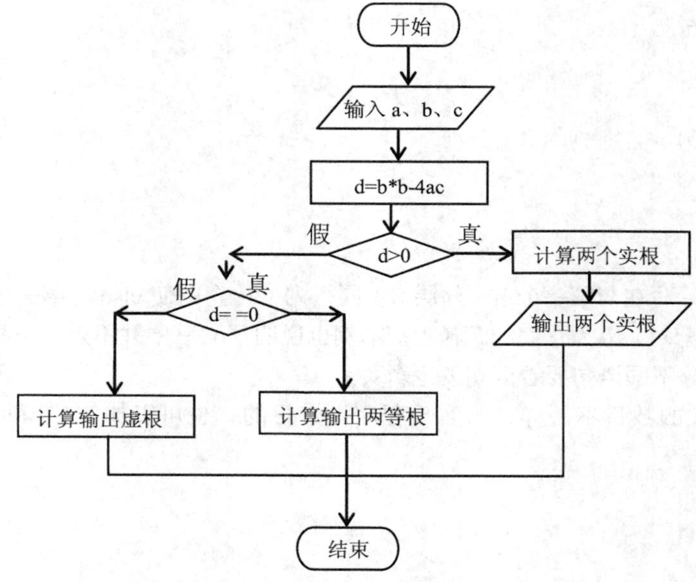


图 6-27　判别式大于零、等于零和小于零时的情况

运行情况如下：

```
2,4,1 ↙    （输入数据）
x1=-0.29,x2=-1.71     （运行结果）
1,2,1 ↙
x1=x2=-1.00
4,2,3 ↙
x1=-0.25+0.83i
x2=-0.25-0.83i
```

当 d>0 不成立时，我们不能断定 d 是等于零还是小于零，所以在 if 语句的 else 块中又要判断“d==0？”。如果是，计算两个相等的实根，否则，计算两个虚根。像这样在 if 语句的 if 块中或 else 块中又出现 if 语句，就是 if 语句的嵌套。嵌套不限于两层，如果需要可以在第二层的 if 块中或 else 块中再继续嵌套下去。

由上述，if～else 嵌套的形式可以表示为：

if(条件表达式 1)

```
if(条件表达式 2)
        if 块 1
else
 else 块 1
else
 if(条件表达式 3)
        if 块 2
 else
  else 块 2
```

应当注意 if 与 else 的配对关系。else 总是与它上面最近的 if 配对，例如写成：

```
if(条件表达式 1)
if(条件表达式 2)
        if 块 1
else
if(条件表达式 3)
        if 块 2
else
 else 块 2
```

编程序者把 else 写在与第一个 if（外层 if）同一列上，企图使 else 与第一个 if 对应，但实际上 else 与第二个 if 配对，因为它们相距最近。本例也说明了 C++中并不是以空格或书写格式来分隔不同的语句，划分不同语句要看语句的逻辑关系。

如果 if 与 else 的数目不一样，为实现程序设计目的，也可以加“{”和“}”来确定配对关系。

例如：

```
if(条件表达式 1)
{if(条件表达式 2)
        if 块 1
   }
else
   if(条件表达式 3)
        if 块 2
else
 else 块 2
```

这时，“{”与“}”限定了 if 语句的范围，使得 else 与第一个 if 配对。

**【例 6-21】**征收税款，税率与收入有关。若规定收入 1000 元以下收 3%，1000～2000 元收 4%，2000～3000 元收 5%，3000 元以上收 6%。要求：输入总收入，求出税款数。

分析：收入用变量 A 表示，税率用变量 r 表示，则税款 T 为 r×A。根据收入的多少，r 具有不同的值。

图 6-28 是流程图。

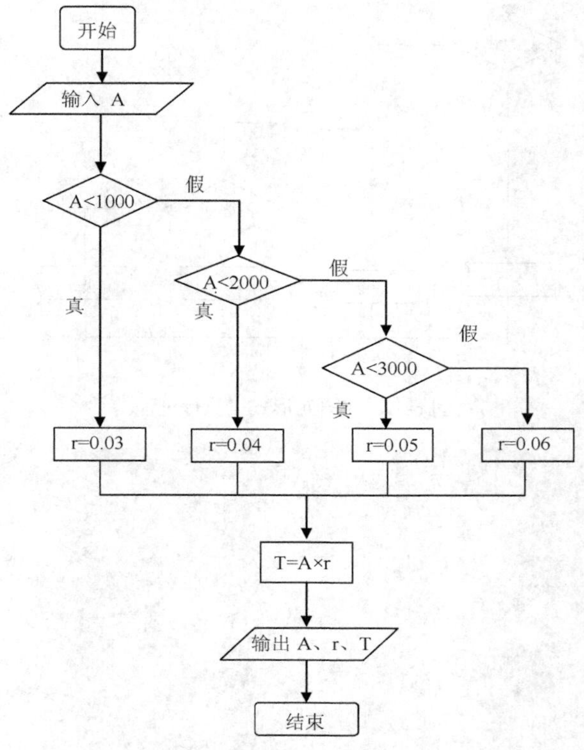


图 6-28 【例 6-21】程序流程图

程序如下：

```
    #include <iostream.h>
    void main()
  { double A,r,T;
   cout<<"Enter A:";
   cin>>A;
   if(A<1000)
     r=0.03;
   else
     if(A<2000)
       r=0.04;
     else
       if(A<3000)
         r=0.05;
       else
         r=0.06;
  T=A*r;
  cout<<"A="<<A<<"r="<<r;
  cout<<"T="<<T<<endl;
}
```

该例中，在外层的 if~else 中嵌套了两层 if~else，而且都是在 else 块中嵌套的。如果税率的档次分得再细，那么嵌套的层数就越多。像这样在 else 块中嵌套时，就可以使用 else if 语句，使程序更加简洁。程序如下所示：

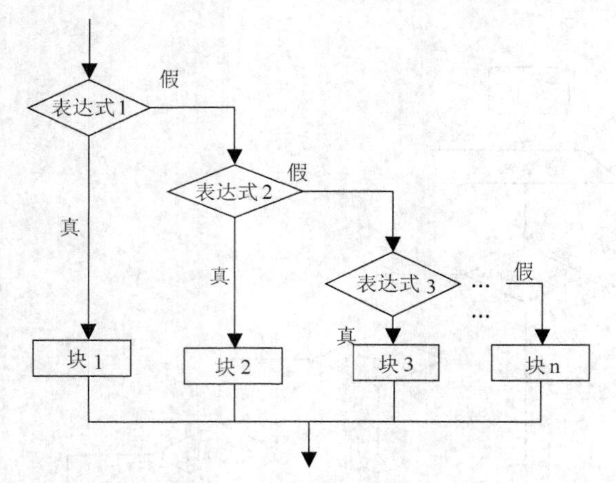


图 6-29 if语句形式三执行过程

```
#include <iostream.h>
void main()
{ double A,r,T;
 cout<<"Enter A:";
 cin>>A;
 if(A<1000)
   r=0.03;
 else  if(A<2000)
       r=0.04;
      else if(A<3000)
         r=0.05;
         else
          r=0.06;
 T=A*r;
 cout<<"A="<<A<<"r="<<r;
 cout<<"T="<<T<<endl;
 }
```

### 6.7.4 else if 语句

格式：

```
if ( 表达式 1 )
     { 块 1}
else if(表达式 2)
     { 块 2}
       else if(表达式 3)
         { 块 3}
         …
         else if(表达式 m)
              {块 m}
else
     { 块 n}
```

执行过程：见图 6-29。

else if 语句是一个可执行语句，但不能单独使用，要在 if 中使用。

【例 6-22】 购买一种货物，每件 100 元。购 100 件以上 500 件以下，按九五折，500 件以上 1,000 件以下按九折，1,000 件以上 2,000 件以下按八五折，2,000 件以上 5,000 件以下按八折，5,000 件以上按七五折。输入购买件数，求总款数。

分析：变量 n——购买总件数，p——单价，Total——总款数。Total=n×p，p 的值根据购买件数 n 的不同而不同。流程图如 6-30 所示。

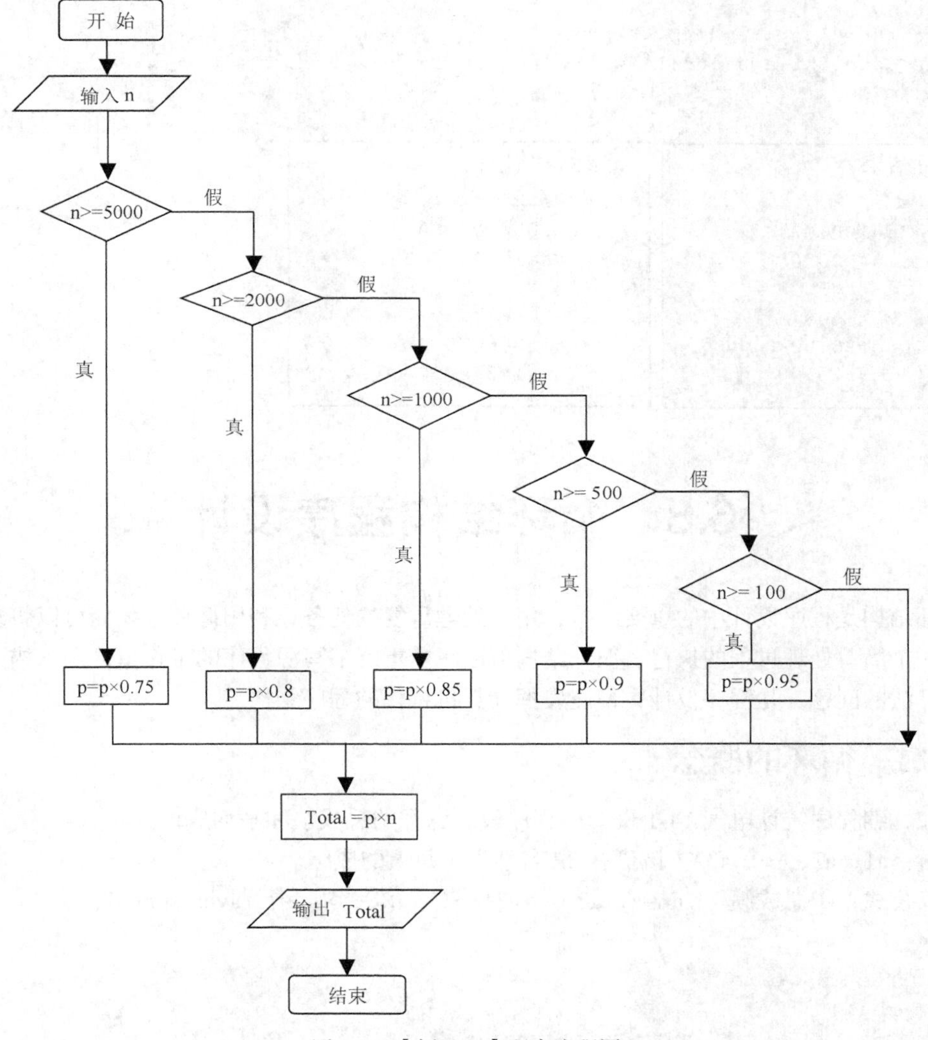


图 6-30 【例 6-22】程序流程图

程序：

```
#include <iostream.h>
#include<iomanip.h>
void main()
```

```
{float Total,p=100.0;
int n;
cin>>n;
if(n>=5000)
p=p*0.75;
else  if(n>=2000)
      p=p*0.8;
      else if(n>=1000)
        p=p*0.85;
      else if(n>=500)
               p=p*0.9;
          else if(n>=100)
               p=p*0.95;
Total=n*p;
cout<<"n="<<n<<"p="<<p<<"\n";
cout<<setiosflags(ios::fixed)<<setprecision(2);
cout<<"Total="<<Total<<endl;
}
```

运行结果：

```
45 ↙
n=45p=100.00
Total=4500.00

105 ↙
n=105p=95.00
Total=9975.00
```

运行结果：

```
505 ↙
n=505p=90.00
Total=45450.00

5000 ↙
n=5000p=75.00
Total=375000.00
```

# 6.8 循环结构程序设计

循环结构是程序设计中的重要结构，用于处理重复的任务，利用循环，我们可以将复杂的问题变成一个简单处理过程的执行。循环结构可以减少重复书写源程序的工作量，用来描述重复执行某段算法的问题，是程序设计中最能发挥计算机特长的程序结构。

## 6.8.1 循环的概念

例如，编程序统计电气 14-1 班 C++程序设计课程的总成绩和平均成绩。

分析：a1、a2、…、a32（该班有 32 名学生）每人的成绩。

计算公式：①总成绩：sum=a1+a2+…+a31+a32。②平均成绩：aver=sum/32。

程序：

```
#include<iostream.h>
void main()
{float a1,a2,a3…a32,sum,aver;a1=60;
a2=70;
a3=59;
…
a32=90;
sum=a1+a2+…+a32;
```

```
    aver=sum/32;
    cout<<sum<<aver;}
```

按题意分析，这样写程序没有错误，但程序中不能有省略号，如果都写出来，程序会很长。这是统计一个班的，要是统计全校的，显然这样做就不合适了。

这个问题如果要用算盘，如何来做？首先把算盘珠上下摆好并定位（个位），然后，读一个成绩加一个，读一个加一个……直到加完，最后出求平均分。

按用算盘的解题思路，修改程序如下：

程序 a：

```
      #include<iostream.h>
      void main()
      {float cj,sum,aver;
    sum=0.0;
    cin>>cj;
    sum=sum+cj;
    去读下一个人的成绩
    aver=sum/32;

    cout<<"sum="<<sum<<"aver="<<aver<<endl;}
```

程序 b：

```
     #include<iostream.h>
     void main()
     {float cj,sum,aver;
     sum=0.0;
    p10:cin>>cj;
     sum=sum+cj;
     goto p10;
     aver=sum/32;
     cout<<"sum="<<sum<<"aver="<<aver<<endl;}
```

程序中用“cin>>cj;”语句读每个人的成绩，“去读下一个人的成绩”，就是将流程转到 cin 语句处，“去到哪儿”，英文可以用“goto”来表示，上面的程序 b 中，就是使用了“goto p10;”将程序的流程转到 cin 处，目的是读下一个人的成绩。

goto 语句是一个无条件转移语句，格式及功能如下所述：

格式：goto 语句标号；

其中，语句标号用符号来表示，命名原则同 C++中的标识符，比如：goto loop_1；正确。goto 123；不合法。

功能：使程序的流程无条件地转移到语句标号所在的语句继续执行。

再看程序 b，程序执行到“goto p10;”流程就转移到标号为 p10 的语句执行，其下面的两条语句将永远也执行不到，这在 C++的程序设计中是不允许的，如何修改？

我们还是用算盘来做，在算盘上除了定一个求和的位外，再定一位计数，加一个人的成绩，计数加个 1，直到计数加到 32 了，加成绩结束，求平均分。用程序来实现，程序中用变量 i 计数，程序如下：

程序：

```
        #include<iostream.h>
        void main()
        {float cj,sum=0.0,aver;
```

```
      int i=0;
p10: cin>>cj;
      sum=sum+cj;
      i=i+1;
      if(i<32)goto p10;
      aver=sum/32;
      cout<<"sum="<<sum<<"aver="<<aver<<endl;}
```

重复执行

程序中判断"如果 i<32（就是还没加完所有同学的成绩）转到读下一个同学的成绩"，当条件不满足（就是已经加完了所有的成绩），程序继续往下执行，求平均分，输出结果。程序结束。

程序中的

```
p10: cin>>cj;
      sum=sum+cj;
      i=i+1;
      if(i<32)goto p10;
```

被重复执行，像这样重复的执行就是循环，重复执行的语句叫循环体。上述的程序也可以写成如下的形式：

```
      #include<iostream.h>
      void main()
      {float cj,sum=0.0,aver;
      int i=0;
p10: if(i<32)
      { cin>>cj;;
      sum=sum+cj;
      i=i+1;
      goto p10;}
      aver=sum/32;
      cout<<"sum="<<sum;
      cout<<"aver="<<aver<<endl;}
```

这两个程序：一个是先执行循环体，后判定条件是否满足；一个是先判定条件是否满足，如果条件满足，执行循环体。这样的循环，一个叫直到型循环，一个叫当型循环。

用 goto 语句构成循环的一般形式如下：

（1）当型循环

一般形式：

```
S1: if（表达式）
    { 语句
      goto S1 }
```

执行过程如图 6-31 所示。

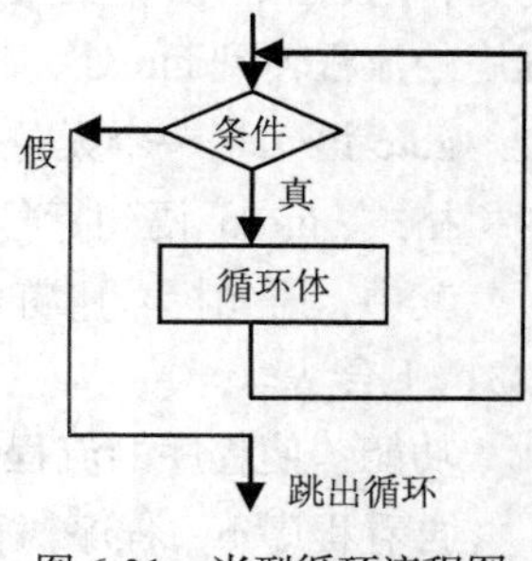


图 6-31　当型循环流程图

（2）直到型循环

一般形式：

```
S1:  {
        语句  }
    if（表达式）goto S1
```

执行过程如图 6-32 所示。

## 6.8.2　循环结构的实现

在上述例题中，我们用 goto 语句实现了循环结构。然而结构化程序设计要求在程序中尽量避免使用 goto 语句，因此，C++提供了实现循环结构的各种语句，如：while、for 等语句。

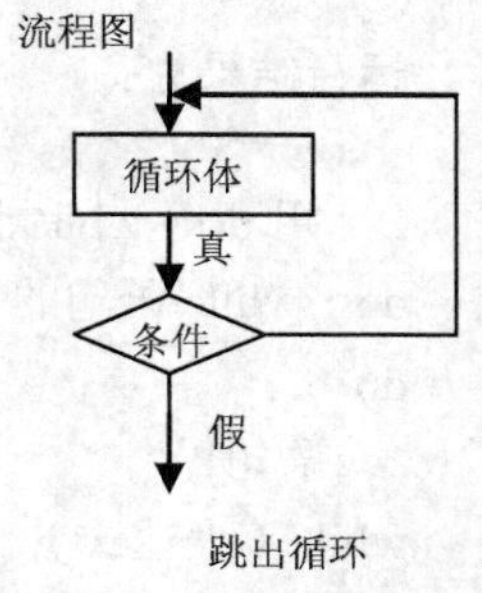


图 6-32　直到型循环流程图

**1. 用 while 语句构成当型循环**

while 语句的一般形式：

while (表达式)

{ 语句 }

其执行过程如图 6-31 所示。

当表达式为非 0 值时，执行 while 语句内嵌的语句，即循环体；当表达式的值为 0 时，跳出 while 循环，执行 while 循环下面的语句。

**【例 6-23】** 编程序计算 1+2+3+4+…+100 的值。图 6-33 是例 6-23 的流程图。

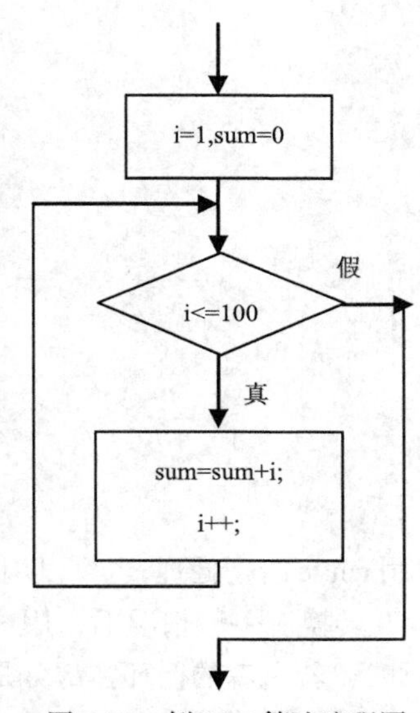


图 6-33　例 6-23 算法流程图

① 在循环体中如果只包含一个语句，则花括号可以省略。

② 循环体中必须有使循环趋于结束的语句。例如在本例中，循环结束的条件是“i>100”，因此在循环体中应该有使 i 值增加的语句，最终导致 i>100，使循环结束，本例用“i++;”语句来达到此目的。如果无此语句，则 i 的值始终不变，循环永不结束，即为死循环。

根据流程图写出程序：

```
#include<iostream.h>
void main( )
{ int i ;
      int sum = 0 ;
      i = 1;
      while ( i <= 100 )
       {  sum = sum + i;
          i ++;
   }
```

```
cout<<"sum="<<sum<<endl;
}
```

运行结果为：

```
sum=5050
```

2. 用 do～while 语句构成直到型循环

do～while 语句的一般形式：

do

{语句}

while（表达式）;

其执行过程如图 6-32 所示，先执行一次循环体，然后判别表达式，当表达式的值为非 0 时，返回重新执行循环体语句，如此反复，直到表达式的值等于 0 为止，此时循环结束。

【例 6-24】 用 do～while 语句设计【例 6-23】的程序。

流程图见图 6-34。

根据流程图写出程序：

```
#include<iostream.h>
void main( )
{ int i ;
     int sum = 0 ;
     i = 1;
     do
       {  sum = sum + i;
          i ++;
}
while  ( i <= 100 );
cout<<"sum="<<sum;
}
```

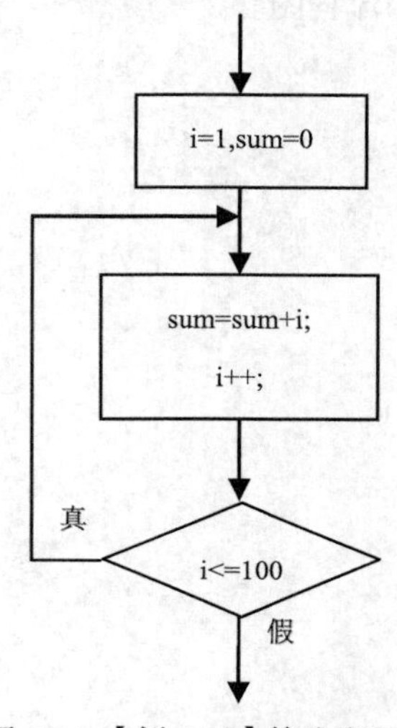


图 6-34 【例 6-24】算法流程图

可以看到，对同一个问题既可以用 while 语句处理，也可以用 do～while 语句处理，二者的结构可以相互转换。一般情况下，用 while 语句和 do～while 语句处理同一问题时，若二者的循环体部分是一样的，则它们的结果也是一样的，如【例 6-23】和【例 6-24】所示。但是如果 while 语句中表达式一开始就为 0（假）时，两种循环的结果就不同了。请看下面的例子：

【例 6-25】 写出下面程序的运行结果。

程序 1：

```
#include<iostream.h>
void main()
{ int i=0,a=8;
 while (i!=0)
  {cout<<a;}
 cout<<a+1;
}
```

运行结果为：

```
9
```

程序 2：

```
#include<iostream.h>
void main()
{int i=0,a=8;
 do
{cout<<a;}
 while(i!=0);
cout<<"  "<<a+1;}
```

运行结果为：

```
8  9
```

可以看到，由于 while 语句中的表达式为 0，程序 1 循环体中的语句“cout<<a;”一次也没有执行；而程序 2 循环体中的语句“cout<<a;”被执行了一次。因此可以说，当 while 语句中表达式的值一开始为“真”（非 0）时，两种循环得到相同的结果，否则二者结果不相同（指二者具有相

同的循环体的情况）。

结论：while 先判断再执行循环体，do～while 先执行循环体再判断；while 可一次也不执行循环体，do～while 至少执行一次循环体；二者的结构可以互换。

**【例 6-26】** 使一批正数相加，这批正数由键盘输入，当输完全部需要累加的正数后，再输入一个（-1.0）作为“结束标志”。

分析：读入一个数 x，判断它是否大于 0？如果是，累加之，否则就结束此过程。累加和放在 sum 中。流程图见图 6-35。

程序：

```
#include<math.h>
#include<iomanip.h>
#include<iostream.h>
void main()
{float t=0.0; int n=0;
 do  {t=t+pow(2,n);
      n=n+1; }
while(t<10000);
cout<<"n="<<n<<endl;
cout<<setiosflags(ios::fixed)<<setprecision(2);
cout<<"t="<<t<<endl; }
```

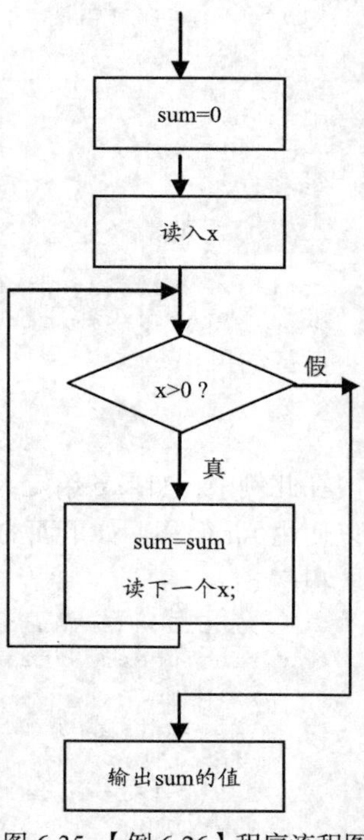

图 6-35 【例 6-26】程序流程图

**【例 6-27】** 求 $t=1+2+2^2+2^3+\cdots+2^n+2^{n+1}$ 的值，直到 t 的值大于或等于 10,000 为止。

分析：t 存放各项的累加和，n 代表 2 的幂次。将 $2^n$ 加到 t 中，然后 n 的值加 1，重复以上过程，直到 t>=10000 时结束，打印 t，n 的值。n 从 0 开始。图 6-36 是流程图。

程序：

```
#include<iomanip>.h
#include<iostream.h>
void main()
{float sum=0.0,x;
 cin>>x;
 while(x>0)
  { sum=sum+x;
cin>>x; }
cout<<setiosflags(ios::fixed)<<setprecision(2);
cout<<"sum="<<sum;
}
```

运行结果：

```
n=14
t=16383.00
```

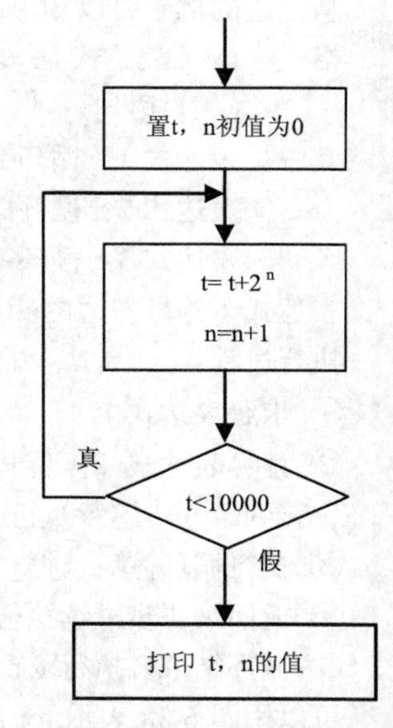

图 6-36 【例 6-27】程序流程图

**【例 6-28】** 编程序计算：$T=1+\frac{1}{2}+\frac{1}{3}+\frac{1}{4}+\cdots+\frac{1}{n}$

分析：

通项式 $a_i=1/i$，求：$\sum_{i=1}^{n}a_i$ 给出 $n$ 值，循环 $n$ 次，每次循环时，累加一个 $a_i$ 即可。流程图见图 6-37。

程序 a：

```
#include<iomanip>.h
```

```
#include<iostream.h>
void main()
{float t=0,a; int i=1,n;
cin>>n;
 while(i<=n)
{a=1.0/i;
    t=t+a;
    i++;  }
cout<<setiosflags(ios::fixed)<<setprecision(2);
cout<<"t="<<t<<endl;}
```

运行结果：

```
4 ↙
t=2.08
```

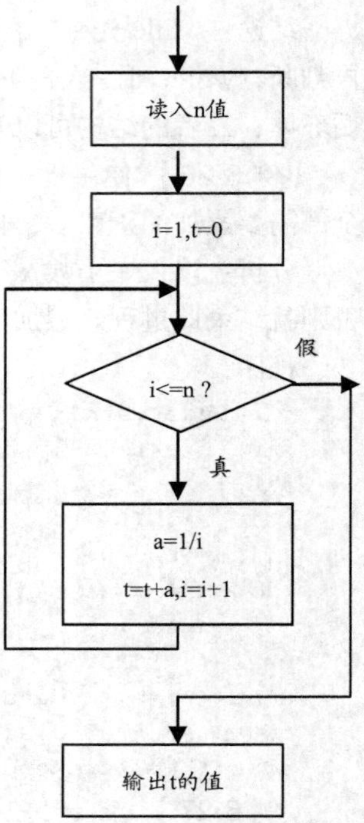

在此例中，如果 n 给定，在循环之前就知道循环的次数，此时就可以使用 for 循环，如下面的程序 b，使用 for 语句简单、方便。

程序 b：

```
    #include<iomanip>.h
    #include<iostream.h>
    void main()
    {float t=0,a; int i,n;
    cin>>n;
    for(i=1;i<=n;i++)
    {a=1.0/i;
      t=t+a;}
    cout<<setiosflags(ios::fixed)<<setprecision(2);
cout<<"t="<<t<<endl;}
```



图 6-37 【例 6-28】程序流程图

### 3. 用 for 语句构成循环

从上边的例子可以知道，使用 for 语句的循环是当型的。

格式：for（表达式 1；表达式 2；表达式 3）

{ 语句}

其中：表达式 1：循环变量赋初值。

表达式 2：循环的条件。

表达式 3：循环变量增值。

表达式 1 等号左边的变量——循环变量。

执行过程：

① 求解表达式 1。

② 计算表达式 2，若其值为真（非 0），则执行循环体，然后执行下面第③步；否则，结束循环，转到第⑤步继续执行。

③ 执行循环体后，循环变量增值（执行表达式 3）。

④ 返回第二步继续执行。

⑤ 循环结束，执行 for 语句下面的一个语句。

可以用图 6-38 表示 for 语句的执行过程。用 for 语句实现，程序为：

```
#include<iostream.h>
void main()
{ int i, sum = 0 ;
for(i=1; i <= 100;i++)
{sum = sum + i;}
```

```
    cout<<sum ) ;
    }
```

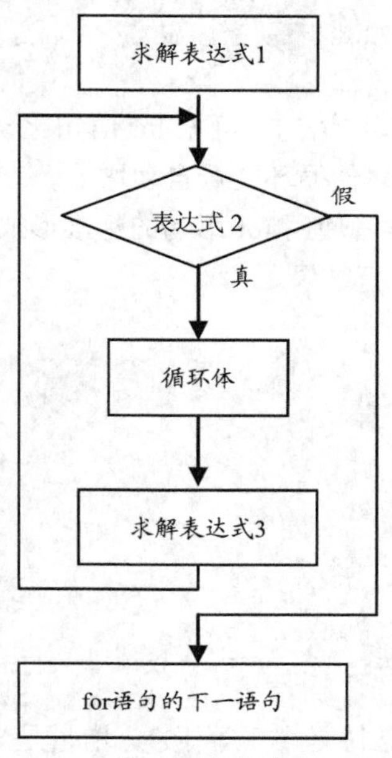


图 6-38　for 语句的执行过程

它的执行过程与图 6-35 完全一样。

① for 非常灵活、简便，循环前不知道循环次数也可以使用。

② for 语句中的“表达式 1”可以省略，此时应在 for 语句之前给循环变量赋初值。注意省略表达式 1 时，其后的分号不能省略。如“for(;i<=100;i++) sum=sum+i;”执行时跳过“求解表达式 1”这一步，其他不变。

③ for 语句中的“表达式 2”也可以省略，此时认为表达式 2 始终为真。

例如：

```
    for(i=1; ;i++) sum=sum+i;
       相当于:
       i=1;
       while(1)
    {sum=sum+i;
     i++;  }
```

流程图如图 6-39 所示。由于表达式 2 始终为真，循环无休止地进行下去，即死循环。如果循环体中有 break 语句就可能不会构成死循环。

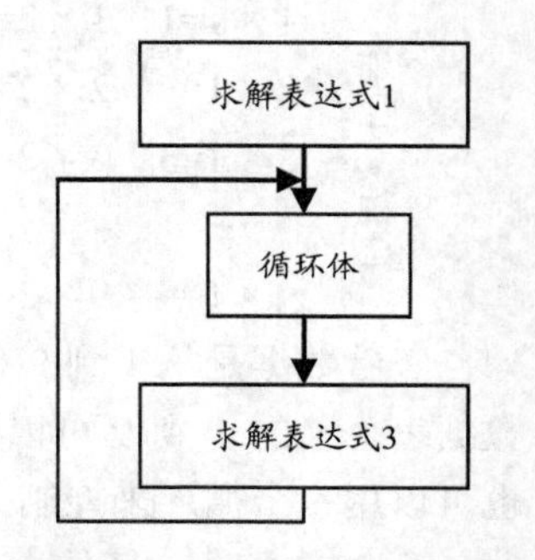


图 6-39　省略表达式 2 的流程图

④ 表达式 3 也可以省略，但此时应另外设法保证循环能正常结束。如：

```
    for(i=1; i<=100;)
    {sum=sum+i;
      i++;}
```

在 for 语句中，只有表达式 1 和表达式 2，而没有表达式 3。“i++”的操作不放在 for 语句中的表达式 3 的位置，而作为循环体的一部分，效果是一样的，都能使循环正常结束。

⑤ 可以省略表达式 1 和表达式 3，只有表达式 2。如：

```
for(; i<=100;)                         while( i<=100)
   {sum=sum+i;              相当于{sum=sum+i;
          i++; }                                i++; }
```

在这种情况下，完全等同于 while 语句。可见 for 语句比 while 语句功能强，除了可以给出循环条件，还可以给循环变量赋初值，使循环变量自动增值。

for 语句的形式很多，建议初学者使用 for 语句的标准形式。

**【例 6-29】** 写出下列程序的运行结果。

程序：

```
#include<iostream.h>
void main()
{ int i,k,sum;
sum=0;
   for(i=1;i<=3;i++)
   { k=i*i;
cout<<"i="<<i<<"k="<<k;
sum=sum+i;}
   cout<<"\n"<<"i="<<i<<"sum="<<sum;
}
```

分析：循环变量的初值是 1，条件是小于等于 3，增量是 1。循环体是程序中黑体部分。

| i 的值 | i<=3 | k 值 | 输出 i、k 的值 | sum | i++ |
|---|---|---|---|---|---|
| 1 | 真 | 1 | i=1k=1; | 1 | 2 |
| 2 | 真 | 4 | i=2k=4; | 3 | 3 |
| 3 | 真 | 9 | i=3k=9; | 6 | 4 |
| 4 | 假 | 跳出循环，执行 for 下面语句 | | | |

换行，输出 i 和 sum 的值。

由此分析可以得到如下所示的运行结果。

运行结果为：

```
i=1k=1i=2k=4 i=3k=9;
i=4sum=6.00
```

**【例 6-30】** 打印九九乘法表

分析：要求打印出如下的形式：

j=1;j<=9;j++

i=1;i<=9;i++

1 × 1=1　1 × 2=2　1 × 3=3 … 1 × 9=9
2 × 1=2　2 × 2=4　2 × 3=6 … 2 × 9=18
3 × 1=3　3 × 2=6　3 × 3=9 … 3 × 9=27
…
9 × 1=9　9 × 2=18　9 × 3=27…9 × 9=81

竖看数据是从 1 到 9（加底纹的），分别乘以 1，2，…，9（横着加底纹的），从而得到这个数据表。竖的 1 到 9 可以用一个循环来控制，比如：for(i=1;i<=9;i++)，同理横的 1，2，…，9 也可以用一个循环来控制，比如：for(j=1;j<=9;j++)。求并打印 "i*j" 的值。i 是 1 时，j 从 1 到 9；i 是 2 时，j 从 1 到 9；i 是 3 时，j 从 1 到 9；…；i 是 9 时，j 从 1 到 9。可以用下列程序段完成：

```
      for(i=1;i<=9;i++)
      {for(j=1;j<=9;j++)
        {cj=i*j;
         cout<<i<<"*"<<j<<"="<<cj;
        }
      cout<<"\n";
      }
```

i 是 1 时，执行 for(j=1;j<=9;j++)，输出第一行数据，这个循环结束后执行“cout<<“\n”;”使输出换行；i 是 2 时，执行 for(j=1;j<=9;j++)，输出第二行数据，……，i 是 9 时，执行 for(j=1;j<=9;j++)，输出第九行数据。下面是完整的程序：

```
      #include<iostream.h>
      void main()
      { int i,j,cj;
      for(i=1;i<=9;i++)
      {for(j=1;j<=9;j++)
        {cj=i*j;
         cout<<i<<"*"<<j<<"="<<cj<<"  ";
        }
      cout<<"\n";}
    }
```

运行结果：

```
1*1=1    1*2=2    1*3=3    1*4=4    1*5=5    1*6=6    1*7=7    1*8=8    1*9=9
2*1=2    2*2=4    2*3=6    2*4=8    2*5=10   2*6=12   2*7=14   2*8=16   2*9=18
3*1=3    3*2=6    3*3=9    3*4=12   3*5=15   3*6=18   3*7=21   3*8=24   3*9=27
4*1=4    4*2=8    4*3=12   4*4=16   4*5=20   4*6=24   4*7=28   4*8=32   4*9=36
5*1=5    5*2=10   5*3=15   5*4=20   5*5=25   5*6=30   5*7=35   5*8=40   5*9=45
6*1=6    6*2=12   6*3=18   6*4=24   6*5=30   6*6=36   6*7=42   6*8=48   6*9=54
7*1=7    7*2=14   7*3=21   7*4=28   7*5=35   7*6=42   7*7=49   7*8=56   7*9=63
8*1=8    8*2=16   8*3=24   8*4=32   8*5=40   8*6=48   8*7=56   8*8=64   8*9=72
9*1=9    9*2=18   9*3=27   9*4=36   9*5=45   9*6=54   9*7=63   9*8=72   9*9=81
```

如何修改程序使其输出结果如下所示？分析以下结果不难看出，当 i 是 1 时输出一个数据，当 i 是 2 时输出两个数据，……，当 i 是 9 时输出 9 个数据。只要把 for(j=1;j<=9;j++)语句中的条件改为：“j<=i;”即可。

```
1*1=1
2*1=2    2*2=4
3*1=3    3*2=6    3*3=9
4*1=4    4*2=8    4*3=12   4*4=16
5*1=5    5*2=10   5*3=15   5*4=20   5*5=25
6*1=6    6*2=12   6*3=18   6*4=24   6*5=30   6*6=36
7*1=7    7*2=14   7*3=21   7*4=28   7*5=35   7*6=42   7*7=49
8*1=8    8*2=16   8*3=24   8*4=32   8*5=40   8*6=48   8*7=56   8*8=64
9*1=9    9*2=18   9*3=27   9*4=36   9*5=45   9*6=54   9*7=63   9*8=72   9*9=81
```

#### 4. 循环的嵌套

【例 6-30】中使用了两个 for 语句，而且 for(j=1;j<=9;j++)循环被完整地包含在 for(i=1;i<=9;i++)循环体内，像这样一个循环体内又包含另一个完整的循环结构，称为循环的嵌套。内嵌的循环中还可以嵌套循环，这就是多层嵌套。

**【例 6-31】** 编程求 1！+3！+5！+7！求一个数 m 的阶乘：m!=1×2×3×…m−1×m。可以用下面的程序段实现。

```
   …
cin>>m;
```

```
jc=1;
for(k=1;k<=m;k++)
 jc=jc*k;
…
```

使用变量 jc 存放数 m 的阶乘，循环变量 k 从 1 到 m，重复执行“jc=jc*k;”求得 m 的阶乘。值得注意的是：变量 jc 是累乘的，所以给其赋初值 1。

本例中求 1、3、5、7 阶乘之和，即 m 的值分别为 1、3、5、7，可以用一个循环来控制，如：for(m=1;m<=7;m=m+2)，循环变量的增量是 2。每求完一个数的阶乘还将其累加，用变量 sum 放阶乘的累加和，如：“sum=sum+jc;。完整的程序如下所示。

```
#include<iostream.h>
#include<iomanip>.h
void main()
{ int k,m;
  float jc,sum=0.0;
  for(m=1;m<=7;m=m+2)
{ jc=1;
  for(k=1;k<=m;k++)
           jc=jc*k;
      sum=sum+jc;
}
  cout<<setiosflags(ios::fixed)<<setprecision(2);
cout<<"sum="<<sum;
}
```

运行结果为：sum=5167.00

3 种循环可以互相嵌套。下面几种都是合法的形式：

```
① while( )                              ② do
   { …                                     {…
    while( )                               do
    { …  }                                  {…}
   }                                       while();
                                           }
③ for(;;)                               ④ while()
    {                                        {…
     for(;;)                                 do
         {…}                                  {…}
    }                                        while();
                                              …
                                             }
                                           }
⑤ for(;;)                                ⑥ do
    {                                        {…
     while()                                  for(;;)
       {…}                                    {…}
       …                                      }
    }                                       whilie();
```

## 6.8.3 循环辅助控制 break 语句和 continue 语句

break 语句的格式为：

break;

作用：用于循环体中，使程序从整个循环中退出，如图 6-40 所示。

在循环体中遇到 break 语句，流程从循环体内跳出，即提前结束循环，接着执行循环体下面的语句。

例如：

```
#include<iostream.h>
void main()
{ int k,sum=0;
  for(k=1;k<=100;k++)
   {sum=sum+k;
    if(sum>200) break;
   }
  cout<<"sum="<<sum;
 }
```

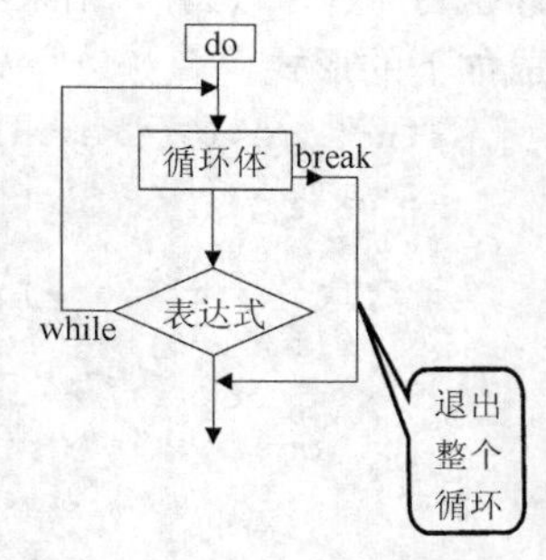


图 6-40　break 语句的作用

程序计算 1～100 的和，当和大于 200 时，就跳出循环，后面的就不再加了。跳出循环后输出 sum 的值。

运行程序：

```
sum=210
```

值得注意的是，break 语句只能用于循环语句和 switch 语句内，不能单独使用或用于其他语句中。

continue 语句的格式为：

continue;

作用：用于循环体中，使程序从本次循环中退出，继续下一次循环，如图 6-41 所示。

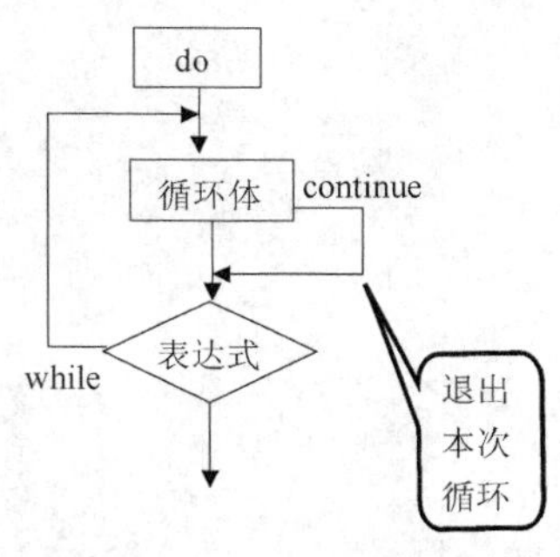


图 6-41　continue 语句的作用

【例 6-32】 写出下列程序的运行结果。

程序 a：

```
#include<iostream.h>
void main()
{ int i;
for(i=1;i<8;i++)
{if(i%2==0)
    cout<<"$"<<i;
else
cout<<i;
cout<<"**";
}
 }
```

程序 b：

```
#include<iostream.h>
void main()
{ int i;
    for(i=1;i<8;i++)
    {if(i%2==0)
    continue;
     else
   cout<<i;
   cout<<"**";
      }
 }
```

程序 a 的运行结果为：　　　　　　　　　　程序（b）的运行结果为：

```
1**2$**3**4$**5**6$**7**                  1**3**5**7**
```

在程序 b 中，当“i%2”为零时，执行 continue 语句，if 下面的“cout<<“**”;”语句不执行，即执行“i++”运算，结束本次循环，进入下一次循环。程序运行的结果如上所示。程序 b 可以写成如下的形式：

```
#include<iostream.h>
void main()
{ int i;
  for(i=1;i<8;i++)
   if(i%2!=0)
    {cout<<i;
     cout<<"**";
    }
  }
```

## 习　　题

**一、顺序结构程序设计**

1. 写出 C++基本程序的结构，程序的结构各有什么特点。
2. 什么是算法？
3. 写出下列程序的运行结果。请先阅读程序，分析应输出的结果，然后上机验证。

（1）程序：

```
#include<iostream.h>
void main()
{ float d=3.2; int x,y;
x=1.2; y=(x+3.8)/5.0;
cout<< d*y;
}
```

（2）程序：

```
#include<iostream.h>
#include<iomanip.h>
void main()
{ double f,d; long l; int i;
 i=20/3; f=20/3; l=20/3; d=20/3;
 cout<<setiosflags(ios::fixed)<<setprecision(2);
 cout<<"i="<<i<<"l="<<l<<endl<<"f="<<f<<"d="<<d;
}
```

（3）程序：

```
#include<iostream.h>
void main()
{int c1=1,c2=2,c3;
c3=1.0/c2*c1;
cout<<"c3="<<c3;
}
```

（4）程序：

```
#include<iostream.h>
void main()
```

```
{ int a=1, b=2;
a=a+b; b=a-b; a=a-b;
cout<<a<<","<<b;}
```

（5）程序：

```
#include<iostream.h>
void main()
{
int  i,j,m,n;
i=8;
j=10;
m=++i;
n=j++;
cout<<i<<","<<j<<","<<m<<","<<n<<endl;
}
```

（6）程序：

```
#include"iostream.h"
void main()
{char c1='a',c2='b',c3='c',c4='\101',c5='\116';
cout<<c1<<c2<<c3<<"\n";
cout<<"\tb"<<c4<<'\t'<<c5<<endl;
}
```

4. 下列程序的输出结果是 16.00，请填空。

```
    #include<iostream.h>
    #include<iomanip.h>
    void main()
{ int a=9, b=2;
float x= ____, y=1.1,z;
 z=a/2+b*x/y+1/2;
cout<<setiosflags(ios::fixed)<<setprecision(2);
cout<<z <<"\n"; }
```

5. 要将“China”译成密码，密码规律是：用原来的字母后面第 4 个字母代替原来的字母。例如，字母“A”后面第 4 个字母是“E”，用“E”代替“A”。因此，“China”应译为“Glmre”。请编一程序，用赋初值的方法使 c1、c2、c3、c4、c5 5 个变量的值分别为 C、h、i、n、a，经过运算，使 c1、c2、c3、c4、c5 的值分别变为 G、l、m、r、e，并输出。

6. 若 a=3,b=4,c=5,x=1.2,y=2.4,z=−3.6,u=51274,n=128765,c1=‘a’,c2=‘b’，想得到以下的输出格式和结果，请写出程序（包括定义变量类型和设计输出）。要求输出的结果如下。

```
a= 3  b= 4  c= 5
x=1.200000,y=2.400000,z=-3.600000
x+y= 3.60  y+z=-1.20  z+x=-2.4
u= 51274  n=128765
c1='a' or 97(ASCII)
c2='b' or 98(ASCII)
```

7. 设圆半径 r=1.5，圆柱高 h=3，求圆周长、圆面积、圆球表面积、圆柱体积。用 scanf 输入数据，输出计算结果，输出时要求有文字说明，取小数点后 2 位数字。请编程序。

8. 输入一个华氏温度，要求输出摄氏温度。公式为：

c=5/9*(F−32)　输出要有文字说明，取小数点后 2 位数字。

**二、选择结构程序设计**

1. C 语言中如何表示“真”和“假”？

2. 写出下面各逻辑表达式的值。设 a=3，b=4，c=5。

（1）a+b>c && b==c

（2）a||b=c && b-c

（3）!(a>b) && ! c||1

（4）!(a+b)+c-1 && b+c/2

3. 写出下列程序的运行结果。

（1）程序：

```
#include<iostream.h>
void main()
{ int  a,b,c=246;
   a=c/100%9;
   b=(-1)&&(-1);
   cout<<a<<","<<b;
}
```

（2）程序：

```
#include<iostream.h>
void main()
{int a=1,b=3,c=5,d=4,x;
if(a<b)
if(c<d) x=1;
else
     if(a<c)
       if(b<d) x=2;
       else x=3;
     else x=6;
else x=7;
cout<<"x="<<x;}
```

（3）程序：

```
#include<iostream.h>
void main()
{ float x=2.0,y;
 if(x<0.0) y=0.0;
 else if(x<10.0) y=1.0/x;
       else y=1.0;
 cout<<y;
 }
```

（4）程序：

```
#include<iostream.h>
void main()
{ int a=4,b=5,c=0,d;
d=!a&&!b||!c;
cout<<d<<'\n';
}
```

（5）程序：

```
#include<iostream.h>
void main()
{
    int x,y;
    cout<<"Enter x and y:";
   cin>>x>>y;
    if (x!=y)
        if (x>y)
```

```
            cout<<"x>y"<<endl;
        else
            cout<<"x<y"<<endl;
    else
        cout<<"x=y"<<endl;
    }
```

4. 在执行以下程序时，为了使输出结果为 t=4，则给 a 和 b 输入的值应满足的条件是什么？

```
#include<iostream.h>
void main()
{ int s, t, a, b;
cin>>a>>b;
s=1; t=1;
if(a>0)s=s+1;
if(a>b)t=s+1;
else if(a= =b)t=5;
else t=2*s;
cout<<"t="<<t<<endl;
}
```

5. 有一函数

$$y=\begin{cases} x^2-1 & (x<1) \\ 2x-1 & (1<=x<10) \\ 3x-11 & (x>=10) \end{cases}$$

写一个程序，输入 x 值，输出 y 值。

6. 有 3 个数 a、b、c，由键盘输入，输出其中最大的数。

7. 给定一个不多于 5 位的正整数，要求：①求它是几位数；②分别打印出每一位数字；③按逆序打印出各位数字。例如：原数为 321，应输出 123。

**三、循环结构程序设计**

1. 写出下列程序的运行结果。

（1）程序：

```
#include<iostream.h>
void main()
{int num= 0;
 while(num<=2)
   {num++; cout<<num<<endl;}
}
```

（2）程序：

```
#include<iostream.h>
void main()
{int i,j,x=0;
 for(i=0;i<2;i++)
   {x++;
    for(j=0;j<=3;j++)
      {if(j%2) continue;
       x++;}
   }
 cout<<"x="<<x<<"\n";
}
```

（3）程序：

```
#include<iostream.h>
```

```
void main()
{int a,b;
 for(a=1, b=1; a<=100; a++)
   {
    if(b>=10) break;
    if(b%3==1) b+=3;
   }
cout<<a<<"\n";
}
```

（4）程序：

```
#include<iostream.h>
void main()
{int i,sum=0;
 for(i=1;i<=3;i++,sum++) sum+=i;
 cout<<sum<<"\n";
}
```

（5）程序

```
#include <iostream.h>
void main()
{
int n, right_digit, newnum = 0;
cout << "Enter the number: ";
cin >> n;
cout << "The number in reverse order is  ";
do
{
     right_digit = n % 10;
     cout << right_digit;
     n /= 10;
     }
     while (n != 0);
     cout<<endl;
     }
```

2. 要求以下程序的功能是计算：s=1+1/2+1/3+…+1/10。

```
#include<iostream.h>
void main()
{int n;
 float s;
 s=1.0;
 for(n=10;n>1;n--)
   s=s+1/n;
 cout<<s<<"\n ";
}
```

程序运行后输出结果错误，导致错误结果的程序行是（　　）。

A. s=1.0;　　B. for(n=10;n>1;n--)　　C. s=s+1/n;　　D. cout<<s<<"\n";

3. 有以下程序：

```
#include<iostream.h>
void main()
{int s=0,a=1,n;
 cin>>n;
 do
  {s+=1; a=a-2;}
 while(a!=n);
```

```
    cout<<s<<"\n";
    }
```

若要使程序的输出值为 2，则应该从键盘给 n 输入的值是（　　）。

A. −1　　B. −3　　C. −5　　D. 0

4. 以下程序的功能是：按顺序读入 10 名学生 4 门课程的成绩，计算出每位学生的平均分并输出，程序如下：

```
#include<iostream.h>
void main()
{int n,k;
 float score,sum,ave;
 sum=0.0;
 for(n=1;n<=10;n++)
   {
    for(k=1;k<=4;k++)
      {cin>>score; sum+=score;}
    ave=sum/4.0;
    cout<<"NO:"<<n<<"平均分"<<ave<<"\n";
   }
}
```

上述程序运行后结果不正确，调试中发现有一条语句出现在程序中的位置不正确。这条语句是（　　）。

A. sum=0.0;　　B. sum+=score;

C. ave=sun/4.0;　　D. printf("NO%d:%f\n",n,ave);

5. 设有以下程序:

```
#include<iostream.h>
void main()
{ int n1,n2;
cin>>n2;
while(n2!=0)
   { n1=n2%10;
n2=n2/10;
cout<<n1;
   }
}
```

程序运行后，如果从键盘上输入 1298，则输出结果为（　　）。

6. 输入两个正整数 m 和 n，编程序求其最大公约数和最小公倍数。

7. 打印出所有的“水仙花数”。所谓“水仙花数”是指一个 3 位数，其各位数字的立方和等于该数本身。例如，153 是一个“水仙花数”，因为 $153=1^3+5^3+3^3$。

8. 一个数恰好等于它的因子之和，这个数就称为“完数”。例如，6 的因子为 1、2、3，而 6=1+2+3，因此 6 是“完数”。编程序找出 1000 以内的所有“完数”。

9. 有一个分数序列：

$$\frac{1}{2},\frac{3}{2},\frac{5}{3},\frac{8}{5},\frac{13}{8},\frac{21}{13},\cdots$$

求出这个数列的前 20 项之和。

10. 一球从 100 米高度自由落下，每一次落地后反弹回原高度的一半，再落下，求它在第 10 次落地时，共经过多少米？第 10 次反弹多高？

# 参考文献


[1] 曹弋．MATLAB 教程及实训[M]．北京：机械工业出版社，2008.

[2] 杨成慧．MATLAB 基础及实验教程[M]．北京：北京大学出版社，2014.

[3] 汤迎红，刘忠伟．MATLAB 基础知识及工程应用[M]．北京：国防工业出版社，2014.